稠油油藏开发理论与新技术丛书 ｜ 卷一

国家出版基金项目
NATIONAL PUBLICATION FOUNDATION

稠油蒸汽热采后期
提高采收率技术与应用

TECHNIQUES AND APPLICATION OF ENHANCED OIL
RECOVERY PROCESSES AFTER STEAM INJECTION

刘慧卿　东晓虎　著

中国石油大学出版社
CHINA UNIVERSITY OF PETROLEUM PRESS
山东·青岛

图书在版编目（CIP）数据

稠油蒸汽热采后期提高采收率技术与应用／刘慧卿，
东晓虎著. --青岛：中国石油大学出版社，2021.12
（稠油油藏开发理论与新技术丛书；卷一）
ISBN 978-7-5636-7361-2

Ⅰ．①稠… Ⅱ．①刘… ②东… Ⅲ．①蒸汽驱－稠油
开采 Ⅳ．①TE357.44

中国版本图书馆 CIP 数据核字（2021）第 257124 号

书　　名：稠油蒸汽热采后期提高采收率技术与应用
　　　　　CHOUYOU ZHENGQI RECAI HOUQI TIGAO CAISHOULÜ JISHU YU YINGYONG
著　　者：刘慧卿　东晓虎
责任编辑：穆丽娜（电话　0532-86981531）
封面设计：悟本设计
出 版 者：中国石油大学出版社
　　　　　（地址：山东省青岛市黄岛区长江西路 66 号　邮编：266580）
网　　址：http://cbs.upc.edu.cn
电子邮箱：shiyoujiaoyu@126.com
排 版 者：青岛天舒常青文化传媒有限公司
印 刷 者：山东临沂新华印刷物流集团有限责任公司
发 行 者：中国石油大学出版社（电话　0532-86983437）
开　　本：787 mm×1 092 mm　1/16
印　　张：15
字　　数：347 千字
版 印 次：2021 年 12 月第 1 版　2021 年 12 月第 1 次印刷
书　　号：ISBN 978-7-5636-7361-2
定　　价：102.00 元

前　言

　　蒸汽吞吐、蒸汽驱等以蒸汽为注入介质的热力采油技术是目前稠油的主要开发方式。针对稠油油藏注蒸汽后所存在的一系列科学问题，包括热采后动态非均质储层中稠油的渗流机理与高效改性，复杂多孔介质中非均相悬浮颗粒的运移、滞留与控制机制，稠油非等温渗流场中的多元复合热流体协同作用机制等，依托国家科技重大专项，国家自然科学基金、中国石油、中国石化及中国海油等企业科技攻关项目，通过构建室内大型三维物理模拟实验平台，结合物理模拟实验、理论分析、数值仿真与模拟及矿场先导试验等手段，深入研究稠油注蒸汽后的流场发育特征，研制调剖体系，分析内在机制及应用潜力等。

　　《稠油蒸汽热采后期提高采收率技术与应用》以注蒸汽后期的稠油油藏为对象，充分分析注蒸汽后期稠油油藏存在的问题与挑战，既包括稠油油藏注蒸汽后期的剩余油分布，又包括注蒸汽后期提高采收率技术的原理与设计，是相应基础研究和矿场应用的总结。全书共分6章。

　　第1章　稠油蒸汽吞吐和蒸汽驱开发基础　系统总结了稠油组成、黏度以及流变特性，分析了稠油储层中热量和能量传递及稠油渗流特征，研究了多孔介质中蒸汽的物态分布，建立了驱替前缘相变黏滞指进模型和有效加热范围模型，在此基础上分析了蒸汽吞吐和蒸汽驱方式的适应性。

　　第2章　注蒸汽储层非均质与汽窜特征　系统分析和计算了多级单颗粒和簇颗粒充填下稠油储层静态非均质性的变化程度，利用油藏数值模拟方法研究了注蒸汽动态非均质性的演化机理，建立了非均质储层汽窜程度表征方法和界限，系统研究了不同井型井间窜流以及与边底水间窜流等多种情形下注蒸汽井的注入动态模型。

　　第3章　稠油注蒸汽后剩余油分布与流场　研究了厚油层中的蒸汽超覆

理论模型,分析了韵律储层中的蒸汽超覆特征,建立了注蒸汽井汽窜通道描述模型,系统分析了注蒸汽油藏驱替关系以及边底水水侵量预测方法,利用物理模拟和油藏数值模拟方法研究了稠油注蒸汽后剩余油分布和流场特征,建立了稠油注蒸汽后开发管理优化模型。

第4章　稠油注蒸汽后期提高采收率原理　基于稠油注蒸汽后提高采收率的技术方向与技术可行性,建立了氮气辅助注蒸汽技术的设计模型,包括氮气增能、氮气压水、氮气隔热;研究了提高蒸汽波及系数的耐温非均相悬浮体系的油藏适应性及设计方法;分析了高效热气剂提高驱油效率原理及适应性。

第5章　高吞吐周期后期提高采收率技术应用　分别以国内典型单井、典型井组和典型区块为例,介绍了氮气辅助蒸汽吞吐技术的设计应用和效果、悬浮颗粒堵剂调剖技术的设计应用和效果、化学剂降黏辅助蒸汽吞吐技术的优化设计。

第6章　蒸汽驱后期提高采收率技术应用　分别以国内3个典型区块为例,介绍了氮气泡沫辅助蒸汽驱技术的设计应用及效果、蒸汽驱后期高温凝胶调驱技术的优化设计、稠油油藏多元复合热流体驱技术的优化设计。

笔者研究团队多年来一直从事稠油注蒸汽热力采油方向的理论和方法研究,取得了丰硕的研究成果。本书基于这些研究成果梳理、凝练、提升而成。本书是所有研究人员的科研成果结晶,凝聚了众多专家的智慧,同时在编写过程中得到了中国石油大学(北京)石油工程学院、中国石化河南油田分公司及中国石化胜利油田分公司、中国海油天津分公司、中国石油辽河油田分公司的大力支持和热情帮助,本书的出版还得到了国家出版基金项目的资助,在此一并表示感谢。

书中如有错误和不当之处,敬请广大师生和读者指正。

目　录

第 1 章
稠油蒸汽吞吐和蒸汽驱开发基础

石油是埋藏在地下的、天然形成的、不可再生的流体资源。由于原油产量与原油黏度成反比,与生产压差成正比,即原油黏度越高,产量就越低,生产压差越大,产量就越高,但增大生产压差提高的产量是有限的,因此可以通过降低原油黏度来提高原油产量。通过向地层中注入热能或使油层就地燃烧产生热能来提高原油采收率的热力采油方法包括蒸汽吞吐、蒸汽驱、热水驱、火烧油层等,其中注蒸汽热力采油是目前开采稠油的主要技术。

1.1 稠油组成与性质

各油田所产原油按其流动性质可分为轻质低黏原油、高黏原油和高凝原油。我国的轻质低黏原油数量不多,所产原油 80% 以上为流动性差、流变性复杂的易凝高黏原油,其中包括含蜡量高、凝点高的含蜡原油,以及高黏度、高密度的重质原油。

1.1.1 稠油和高凝油

1) 稠 油

高黏原油又称稠油、重质原油,其胶质、沥青质含量较高且密度较大。

原油作为商品,通常将其密度或重度作为第一指标进行分类,而在原油生产和集输过程中通常将黏度作为第一指标进行分类。油层条件下原油黏度大于 50 mPa·s 或脱气原油黏度大于 100 mPa·s 的原油称为稠油,国际上称稠油为重质原油。对于浅层稠油,原始油层温度较低(小于 50 ℃),低温范围内稠油黏度与剪切速率有关而不便比较黏度大小,或稠油黏度太大,仪器量程不足而无法准确测取;当温度高于 50 ℃ 时,稠油黏度通常与剪切速率无关,且仪器量程也能满足黏度测量,所以稠油黏度比对资料中经常看到50 ℃ 时的黏度值,实际应用中有时也用 50 ℃ 的黏度值近似外推出油层温度下的黏度。事实上,低油层温度下稠油黏度很高,为几十万甚至上百万毫帕秒,呈半固态。美国等国家将 API 重度低于 20,委内瑞拉将 API 重度低于 22 的原油称为"重油",黏度很高的重质原油称为沥青或油砂。

为便于技术交流,我国稠油黏度的下限与国际标准一致,并将稠油划分为 3 种类型:普通稠油[普Ⅰ类稠油油层黏度为 50～150 mPa·s 和普Ⅱ类稠油黏度为 150(油层黏度)～10 000 mPa·s(脱气油黏度)]、特稠油(脱气油黏度为 10 000～50 000 mPa·s)、超稠油(脱气油黏度大于 50 000 mPa·s)。事实上,稠油的黏度越大,油层中的含气量越小,甚至不含气。稠油黏度不同,其经济有效开发方法不同,我国普Ⅰ类稠油可以进行注水开发,黏度大于普Ⅱ类的稠油主要采用热力开发方法。

2) 高凝油

高凝油通常是指凝点高于 35 ℃,且含蜡量大于 30% 的原油,其特点是含蜡量较高。高凝油具有特殊的流变性特征,即当油温高于析蜡温度时,高凝油黏度较低,且随温度变化不大,但当油温接近凝点时,高凝油黏度急剧增大。因此,高凝油进行常规开采时容易析蜡,进行注水开发时油层易受"冷伤害",严重影响高凝油的高效开采。在高凝油储存和集输过程中,温度较高时含蜡原油中的石蜡溶解于原油中,随着温度下降,原油中的蜡逐渐结晶析出,可形成海绵状结构,把液态油束缚于其中,致使原油整体失去流动性,给原油的储存及运输带来诸多问题和困难,因此人们普遍关注影响原油生产和集输的凝点温度等因素。

无论高黏原油还是高凝原油,上述分类标准均可以作为初选原油生产技术和集输工艺的参考,但实际应用时需要根据具体原油的黏度、凝点等状况确定相应目标油田的生产和集输措施。

1.1.2　稠油组成

1) 稠油元素组成

稠油主要由碳、氢、硫、氧、氮等元素组成,此外还含有镍、钒、铁等微量金属元素。碳元素主要构成烃及烃的衍生物的骨架;氮元素主要构成杂环及金属配合物;硫元素主要以噻吩、硫化物形式存在;氧元素的存在形式多种多样,以酸和酚为主;镍、钒等金属元素主要位于芳香环系的中心。

2) 稠油分子组成

因为稠油是由不计其数的烃类分子和非烃类分子组成的复杂混合物,所以不易从单分子的角度对其进行研究。研究稠油的化学结构一般都是遵循平均结构的思路,即认为稠油每个组分是由一种结构相同的分子组成,平均分子又由若干单元结构所构成,这些单元结构可用平均结构参数来表征。通常从稠油中分离出饱和分、芳香分、胶质、沥青质 4 种性质不同的组分,即 SARA (saturates hydrocarbon, aromatic hydrocarbon, resin, asphaltene)组分。表 1-1-1 为我国典型油田稠油四组分组成。

表 1-1-1　典型稠油的四组分组成表

编 号	样品名	饱和分 /%	芳香分 /%	胶质 /%	沥青质 /%	80 ℃黏度 /(mPa·s)
1	GD 排 15-01	33.88	32.66	28.61	4.85	221
2	GD 排 13-10	35.19	31.91	26.11	6.79	295
3	56-16-10	24.58	29.31	36.56	9.56	1 844
4	56-9-11	23.16	29.39	42.26	5.19	3 429
5	单 113-P1	21.18	29.33	39.03	10.47	5 532
6	郑 411-P4	26.31	26.84	36.89	9.95	8 146
7	郑 411-P9	24.33	23.42	41.96	10.29	8 592
8	郑 411-P35	20.87	24.51	46.18	8.44	14 015
9	坨 826-P4	21.16	27.15	37.80	13.89	20 283
10	郑 411-P67	18.43	23.43	47.88	10.26	30 294
11	郑 411-P8	20.55	23.81	45.63	10.01	34 343
12	坨 826-P2	22.45	27.87	39.35	10.34	37 267
13	坨 826-P1	17.63	24.59	46.18	11.60	46 990

　　四组分中,沥青质是指石油中不溶于小分子正构烷烃而溶于苯的含多环芳香结构的重质油馏分,而胶质是指石油中相对分子质量及极性均仅次于沥青质的大分子非烃化合物,二者没有严格的分子结构界限,有时合起来称为胶质沥青质。稠油中的组分按极性大小排序为:沥青质＞胶质＞芳香分＞饱和分。

　　沥青质具有烷基支链、含杂原子的多环芳烃、环烷芳烃和杂环等复杂结构,含有大量的 O,N 和 S 等杂原子,如图 1-1-1 所示。这些原子分别以羟基、氨基、酯基、硫羟基、羧基等官能团存在,可形成作用力较强的氢键,产生很强的内聚力、电荷转移作用、偶极相互作用,使多个胶质、沥青质分子聚集成层状堆积状态,形成一些分子集团即"超分子结构",这些超分子结构外表面存在过剩的能量,会形成一个附加力场,能够吸引一部分相对分子质量较小的、芳构化程度较低的烃类轻组分,使其吸附或溶解在超分子结构周围,从而形成以超分子结构为核、以吸附层为外壳的复杂结构单元。

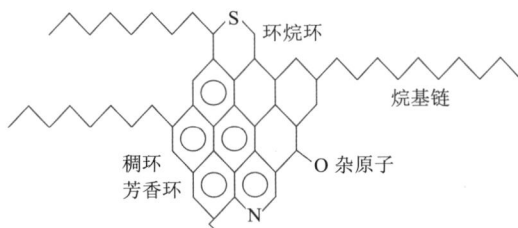

图 1-1-1　沥青质平面结构示意图

复杂结构单元以沥青质分子被一层胶质分子包围而形成的沥青质-胶质缔合体为核心,部分胶质吸附于其周围,其他组分按一定的浓度梯度和芳香性结构梯度分布。沥青质-胶质缔合体胶粒结构的直径为 9～11 nm,若分散介质具有较强的胶溶能力,则胶粒尺寸为 5～9 nm。

沥青质是稠油中极性最强、相对分子质量最大的组分,其组成与结构很大程度上决定了稠油胶体的双电层效应、流变性、相分离、润湿性、体系稳定性等性质。

3)原油胶体体系

根据沥青质-胶质缔合体胶粒直径分布(1～100 nm 范围),稠油是以沥青质-胶质缔合体胶粒结构为分散相,饱和分与芳香分形成分散介质或胶束间相的胶体分散体系。沥青质具有的大分子结构构成稠油胶体分散相的核心结构,是稠油胶体结构最显著的特征,如图 1-1-2 所示。

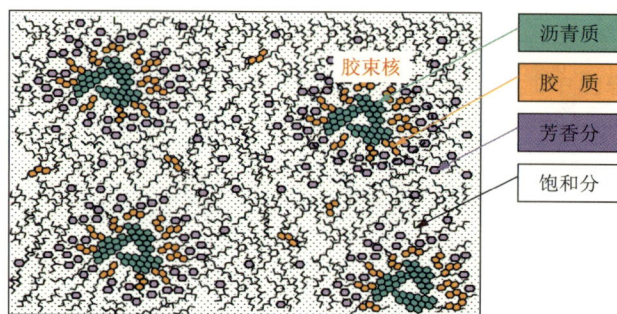

图 1-1-2 稠油胶体体系示意图

胶质通过分子间力包裹沥青质,形成坚固的溶剂化保护层,其胶溶能力主要取决于其芳香度,芳香度高时形成稳定的溶胶型胶体体系,反之则形成凝胶型胶体体系。

不同于一般的胶体分散体系,稠油胶体体系具有多分子复杂混合和分子间极性特征,分散相胶粒与分散介质之间并没有明显的物理分界面,因此稠油胶体体系一般作为均匀分散体系。

1.1.3　稠油稳定性、黏度和流变特性

1)稠油稳定性

沥青质-胶质缔合体构成了稠油胶体分散相。不同分散相的缔合胶束具有相互吸附和分散的能力。稠油胶体体系分散相颗粒小,热运动的启动力比较小,可以发生剧烈的布朗运动,防止胶粒由于重力作用而发生聚沉现象,属于动力学稳定体系,因此其黏度、密度、颗粒形态、分散相浓度等物性维持不变。

处于动态稳定状态的流体,体系内微粒及各类组成物间的运动存在稳定的能垒,或称为活化能,是流体微粒间内摩擦力大小的量度,取决于流体微粒的极性、相对分子质量大小及粒子的构型。分子越大,相互间的作用力就越大,流动所需的能量也越大。

石油的胶体特性源于沥青质,沥青质的数量和结构均会对石油体系的稳定性产生影响。沥青质分子间可以通过氢键和芳香环间的 π-π 键发生自缔合反应,而沥青质的结构决定其在原油中的稳定性。在相同的溶剂中,稳定原油中沥青质的临界缔合浓度高于不稳定原油中沥青质的临界缔合浓度。

2)稠油密度和黏度

重组分具有较高的相对分子质量,如沥青质的相对分子质量为 $1.0 \times 10^3 \sim 2.0 \times 10^5$,在稠油体系中占有较大的比重,从而导致稠油密度大。通常原油含胶质、沥青质越多,其密度越大,见表 1-1-2。

表 1-1-2　典型稠油的密度和黏度

油田区块	原油相对密度	油层温度脱气油黏度/(mPa·s)
高　升	$0.94 \sim 0.96$	$2\,000 \sim 4\,000$
曙一区	$0.96 \sim 0.98$	$465 \sim 25\,900$
新疆九区	$0.92 \sim 0.95$	$2\,300 \sim 15\,000$
单家寺	0.98	9 200
江汉王场	0.97	62.2(100 ℃)
延长油田长 2	0.881	37
大庆油田	0.855	14.26
阿萨巴斯卡	$1.00 \sim 1.014$	550×10^4
Peace River	$1.007 \sim 1.014$	10×10^4
Cold Lake	$0.986\,1 \sim 1.00$	10×10^4

黏度是液体流动性的评价指标,用于表征分子之间做相对运动时因分子间的摩擦而产生的内部阻力大小。黏度代表流体流动时的内摩擦力,而内摩擦力取决于流体的内聚力。

原油的黏度与胶质、沥青质的质量分数密切相关。稠油中胶质、沥青质等重组分含量高,且这些大分子含有大量结构复杂的长链,不同链之间的分子间力作用大,分子之间相互盘旋拉扯,缔合作用很强。胶质和沥青质都具有由烷基支链和含杂原子的多环芳核或环烷芳核形成的复杂结构。沥青质分子的芳杂稠环平面相互重叠堆砌在一起并被极性基团之间的氢键所固定,堆积成微粒,再聚集为大小不同的沥青质胶束。胶质分子以芳杂稠环平面在沥青质粒子表面重叠堆砌并被氢键固定,形成沥青质粒子的包覆层。这种粒子也可通过氢键相互连接,形成相对分子质量很大的胶束,导致稠油黏度较高。

稠油致黏的内因除与沥青质的超分子结构有关外,还与沥青质的质量分数有关,沥青质的质量分数越高,其黏度也越大。稠油化学组成中控制其黏度的因素是沥青质质量分数,在低浓度区(沥青质质量分数小于 5%),沥青质颗粒相互远离,稠油中分散质之间的主要作用是流体力学作用,稠油的黏度随沥青质质量分数的增加而缓慢增加(几乎呈线性增加);在较高的浓度区,沥青质颗粒开始聚集,颗粒间的作用力开始突出,黏度随沥青质质量分数的增加变得很敏感,即黏度随沥青质质量分数增大而上升得相当快;在更高的浓度区(沥青质质量分数大于 12.19%),沥青质颗粒的聚集程度更大,并相互交缠而形成网状,从而使稠油相对黏度随沥青质质量分数增大而急剧上升。

在可溶质中,对沥青的胶溶性起主导作用的是芳香族化合物及其含量。芳香族化合物最易被沥青质吸附,对沥青质有很好的胶溶能力。当溶质中芳香分含量足够高时,能够很好地胶溶沥青质胶核,容易形成溶胶型胶体结构;反之,当芳香分含量低时,易形成凝胶型胶体结构。

3)稠油流变性

流体的流变特性可以利用应力和应变之间的关系或流体黏度来表达,宏观上讲就是流体的流动和变形之间的关系。原油的流变性取决于原油的组成,即取决于原油中溶解气体、液体和固体物质的含量,以及固体物质(蜡晶、沥青质为核心的胶团)的分散程度。根据固体物质的分散程度,原油属于胶体体系,固体物质构成了胶体体系的分散相,而分散介质则是液态烃和溶解于其中的天然气。稠油与高含蜡原油在低于一定温度时形成网状结构,将液态烃嵌固在超分子结构的胶体微粒之间,使原油产生一定的结构性凝固,当固体分散相的浓度很大时,原油具有明显的胶体溶液性质,并表现出复杂的非牛顿流体流变性质,其中超稠油的非牛顿特性尤为明显。

稠油发生流动前,流体微粒周围产生足够空间所需要的能量(活化能)比稀油大。活化能发生变化的原因包括:① 温度降低或升高过程中,质点的热运动程度发生变化,胶质在稠油中的溶解度也发生变化,胶质分子不断析出或溶解分散,在粒子表面发生聚散和吸附,溶剂化层厚度不同,使得胶体粒子的体积不同,它们之间的相互作用力也就不同;② 胶体沥青质聚集体体积不同,粒子之间的距离也不同,相邻粒子间通过氢键作用相连形成的空间网络结构释放或包裹液态烃;③ 若稠油中所含的少量石蜡随温度变化溶解或结晶析出,则其与胶质和沥青质共同作用,使稠油在低温下表现出一定的结构强度。

稠油黏度随温度的变化趋势表明,稠油的黏度类似聚合物溶液的黏度,主要分为结构黏度和牛顿黏度。前者是由于稠油胶体结构的存在而产生的,后者是稠油固有的。

事实上,对于复杂组成的稠油体系,各组成之间存在屏蔽效应,甚至在升温和降温过程中产生沥青质的聚集和分散,且屏蔽效应呈非线性特征,随着温度的变化,全温域内活化能并不是常数。因此,稠油存在临界温度点,超过该温度时,稠油是一种稀分散的胶体体系,表现为牛顿流体;低于该温度时,稠油中超分子结构形成的凝胶型胶体体系强度增大,低温下可能还会析出蜡晶,体系中已存在具有一定尺寸的颗粒聚集体,当受到剪切作用时发生定向、剪切分散等,从而使稠油具有剪切变稀的非牛顿特性。不同类型稠油的临界温度点是不同的,但一般都符合具有一定屈服值的宾汉流体的流变行为。从理论上讲,高于临界温度点,稠油在地层内才能很好地流动,从而保障油井的供液能力,因此开发管理过程中通常参考该温度点进行剩余油分析。

目前国内针对稠油流变性的大部分研究基本上是通过实验测试进行规律总结的。限于稠油组成的复杂性以及测试手段和精度等原因,即使同类稠油的流变行为也存在较大的差异。

1.1.4 稠油的黏温特征

稠油的黏度是各个组分共同作用的结果,其中沥青质组分起的作用尤其重要。

升高温度能够提高可溶质的溶解能力,同时使沥青质的吸附能力下降,吸附在沥青质周围的胶质逐渐进入油分中,分散程度提高,胶体结构特征消失,转变为近似真溶液。大分子溶液的黏度取决于大分子在溶液中的伸展程度。当大分子伸展程度很高时,溶剂可以自由冲刷大分子的每个链节,因大分子自由旋转使其有效体积增大,导致其黏度增大。温度升高,分子热运动和分散相的布朗运动加剧,分子间引力减弱及分子的伸展程度降低,溶液的黏度减小。

稠油的黏性流动是热运动过程,稠油各组分分子具有较高的热动能。温度升高时,稠油胶质分子之间、沥青质分散相之间、胶质分子与沥青质分散相之间通过氢键和分子纠缠而产生结构的作用力减弱,胶体原有的稳定状态被打破并建立新的稳定状态。胶体状态随温度的变化可以用 Arrhenius 反应速率模型表示:

$$\mu = A e^{\frac{E}{RT}} \tag{1-1-1}$$

式中 μ——黏度,mPa·s;

       A——常数;

       E——活化能,J/mol;

       R——普适气体常数,J/(mol·K);

       T——热力学温度,K。

设 $B = E/R$,方程(1-1-1)两边取对数得:

$$\ln \mu = A + \frac{B}{T} \tag{1-1-2}$$

温度升高实际上是克服了各类组成物的活化能垒障,表现为流动能力增加、黏度降低。系数 B 也是活化能的一个度量,反映了黏度对温度的敏感程度。B 值越大,需要克服的能量越多,则温度对黏度的影响越大。对于某一确定的过程,活化能是不随温度变化的常数。由于超稠油属于多相混合体系,温度能够对分子的运动和排列造成影响,固体颗粒大小及内部分子排列等因素都会很大程度地影响其表观黏度,也就是说,稠油流体状态随温度变化演变的活化能不是常数。由式(1-1-1)可得:

$$\frac{\mu_1}{\mu_2} = e^{-u(T_1 - T_2)} \tag{1-1-3}$$

式中 μ_1, μ_2——温度 T_1, T_2 下流体的黏度,mPa·s;

       u——黏温指数,K^{-1}。

由式(1-1-3)可得黏温指数 u 为:

$$u = -\frac{\ln \mu_1 - \ln \mu_2}{T_1 - T_2} \tag{1-1-4}$$

某一温度区间内稠油的黏温指数 u 对人们对稠油黏温特性的认识十分重要。对于牛顿流体,u 接近常数。除 Arrhenius 反应速率模型外,原油黏温关系可以采用美国材料与试验协会(ASTM)坐标系中近似 Wether 模型来表示：

$$\lg\lg \mu_{od} = C - D\lg T \tag{1-1-5}$$

式中　　μ_{od}——脱气原油黏度，$mPa \cdot s$；

　　　　C，D——常数。

黏温关系在 ASTM 坐标系中呈直线关系，表明黏度对温度非常敏感。例如，在小于 90 ℃温度范围内，单家寺稠油平均温升 10 ℃时黏度约下降 50%，而河南油田稠油平均温升 10 ℃时黏度约下降 60%。

通常情况下，特别是当油田工区地理和地质特征相近时，黏温关系曲线的斜率近似相同。工程应用中，若已知一个黏温测试点，则可以根据该油区已有 ASTM 黏温关系线，通过测试点的黏温值画一条平行于已有黏温线的直线，在平行线上读出对应温度的黏度值。

1.2　注蒸汽储层加热范围

水和蒸汽由于易获得、不污染环境、具有适宜的热力学参数和稳定的化学性质等优点，成为广泛应用于稠油热力采油的理想热载体。热载体进入油层后释放热量，油藏岩石和流体温度升高，顶、底盖层同时受热并产生热损失，而热损失和岩石的热物性参数有关，因此在一定注热量条件下，当油藏系统达到能量平衡状态时，有效热效应包括受热范围、温升大小、弹性能量增加程度等与流体及岩石的热物性参数有关。

1.2.1　稠油储层热量与能量传递特征

1）岩石导热系数

（1）干燥固结砂岩的导热系数。影响干燥固结砂岩导热系数的主要因素是孔隙度，其次是岩石固相密度。干燥固结砂岩导热系数的取值范围为 0.69～3.81 W/(m·K)。

（2）饱和一种液体岩石的导热系数。当砂岩饱和液体时，由于液体的导热系数大于空气，因此饱和液体砂岩的导热系数大于干燥固结砂岩，其中液体的导热系数具有较大的影响。

（3）饱和油、气、水三相流体岩石的导热系数。当多孔介质岩石被两种或两种以上流体饱和时，润湿相流体对导热系数具有决定性影响。例如，对于亲水砂岩，饱和液体的导热系数可以取水的导热系数。因此，饱和有两种或两种以上流体的岩石的导热系数可以近似取饱和润湿相流体的岩石导热系数。

原油、水及天然气的导热系数可以查询各种材料物性手册。通常这 3 种流体导热系数的大小关系为：水＞油＞气。饱和有机物的导热系数随温度的升高而减小，天然气的导热系数随着温度的升高而增大。

2）油藏岩石的体积热容

比热容（c_p）是指单位质量的物质温度升高 1 ℃或 1 K 所需要的热量。单位质量的物质温度由 t_0 升高到 t 所吸收的热量为 $c_p(t-t_0)$，若物质的质量为 m，则其热量 W 为：

$$W = mc_p(t-t_0) = \rho V c_p(t-t_0) \tag{1-2-1}$$

式中　ρ——物质的密度，kg/m^3；

　　　V——物质的体积，m^3；

　　　c_p——物质比定压热容，$kJ/(kg \cdot K)$。

由上式可得到单位体积油藏岩石温度升高 1 ℃或 1 K 时所需要的热量 M，即体积比热容 M：

$$M = \frac{W}{V(t-t_0)} = \rho c_p \tag{1-2-2}$$

对于混合岩性的岩石，根据 Kopp 定律，其体积比热容等于以组分为权重的各纯组分体积比热容之和。饱和水的孔隙性岩石的体积比热容包括岩石骨架的体积比热容和其中水的体积比热容，由此可以推导出饱和水岩石的体积比热容计算式：

$$M_w = (1-\phi)\rho_r c_r + \phi \rho_w c_w \tag{1-2-3}$$

式中　M_w——饱和水岩石的体积比热容，$kJ/(m^3 \cdot K)$；

　　　ϕ——孔隙度，小数；

　　　ρ_r——岩石的密度，kg/m^3；

　　　c_r——岩石的比热容，$kJ/(kg \cdot K)$；

　　　ρ_w——水的地下密度，kg/m^3；

　　　c_w——水的比热容，$kJ/(kg \cdot K)$。

对于饱和油、气、水三相流体的孔隙性岩石，可以推导出油藏岩石的体积比热容计算式：

$$M_r = (1-\phi)\rho_r c_r + \phi(S_o \rho_o c_o + S_w \rho_w c_w + S_g \rho_g c_g) \tag{1-2-4}$$

式中　M_r——饱和油、气、水三相流体岩石的体积比热容，$kJ/(m^3 \cdot K)$；

　　　ρ_o, ρ_g, ρ_w——油、气、水的密度，kg/m^3；

　　　S_o, S_g, S_w——油、气、水的饱和度，小数；

　　　c_o, c_g, c_w——油、气、水的比热容，$kJ/(kg \cdot K)$。

3）压力和热量传递特征

在注蒸汽热力采油过程中，除注入热流体的热量传递外，还伴随有热流体的质量效应，因此流体在多孔介质中产生水动力传递或压力扩散。

（1）油藏岩石热扩散系数。

岩石的导热系数 λ 与体积比热容 M 之比为热扩散系数 α，可以表示为：

$$\alpha = \frac{\lambda}{M} \tag{1-2-5}$$

热扩散系数是指单位时间内热扩散的快慢或热量传递的能力，单位为 m^2/s。显然，物质的导热系数越大，热扩散速度越大；体积比热容越大，热扩散速度越小。也就是说，体积比热容越大，升高相同温度所需要传递的热量越大，热量扩散范围越小。

（2）流体在储层中的导压系数。

岩石中流体的渗透率 K 与综合压缩系数和黏度乘积 μC_t 之比为导压系数 α，可以表示为：

$$\alpha = \frac{K}{\mu C_t} \tag{1-2-6}$$

若选用总压缩系数 C_t'，且岩石孔隙度为 ϕ，则导压系数为：

$$\alpha = \frac{K}{\mu \phi C_t'} \tag{1-2-7}$$

导压系数是指单位时间内压力扩散的快慢或压力波传递的能力，单位为 m^2/s。显然，岩石渗透率 K 越大或流体黏度 μ 越小，导压系数就越大；相同渗透率条件下，流体黏度越大，导压系数就越小。

若岩石孔隙度为 0.3，岩石综合压缩系数为 1×10^{-4} MPa^{-1}；饱和油水岩石导热系数为 2.0 $W/(m \cdot K)$，岩石体积比热容为 2 500 $kJ/(m^3 \cdot K)$，则热扩散系数为 0.8 m^2/s。不同原油黏度和渗透率下的岩石导压系数变化如图 1-2-1 所示。

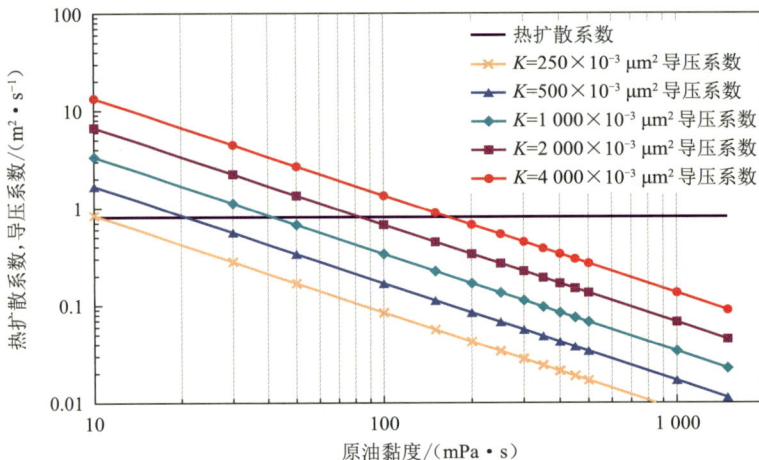

图 1-2-1　热扩散系数和导压系数对比

由图 1-2-1 可以看出，原油黏度较低时，导压系数大于热扩散系数，表明加热区中压力传递的流体热量大于热扩散的热量，前缘处热量扩散很快被流体波及覆盖，前缘扩展主要受压力控制；随着注入量的增加，受热范围增大，原油黏度由于降温而增加，导压系数急剧降低，进一步影响压力传递范围，虽然热扩散能力基本不变，但传递能力是有限的，注蒸汽后期油井势必憋压，达到注入设备限制条件。

4）储层中稠油的赋存与启动特征

复杂族系稠油中含有具超分子结构的非烃类物质，原油黏度越大，所形成的胶体体系支链结构越相互缠绕，原油非均相特征越明显，流体越偏离牛顿流体。稠油中的这些超分子结构重质组分流体主要以 π-π 面堆叠的形式赋存在孔隙壁面，分子与壁面间的作用力强。稠油多组分分子模拟表明，随温度升高，π-π 面堆叠转变为倾斜堆叠，作用力减弱,质心逐渐远离壁面。图 1-2-2 所示为稠油分子在不同润湿性的岩石壁面上的吸附和脱附状态。

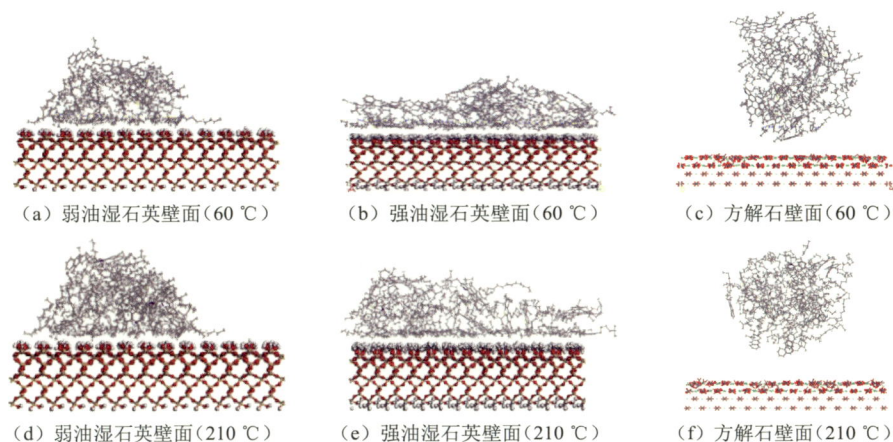

（a）弱油湿石英壁面（60 ℃）　　（b）强油湿石英壁面（60 ℃）　　（c）方解石壁面（60 ℃）

（d）弱油湿石英壁面（210 ℃）　　（e）强油湿石英壁面（210 ℃）　　（f）方解石壁面（210 ℃）

图 1-2-2　稠油分子在不同润湿岩石壁面上的吸附和脱附状态

利用分子模拟方法得到的分子与孔隙壁面的相互作用吸附能统计结果如图 1-2-3 所示。从图中可以看出,低温下沥青质吸附能约占总吸附能的 34%;随温度升高,总的吸附能降低,稠油从壁面脱附的难度降低,而沥青质的吸附能占总吸附能的比例下降,从 34% 降至约 27%。

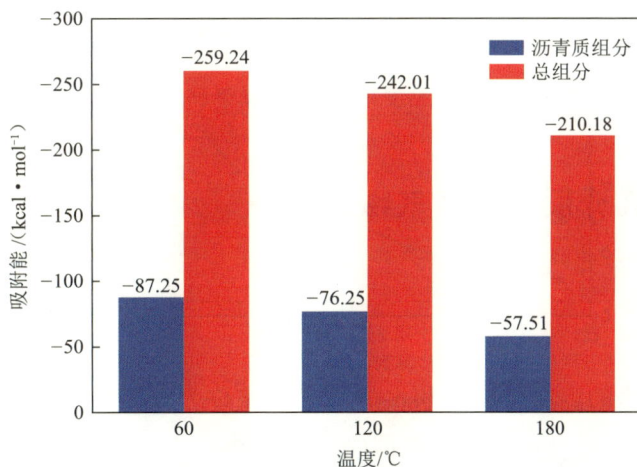

图 1-2-3　稠油多组分分子在岩石壁面上的吸附能变化

实验研究表明,稠油在多孔介质孔隙(几十微米级)中的有效流动存在温度界限(图 1-2-4),且与岩石渗透率有关;稠油黏度越大,启动流动温度越高;储层岩石渗透率越小,启动流动温度越高,如图 1-2-5 所示。

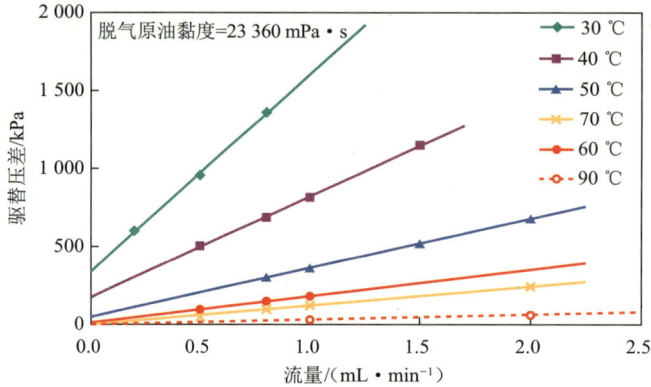

图 1-2-4 不同温度下稠油渗流曲线

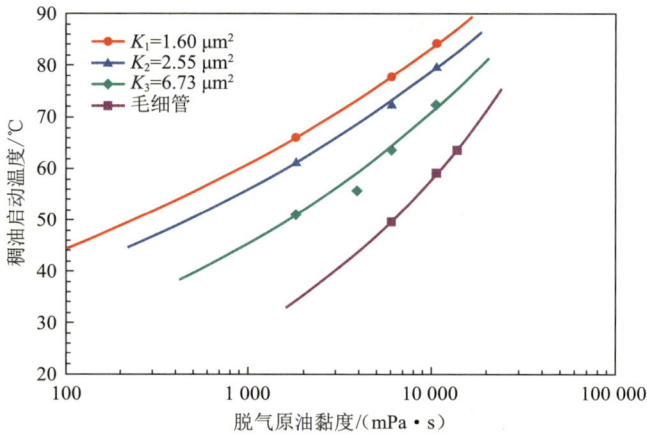

图 1-2-5 不同稠油黏度和岩石渗透率下稠油启动温度图版

1.2.2 多孔介质中水蒸气物态

1）水蒸气相态

（1）水的物态。

某压力下饱和水的温度与未饱和水的温度之差称为过冷度。过冷度越大，未饱和水离饱和蒸汽的状态越远。图 1-2-6 为水的 $p\text{-}v$ 相态图。

水蒸气的饱和温度随饱和压力的增加而增加。在一定压力下，对饱和水持续加热可得到干饱和蒸汽。湿蒸汽为干饱和蒸汽与饱和水的混合物。显然，汽相质量占湿蒸汽总质量的比例越大，蒸汽干度越高。饱和蒸汽的临界压力 p_c 为 22.12 MPa，临界温度 t_c 为 374.15 ℃。液相和汽相在临界点具有相同的特性参数。

对干饱和蒸汽继续加热，蒸汽温度将升至高于该压力所对应的饱和温度，达到过热蒸汽状态。过热蒸汽温度与该压力下的饱和温度之差称为过热度。过热度越大，过热蒸汽离饱和蒸汽的状态越远。

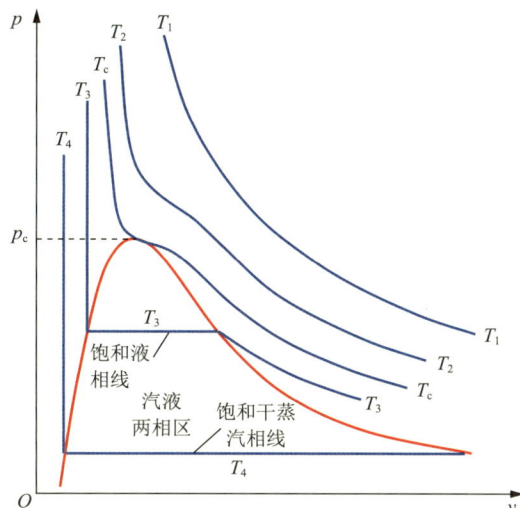

图 1-2-6　水的 $p\text{-}v$ 相态图

p_c,T_c 为临界压力和临界温度

（2）饱和水蒸气热力学参数。

流体的热焓是其内能与流动功或推动功之和。饱和水变成干饱和蒸汽（温度保持不变）所吸收的热量称为汽化潜热，是流体热焓中的推动功部分。汽化潜热（L_v）为干饱和蒸汽的热焓与饱和水的热焓之差，汽化潜热随饱和温度的增大而减小。当系统达到临界状态时，汽化潜热为零，如图 1-2-7 所示。在实际应用过程中，若蒸汽干度为 X，则湿蒸汽的焓为：

$$H_m = XH_s + (1-X)H_w = H_w + XL_v \tag{1-2-8}$$

式中　H_m——湿蒸汽的焓，kJ/kg；

　　　H_s——干饱和蒸汽的焓，kJ/kg；

　　　H_w——饱和水的焓，kJ/kg；

　　　X——蒸汽干度，小数。

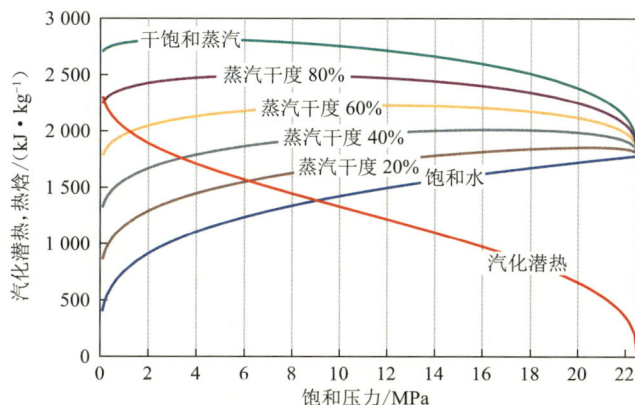

图 1-2-7　水蒸气热焓与饱和压力关系曲线

蒸汽的比体积随压力的变化如图 1-2-8 所示。

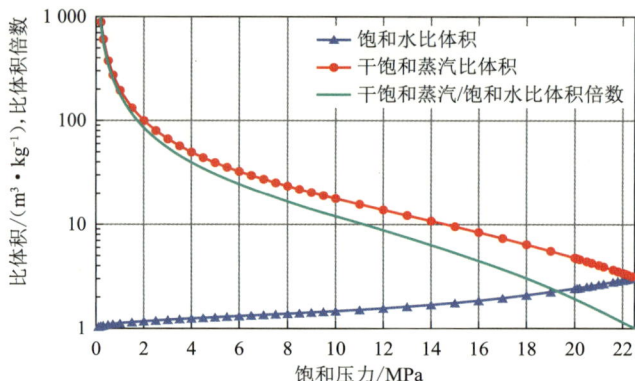

图 1-2-8　水蒸汽比体积与饱和压力关系

湿蒸汽的比体积为：

$$v_{\mathrm{m}} = X v_{\mathrm{s}} + (1-X) v_{\mathrm{w}} = \frac{1-X}{\rho_{\mathrm{w}}} + \frac{X}{\rho_{\mathrm{s}}} \tag{1-2-9}$$

式中　　$v_{\mathrm{m}}, v_{\mathrm{s}}, v_{\mathrm{w}}$——湿蒸汽、干饱和蒸汽、饱和水的比体积，$\mathrm{m^3/kg}$；

$\rho_{\mathrm{s}}, \rho_{\mathrm{w}}$——干饱和蒸汽、饱和水的密度，$\mathrm{kg/m^3}$。

在相同压力下，干饱和蒸汽的热物性明显优于饱和水。例如，在压力为 10 MPa 时，干饱和蒸汽状态的热焓和比体积分别为饱和水状态的 2 倍和 4 倍左右，因此采用水蒸气作为工作介质，蒸汽干度越大，汽化潜热越大，且在相同冷水当量下，工作介质的体积越大，所具有的推动功也越大；水蒸气在释放潜热的同时保持温度不变，系统保持恒温的时间较长。这些特点在稠油开采中对扩大蒸汽的波及范围和保持原油降黏效应都是非常有利的。

2）多孔介质中水蒸气物态

事实上，和其他气体如氮气、二氧化碳、氧气等单组分气体，或烟道气和空气等混合气体相比，水蒸气具有较大的比热容，即单位质量的水蒸气吸收或释放的热量较大，适宜作为传热介质。根据水蒸气相态特征，和氮气等其他气体相比，水蒸气的汽液相态较近，甚至少量的热量传递（热损失）即可引起水蒸气的相态变化（变成液态水），相应的物性发生变化，流动能力也发生变化。因此，尽管水蒸气的比热容较大，但必须持续供热或采取降低热损失的措施，以避免水蒸气出现大幅度相变而难以满足长距离或较大范围的热量传输要求。

蒸汽在油层多孔介质中的物态变化更加复杂。蒸汽在多孔介质中流动时，上游区主要为汽水两相渗流，为蒸汽带；中游区为油水两相渗流，为热液带；下游区为油单相渗流，为初始油层带。上游和中游间由于侧向传热性能的差异性，则蒸汽带前缘存在凝析，假设蒸汽凝析液的渗流速度为 v_{f}。

（1）多孔介质中的蒸汽前缘凝析速度。

以一维多孔介质岩体为例，岩体厚度为 h，岩体宽度为 B，孔隙度为 ϕ，若注入水蒸气质量流量为 q_{si}，水蒸气干度为 X，则水相质量流量 q_{w} 为：

$$q_w = q_{si}(1-X) + \phi \rho_w B h v_f \tag{1-2-10}$$

忽略水蒸气在岩体中的流动阻力变化,水蒸气流动时凝析前缘 x 处的热量守恒方程为:

$$\lambda \frac{\partial^2 t}{\partial x^2} - \frac{q_w c_w}{Bh} \frac{\partial t}{\partial x} = (\rho c_p)_t \frac{\partial t}{\partial \tau} \tag{1-2-11}$$

其中:

$$(\rho c_p)_t = (1-\phi)\rho_r c_r + \phi \rho_w c_w \tag{1-2-12}$$

式中　t——温度,℃;

　　　τ——时间,h;

　　　λ——岩石导热系数,kJ/(m·h·K);

　　　下标 t——岩石骨架和流体总体。

坐标 x 与凝析前缘运动坐标 η 之间的关系为 $\eta = x + v_f \tau$,将上述模型转化为运动坐标 η,则有:

$$\left. \begin{aligned} &\lambda \frac{\partial^2 t}{\partial \eta^2} - \frac{q_w c_w}{Bh} \frac{\partial t}{\partial \eta} = -(\rho c_p)_t v_f \frac{\partial t}{\partial \eta} \\ &t \big|_{\eta=0} = t_s \\ &t \big|_{\eta \to \infty} = t_i \end{aligned} \right\} \tag{1-2-13}$$

式中　t_s, t_i——蒸汽温度和原始温度,℃。

求解上述数学模型,可以得到蒸汽凝析前缘下游的温度分布:

$$\frac{t-t_i}{t_s-t_i} = \exp\left[\frac{q_w c_w - Bh(\rho c_p)_t v_f}{Bh\lambda} \eta \right] \tag{1-2-14}$$

凝析前缘处满足能量守恒关系:

$$-\lambda \frac{\partial t}{\partial \eta} \bigg|_{\eta=0} = \frac{q_{si}}{Bh} L_v \tag{1-2-15}$$

式中　L_v——蒸汽汽化潜热,kJ/kg。

联立式(1-2-12)和式(1-2-14),代入式(1-2-15)即可求得前缘凝析速度 v_f。蒸汽前缘凝析液质量流量 q_{sc} 为:

$$q_{sc} = Bh v_f \rho_w q_{si} \rho_w c_w \frac{\dfrac{X}{Ja}+1}{(1-\phi)\rho_r c_r} \tag{1-2-16}$$

$$Ja = c_{pw} \frac{t_s-t_i}{L_v} \tag{1-2-17}$$

式中　Ja——雅各布数;

　　　c_{pw}——凝析水相定压比热容,kJ/(kg·K)。

雅各布数 Ja 是汽液相变传热时显热和潜热之比,是衡量液膜过冷度的一个无因次数。假设原始油藏温度 $t_i = 50$ ℃,岩石孔隙度 $\phi = 0.3$,岩石密度 $\rho_r = 2\ 500$ kg/m³,岩石比热容 $c_r = 0.85$ kJ/(kg·K),水相比热容 $c_w = 4$ kJ/(kg·K),则不同压力的蒸汽前缘凝析量之比如图 1-2-9 所示。

由图 1-2-9 可以看出,在相同蒸汽干度下,饱和压力越大,蒸汽前缘处凝析量越小;在相同饱和压力下,蒸汽干度越大,蒸汽前缘处凝析量越大。

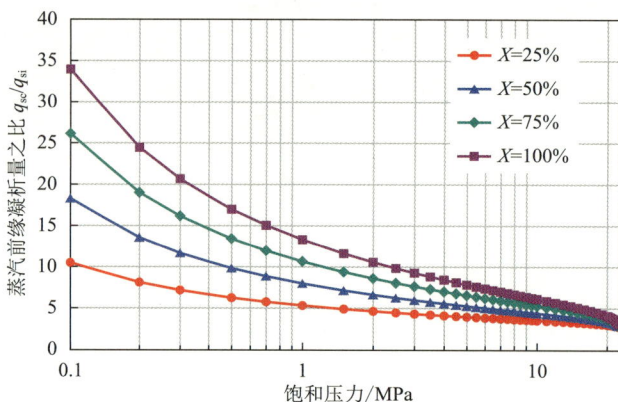

图 1-2-9 不同饱和压力蒸汽前缘凝析量之比

（2）油层内蒸汽凝析量分布和蒸汽干度分布。

事实上,除了蒸汽前缘下游的传热导致蒸汽凝析外,上游蒸汽区由于油层的顶底盖层存在热损失,蒸汽在油层中流动时各处都存在凝析,忽略蒸汽在岩体中的流动阻力变化,蒸汽区温度不变。连续注蒸汽过程中,加热范围不断增加,加热区各处温升起始时间 $\tau(x)$ 不同,油层中各处的单位面积热损失 q_L 为:

$$q_L(x,\tau) = \frac{2\lambda_e(t_s - t_i)}{\sqrt{\pi\alpha_e[\tau - \delta(x)]}} = U(x,\tau)(t_s - t_i) \tag{1-2-18}$$

式中　λ_e——盖层岩石导热系数,kJ/(m·h·K);

　　　U——油层顶底盖层传热系数,kJ/(m²·h·K);

　　　α_e——盖层热扩散系数,m²/h;

　　　$\delta(x)$——随 x 变化的初始时间,h。

由于油层受热范围增加与时间具有相关性,一维流动的顶底盖层局部传热系数近似为:

$$U(x) = U_0 + \beta x \tag{1-2-19}$$

式中　U_0——初始顶底盖层传热系数,kJ/(m²·h·K);

　　　β——单位长度传热系数变化值,反映油层受热范围增加时的时间滞后效应,可由实验确定。

对于蒸汽吞吐,$U_0 = 2\lambda_e/\sqrt{\pi\alpha_e\tau}$;对于蒸汽驱,连续注汽时间 τ 较大,U_0 趋近于 0。

若汽化潜热为 L_v,则一维多孔介质岩体内流动的能量守恒关系为:

$$L_v dq(x) = 2U(x)B(t_s - t_i)dx \tag{1-2-20}$$

或

$$\frac{dq(x)}{dx} = \frac{2B(t_s - t_i)}{L_v}U(x) \tag{1-2-21}$$

若注入端注汽质量流量为 q_{si},蒸汽干度为 X_0,油层局部蒸汽凝析量为 $\alpha(x)$,则油层局部蒸汽量为 $q(x) = X_0 q_{si} - \alpha(x)$,代入能量守恒关系:

$$\frac{\mathrm{d}\alpha(x)}{\mathrm{d}x} = \frac{2B(t_s - t_i)}{L_v}(U_0 + \beta x) \tag{1-2-22}$$

$$\alpha(x) = \frac{2B(t_s - t_i)}{L_v}\left(U_0 x + \frac{\beta}{2}x^2\right) \tag{1-2-23}$$

蒸汽干度分布为：

$$X(x) = \frac{X_0 q_{si} - \alpha(x)}{q_{si}} = X_0 - \frac{2B(t_s - t_i)}{q_{si}L_v}\left(U_0 x + \frac{\beta}{2}x^2\right) \tag{1-2-24}$$

若岩石导热系数 $\lambda_e = 2.0$ W/(m·K)，岩石体积比热容 $M_r = 2\,500$ kJ/(m³·K)，则热扩散系数 $\alpha_e = 0.8$ m²/s，原始油层温度 $t_i = 50$ ℃，蒸汽注入量 $q_{si} = 5$ t/h，注汽时间为 8 d，注汽压力 $p_s = 10$ MPa，注汽温度为 309 ℃，不同井底蒸汽干度时油层中蒸汽分布如图 1-2-10 所示。

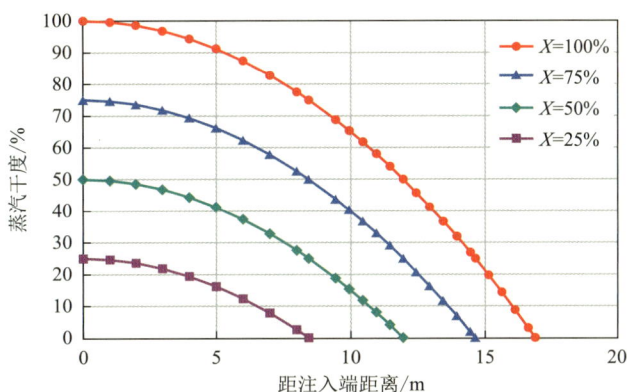

图 1-2-10　单向流动油层中蒸汽分布

蒸汽区范围可由 $X(x_s) = 0$ 确定，即

$$X_0 - \frac{2B(t_s - t_i)}{q_{si}L_v}\left(U_0 x_s + \frac{\beta}{2}x_s^2\right) = 0 \tag{1-2-25}$$

若 $U(x)$ 为常数或 $\beta = 0$，则得：

$$x_s = \frac{q_{si}L_v X_0}{2U_0 B(t_s - t_i)} \tag{1-2-26}$$

若 $U_0 = 0$，则得：

$$x_s = \sqrt{\frac{q_{si}L_v X_0}{B(t_s - t_i)\beta}} \tag{1-2-27}$$

对于径向流动，可以推导出：

$$\alpha(r) = \frac{\pi(t_s - t_i)}{L_v}\left(U_0 r^2 + \frac{2\beta}{3}r^3\right) \tag{1-2-28}$$

蒸汽干度分布为：

$$X(r) = \frac{X_0 q_{si} - \alpha(r)}{q_{si}} = X_0 - \frac{\pi(t_s - t_i)}{q_{si}L_v}\left(U_0 r^2 + \frac{2\beta}{3}r^3\right) \tag{1-2-29}$$

径向流动油层中蒸汽分布如图 1-2-11 所示。

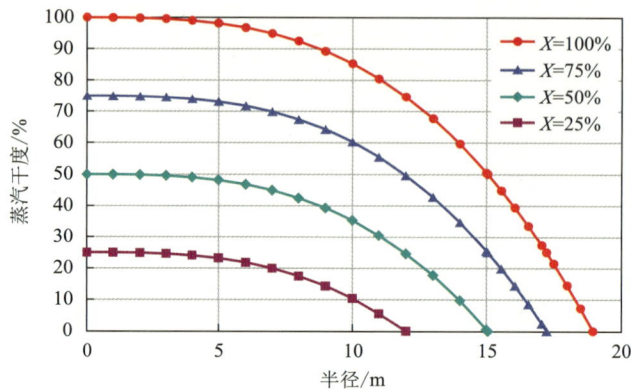

图 1-2-11 径向流动油层中蒸汽分布

蒸汽区范围由 $X(r_s)=0$ 确定,即

$$X_0 - \frac{\pi(t_s-t_i)}{q_{si}L_v}\left(U_0 r_s^2 + \frac{2\beta}{3}r_s^3\right) = 0 \tag{1-2-30}$$

若 $U(x)$ 为常数或 $\beta=0$,则得:

$$r_s = \sqrt{\frac{q_{si}L_v X_0}{\pi U_0(t_s-t_i)}} \tag{1-2-31}$$

若 $U_0=0$,则得:

$$r_s = \sqrt[3]{\frac{3q_{si}L_v X_0}{2\pi(t_s-t_i)\beta}} \tag{1-2-32}$$

1.2.3 驱替前缘相变黏滞指进模型

对于驱替相和被驱替相,渗流速度可表示为:

$$v_j = -\lambda_j \frac{\partial \Phi_j}{\partial x} \quad (j=1,2) \tag{1-2-33}$$

其中:

$$\lambda_j = \frac{KK_{rj}}{\mu_j} \quad (j=1,2) \tag{1-2-34}$$

$$\frac{\partial \Phi_j}{\partial x} = \frac{\partial p_j}{\partial x} + \rho_j g \sin\theta \quad (j=1,2) \tag{1-2-35}$$

式中　下标 j——$j=1$ 表示驱替相,$j=2$ 表示被驱替相;

$\dfrac{\partial \Phi_j}{\partial x}$——第 j 相的势梯度;

K,K_{rj}——绝对渗透率和第 j 相相对渗透率;

θ——油层倾角。

在前缘处驱替相和被驱替相是置换关系,因此驱替相的相对渗透率 K_{r1} 为被驱替相处于残余状态的值,而被驱替相的相对渗透率 K_{r2} 为其可动饱和度下的值。例如水驱油过

程,水的相对渗透率为残余油状态下的值,而油的相对渗透率为束缚水状态下的值。定义被驱替相与驱替相的势梯度比 M_0:

$$M_0 = \frac{\partial \Phi_2 / \partial x}{\partial \Phi_1 / \partial x} = \frac{v_2}{\lambda_2} \frac{\lambda_1}{v_1} = \frac{v_2}{v_1} \frac{K K_{r1} \mu_2}{K K_{r2} \mu_1} = \frac{v_2}{v_1} \frac{\mu_2}{\mu_1} \frac{K_{e1}}{K_{e2}} \tag{1-2-36}$$

式中　K_{e1},K_{e2}——驱替相和被驱替相有效渗透率,μm^2。

上式中 M_0 通常称为等效流度比。可以看出,等效流度比包含由凝析所产生的驱替速度的差异性、两相黏度和有效渗透率的差异。显然,若驱替相和被驱替相不可压缩,且不存在相变的稳定驱替,即 $v_1 = v_2$,则:

$$M_0 = \frac{\lambda_1}{\lambda_2} = \frac{K K_{r1} \mu_2}{K K_{r2} \mu_1} = \frac{\mu_2}{\mu_1} \frac{K_{e1}}{K_{e2}} \tag{1-2-37}$$

上式中 M_0 称为流度比,是指驱替相流度与被驱替相流度之比。若不考虑两相有效渗透率的差异,即 $K_{e1} \approx K_{e2}$,则:

$$M_0 \approx \frac{\mu_2}{\mu_1} \tag{1-2-38}$$

可以看出,流度比近似取被驱替相黏度与驱替相黏度之比。

对于一维驱替过程,由于前缘侧向存在热传递,驱替相前缘存在稳定凝析,且瞬时成为被驱替相,驱替岩体两端压力一定,注入端压力为 p_0,流出端压力为 p_L,则数学模型为:

$$\left. \begin{array}{c} \dfrac{\partial (\rho_j v_j)}{\partial x} = 0 \\ p(x) \big|_{x=0} = p_0 \\ p(x) \big|_{x=L} = p_L \end{array} \right\} \tag{1-2-39}$$

由质量守恒关系积分得:

$$\rho_j v_j = \rho_j \lambda_j \frac{\partial \Phi_j}{\partial x} = C_j \tag{1-2-40}$$

式中　C_j——常数。

令

$$a_j = \frac{C_j}{\rho_j \lambda_j} \tag{1-2-41}$$

由等效流度比定义得:

$$a_2 = M_0 a_1 \tag{1-2-42}$$

$$a_j = \frac{\partial p_j}{\partial x} + \rho_j g \sin \theta \tag{1-2-43}$$

或

$$p_j = (a_j - \rho_j g \sin \theta) x + b_j \tag{1-2-44}$$

式中　b_j——积分常数。

根据边界条件得 $b_1 = p_0$,$b_2 = p_L - (a_2 - \rho_2 g \sin \theta) L$,若不考虑毛细管力,则在驱替界面 x_f 上有 $p_{1f} = p_{2f}$,即

$$(a_1 - \rho_1 g \sin \theta) x_f + b_1 = (a_2 - \rho_2 g \sin \theta) x_f + b_2 \tag{1-2-45}$$

可以推导出:

$$a_1 = -\frac{p_0 - p_L}{(1-M_0)x_f + M_0 L}\left[1 - \frac{(\rho_1 - \rho_2)x_f + \rho_2 L}{p_0 - p_L}g\sin\theta\right] \tag{1-2-46}$$

驱替界面上真实驱替相速度 u_1 为：

$$u_1(x_f) = \frac{v_1(x_f)}{\phi_1} = \frac{1}{\phi_1}\left(-\lambda_1\frac{\partial\Phi_1}{\partial x}\right) = -\frac{\lambda_1}{\phi_1}a_1$$

$$= \frac{\lambda_1}{\phi_1}\frac{p_0 - p_L}{(1-M_0)x_f + M_0 L}\left[1 - \frac{(\rho_1 - \rho_2)x_f + \rho_2 L}{p_0 - p_L}g\sin\theta\right] \tag{1-2-47}$$

若驱替前缘指进量为 ε，则：

$$\frac{d\varepsilon}{d\tau} = u_1(x_f + \varepsilon) - u_1(x_f) \tag{1-2-48}$$

可以推导出：

$$\frac{d\varepsilon}{d\tau} = \frac{\lambda_1}{\phi_1}\frac{p_0 - p_L}{(1-M_0)(x_f+\varepsilon) + M_0 L}\left[1 - \frac{(\rho_1-\rho_2)(x_f+\varepsilon)+\rho_2 L}{p_0 - p_L}g\sin\theta\right] -$$

$$\frac{\lambda_1}{\phi_1}\frac{p_0 - p_L}{(1-M_0)x_f + M_0 L}\left[1 - \frac{(\rho_1 - \rho_2)x_f + \rho_2 L}{p_0 - p_L}g\sin\theta\right]$$

$$\approx \frac{\lambda_1}{\phi_1}\frac{p_0 - p_L}{[(1-M_0)x_f + M_0 L]^2}\left(M_0 - 1 + \frac{\rho_2 - M_0\rho_1}{p_0 - p_L}gL\sin\theta\right)\varepsilon \tag{1-2-49}$$

定义黏滞指进变化率 σ 为：

$$\sigma = \frac{1}{\varepsilon}\frac{d\varepsilon}{d\tau} = \frac{\lambda_1}{\phi_1}\frac{p_0 - p_L}{[(1-M_0)x_f + M_0 L]^2}\left(M_0 - 1 + \frac{\rho_2 - M_0\rho_1}{p_0 - p_L}gL\sin\theta\right) \tag{1-2-50}$$

可以看出，油层倾角 θ 或驱替方向和驱替相凝析速度都将影响驱替前缘的黏滞指进变化，且驱替前缘各处的黏滞指进变化率不同；对于水平驱动，$\theta = 0°$ 且组合参数 $\lambda_1(p_0 - p_L)/(\phi_1 L_2) = 1$，则黏滞指进变化率 σ 随注入端无因次距离 x_D 和流度比 M_0 的变化趋势如图 1-2-12 所示。

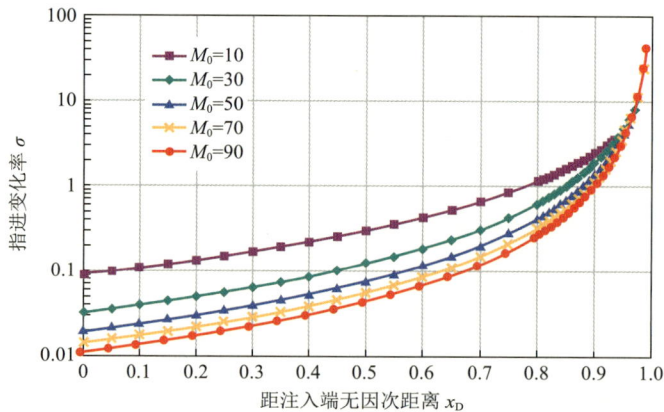

图 1-2-12 黏滞指进变化率变化趋势

可以看出，靠近注入端的指进变化率较小，表明注入端附近的指进效应较弱，而靠近采出端的指进变化率较大，表明采出端附近的指进效应较强。注入端 $x_f = 0$ 和采出端 $x_f = L$ 处的黏滞指进变化率 σ_0 和 σ_L 分别为：

$$\sigma_0 = \frac{\lambda_1}{\phi_1} \frac{p_0 - p_L}{M_0^2 L^2} \left(M_0 - 1 + \frac{\rho_2 - M_0 \rho_1}{p_0 - p_L} gL \sin\theta \right) \tag{1-2-51}$$

$$\sigma_L = \frac{\lambda_1}{\phi_1} \frac{p_0 - p_L}{L^2} \left(M_0 - 1 + \frac{\rho_2 - M_0 \rho_1}{p_0 - p_L} gL \sin\theta \right) \tag{1-2-52}$$

一般情况下，驱替流度比 $M_0 > 1$，$\sigma_L > \sigma_0$；采用 σ_L 评价驱替前缘的黏滞指进程度。若 $\theta = 0°$，表示水平驱替，则有：

$$\sigma_L = \frac{\lambda_1}{\phi_1} \frac{p_0 - p_L}{L^2} (M_0 - 1) \tag{1-2-53}$$

上式表示，当其他因素一定时，驱替相的指进取决于流度比 M_0，当 $M_0 = 1$ 时，$\sigma_L = 0$，表明指进稳定；当 $M_0 < 1$ 时，$\sigma_L < 0$，表明黏滞指进递减，趋于活塞式驱替状况；当 $M_0 > 1$ 时，$\sigma_L > 0$，表明黏滞指进递增。

（1）蒸汽驱黏滞指进。

黏滞指进模型适用于热水或蒸汽中添加非凝析气、液剂等的非混相驱替过程，包括水驱、气驱、泡沫驱等。

对于蒸汽驱，驱替前缘存在凝析，相同质量的蒸汽凝析后蒸汽前缘速度迅速降低，流度比中的被驱替相速度 v_w 小于驱替速度 v_s，与非凝析气驱相比，流度比降低，因此凝析的存在有利于降低蒸汽的黏滞指进效应。由注蒸汽前缘凝析量可得：

$$\frac{v_w}{v_s} = \rho_w c_w \frac{\dfrac{X}{Ja} + 1}{(1 - \phi) \rho_r c_r} \tag{2-1-54}$$

另外，蒸汽的有效渗透率 K_{se} 与蒸汽干度 X 有关，近似取与蒸汽干度 X 的正相关关系，则流度比可表示为：

$$M_0 = \frac{v_w}{v_s} \frac{\mu_w}{\mu_s} \frac{K_{se}}{K_{we}} = X f_{xk} \rho_w c_w \frac{\dfrac{X}{Ja} + 1}{(1 - \phi) \rho_r c_r} \frac{\mu_w}{\mu_s} \tag{1-2-55}$$

式中　μ_w——水的黏度，$mPa \cdot s$；

　　　μ_s——蒸汽的黏度，$mPa \cdot s$；

　　　K_{se}，K_{we}——蒸汽和水的有效渗透率，μm^2；

　　　f_{xk}——比例系数。

由上式可以看出，蒸汽驱的流度比与蒸汽干度 X 有关，同时由于蒸汽的黏度 μ_s 及雅克布数 Ja 与压力有关，因此蒸汽驱的黏滞指进程度还与系统的压力有关，如图 1-2-13 所示。

对于蒸汽驱油过程，油层蒸汽腔对加热原油有蒸馏效应，蒸汽驱前缘的凝析液不是单纯的水相，还存在轻质组分的凝析，汽液界面处凝析液黏度通常大于凝析水，因此影响蒸汽驱流度比的关系非常复杂。

（2）水驱黏滞指进。

若为水驱油，驱替前缘无凝析，$M_0 > 1$，底部驱替（$\theta = 90°$），则黏滞指进变化率为：

$$\sigma_L = \frac{\lambda_1}{\phi_1} \frac{p_0 - p_L}{L^2} \left(M_0 - 1 + \frac{\rho_o - M_0 \rho_w}{p_0 - p_L} gL \right) \tag{1-2-56}$$

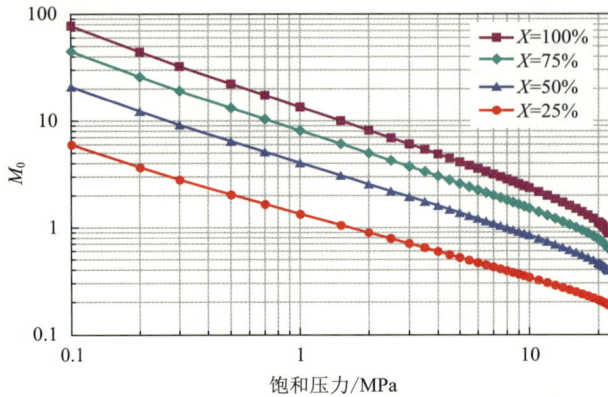

图 1-2-13 多孔岩石注蒸汽前缘汽水流度比随饱和压力变化曲线

由上式可以看出，由于 $M_0 > 1$ 且 $\rho_w > \rho_o$，因此 $M_0\rho_w > \rho_o$，表明重力项为负值，与式 (1-2-53) 相比，底部注水时重力作用有利于减弱水的黏滞指进效应，因此与水平驱替相比，选择底部注水驱替是有利的。

同样为水驱油过程，若顶部注水驱替($\theta = 270°$)，则黏滞指进变化率为：

$$\sigma_L = \frac{\lambda_1}{\phi_1} \frac{p_0 - p_L}{L^2} \left(M_0 - 1 - \frac{\rho_o - M_0\rho_w}{p_0 - p_L} gL \right) \tag{1-2-57}$$

与式 (1-2-53) 相比，顶部注水时重力作用增强了水的指进效应，因此选择顶部注水驱替是不利的。

(3) 非凝析气驱黏滞指进。

若为非凝析气驱油，驱替前缘无凝析，$M_0 > 1$，底部驱替($\theta = 90°$)，则有：

$$\sigma_L = \frac{\lambda_1}{\phi_1} \frac{p_0 - p_L}{L^2} \left(M_0 - 1 + \frac{\rho_o - M_0\rho_g}{p_0 - p_L} gL \right) \tag{1-2-58}$$

由上式可以看出，由于 $\rho_g \ll \rho_o$，虽然 $M_0 > 1$，但通常 $\rho_o > M_0\rho_g$，表明重力项为正值，与式 (1-2-53) 相比，底部注气时重力作用增强了气的黏滞指进效应，因此与水平驱替相比，选择底部注气驱替是不利的。

同样为非凝析气驱油过程，若顶部注气驱替($\theta = 270°$)，则有：

$$\sigma_L = \frac{\lambda_1}{\phi_1} \frac{p_0 - p_L}{L^2} \left(M_0 - 1 - \frac{\rho_o - M_0\rho_g}{p_0 - p_L} gL \right) \tag{1-2-59}$$

与式 (1-2-53) 相比，顶部注气时重力作用减弱了气的黏滞指进效应，因此选择顶部注气驱替是有利的。

由于气体的黏度与压力有关，因此气驱的黏滞指进程度还与系统的压力有关。

1.2.4 加热体积

1) 油层加热效率

在油层注蒸汽过程中，根据能量守恒定律，井底注入热量的速率等于顶底盖层的热损失速率与油层能量增加速率之和。若顶底盖层与油层的热物性近似相等,则 Marx-Langenheim 模型的油层加热效率 E_h 为:

$$E_h = \frac{1}{\tau_D} \left(e^{\tau_D} \operatorname{erfc} \sqrt{\tau_D} + 2\sqrt{\frac{\tau_D}{\pi}} - 1 \right) \tag{1-2-60}$$

其中:

$$\tau_D = \frac{4\lambda_e \tau}{M_r h_t^2} \approx \frac{4\alpha_e \tau}{h_t^2} \tag{1-2-61}$$

式中　E_h——油层加热效率,小数;

　　　τ——注汽时间,h;

　　　τ_D——无因次时间;

　　　h_t——油层总厚度,m。

油层加热效率也可以近似取:

$$E_h = \frac{1}{1 + 0.85\sqrt{\tau_D}} \tag{1-2-62}$$

2) 油层加热体积

无论是蒸汽吞吐还是蒸汽驱,稠油油藏注蒸汽初期都具有理想的三区模式:内区为蒸汽带,中区为热液区,外区为油单相区。对于蒸汽驱方式,随着开发过程的持续进行,热液区向前推进到达生产井,之后注入蒸汽也将突破生产井。

(1) 基于能量守恒的加热体积模型。

若注入蒸汽总量为 G_s,蒸汽混合物热焓为 H_m,蒸汽干度为 X_h,潜热为 $X_h L_v$,显热为 H_w,注入热能为 $G_s H_m$,顶底盖层的散失热量为 $G_s H_m (1-E_h)$,则注入的潜热部分减去总热量的顶底散热损失(显热部分对散热量也有贡献)形成蒸汽区,而显热部分被推到下游加热油层并形成热液区。

蒸汽区的能量守恒关系为:

$$G_s [X_h L_v - H_m (1-E_h)] = V_s M_r (t_s - t_i) \tag{1-2-63}$$

式中　V_s——油层蒸汽区体积,m³;

　　　H_m——蒸汽热焓,kJ/kg。

蒸汽区的体积为:

$$V_s = \frac{G_s [X_h L_v - H_m (1-E_h)]}{M_r (t_s - t_i)} \tag{1-2-64}$$

蒸汽区等效加热半径 r_h 为:

$$r_h^2 = \frac{G_s [X_h L_v - H_m (1-E_h)]}{\pi h_t M_r (t_s - t_i)} = \frac{G_s (H_m E_h - H_w)}{\pi h_t M_r (t_s - t_i)} \tag{1-2-65}$$

热液区温度随岩体体积近似呈四次幂分布:

$$\frac{t - t_i}{t_s - t_i} = \left(\frac{V_t - V}{V_t - V_s} \right)^4 \tag{1-2-66}$$

式中　V——随温度变化的油层体积变量,m³;

　　　V_t——总加热体积,m³;

V_s——蒸汽区体积，m^3；

H_w——饱和水的热焓，kJ/kg。

由上式可得热液区的平均温度差为蒸汽区温度差的 $1/5$，则热液区的能量守恒关系为：

$$G_s H_w = (V_t - V_s) M_r \frac{t_s - t_i}{5} \tag{1-2-67}$$

蒸汽区和热液区的总体积为：

$$V_t = V_s + \frac{5 G_s H_w}{M_r (t_s - t_i)} \tag{1-2-68}$$

蒸汽区和热液区等效加热半径 r_t 为：

$$r_t^2 = r_s^2 + \frac{5 G_s H_w}{\pi h_t M_r (t_s - t_i)} \tag{1-2-69}$$

若热液区由非等温驱替形成，则热液区半径可以根据 Buckley-Leverett 方程计算：

$$r_{t_2}^2 - r_{t_1}^2 = \frac{f'_{wf}(t_2)}{\pi \phi h_t \rho_w} (G_{st_1} - G_{st_2}) \tag{1-2-70}$$

式中　f'_{wf}——水驱前缘分流量导数；

　　　G_{st_1}——对应温度 t_1 时进入热液区累积蒸汽水当量，kg；

　　　G_{st_2}——对应温度 t_2 时进入热液区累积蒸汽水当量，kg。

热液区温度由 t_s 降到 t_i，将热液区分为若干温度区，利用油水相渗关系计算不同温度下的分流量，求得不同温度下的分流量导数 $f'_{wf}(t)$，依次计算出不同温度热液区的半径或体积。

（2）蒸汽超覆加热模型。

当考虑注蒸汽超覆时，蒸汽区的体积包括两部分：一部分为井筒到汽液界面底界处的柱状汽腔，另一部分为汽液界面底界到顶界处的圆锥体汽腔，即

$$V_s = \int_0^{r_b} 2\pi h_t r \mathrm{d}r + \int_{r_b}^{r_h} 2\pi h_s r \mathrm{d}r \tag{1-2-71}$$

式中　r_b——蒸汽腔底部半径，m；

　　　r_h——蒸汽腔顶部半径，m；

　　　h_s——蒸汽腔厚度（沿径向变化），m。

若蒸汽区覆盖体积为 V_{st}，蒸汽区的平均厚度为 $\overline{h}_s$，则有：

$$\frac{V_s}{V_{st}} = \frac{\overline{h}_s}{h_t} = \frac{r_b^2}{r_h^2} + 2 \int_{\frac{r_b}{r_h}}^1 \frac{h_s}{h_t} \frac{r}{r_h} \mathrm{d}\left(\frac{r}{r_h}\right) \tag{1-2-72}$$

在宏观加热半径 r_h 范围内，通常蒸汽带的平均厚度 $\overline{h}_s$ 为：

$$\overline{h}_s \approx 0.5 A_{rd} h_t \tag{1-2-73}$$

式中　A_{rd}——蒸汽超覆系数。

根据 Marx-Langenheim 模型的加热范围模型，蒸汽区体积 V_s 为：

$$V_s = \frac{i_s H_m \tau}{M_r (t_s - t_i)} E_h \tag{1-2-74}$$

式中　i_s——质量注汽量，kg/h；

　　　τ——时间，h。

加热半径 r_t 为：

$$r_t^2 = \frac{V_s}{\pi \bar{h}_s} = \frac{i_s H_m \tau}{\pi M_r (t_s - t_i) A_{rd}} \frac{1}{h_t + 1.7\sqrt{\alpha_e \tau}} \tag{1-2-75}$$

以上公式计算出的加热半径应该是蒸汽波及的范围，显然蒸汽区下覆油层范围的受热程度相对较小，因此蒸汽超覆模型计算的加热半径通常较大，但经过一定焖井时间，蒸汽区下覆油层受热程度将提高。

1.3　蒸汽吞吐和蒸汽驱适应性

蒸汽吞吐一次性投资较少、工艺技术简单、技术风险较小，客观上也能为蒸汽驱提供适宜的压力条件，因此蒸汽吞吐技术是蒸汽热采首选的开发技术。蒸汽驱通过适当的注采井网，由注汽井连续注汽，在注汽井周围形成蒸汽带，注入的蒸汽将地下原油加热并驱到周围生产井后产出。

1.3.1　蒸汽吞吐与蒸汽驱方式

1）蒸汽吞吐方式

对于蒸汽吞吐方式，原油受热降黏和采出主要集中在近井地层中，加热原油在油层中流程短、流动阻力较小，采油速度较大，投资回收期较短。

假设蒸汽吞吐井原始油藏温度为 t_i，原始含油饱和度为 S_{oi}，孔隙度为 ϕ，原油密度为 ρ_o，油层总厚度为 h_t，有效厚度为 h_e，油层体积比热容为 M_r，蒸汽混合物热焓为 H_m，加热区温度为 t_s，加热区面积为 A_h，油层加热效率为 E_h，累积注汽量为 G_s。

（1）蒸汽吞吐累积油汽比理论模型。

根据能量守恒关系：

$$G_s H_m E_h = A_h h_t M_r (t_s - t_i) \tag{1-3-1}$$

若加热区原油能够全部采出，则理想周期可采油量 N_p 为：

$$N_p = A_h h_e \rho_o \phi S_{oi} \tag{1-3-2}$$

理想周期油汽比 R_{cos} 为：

$$R_{cos} = \frac{N_p}{G_s} = \frac{A_h h_e \rho_o \phi S_{oi}}{G_s} = \frac{h_e}{h_t} \frac{\rho_o \phi S_{oi}}{M_r (t_s - t_i)} H_m \frac{h_t}{h_t + 1.7\sqrt{\alpha_e \tau}} \tag{1-3-3}$$

（2）蒸汽吞吐方式适应性评价。

由理想周期油汽比模型可以看出，影响蒸汽吞吐效果的因素有很多，主要包括油藏客观因素、注采操作主观技术条件。在一定的技术条件下，稠油注蒸汽热采的成败主要取决于油层状况，油层厚度越大，吞吐效果越好，这是因为无论油层厚薄，顶底盖层的热损失是一定的，油层厚度大，层内储热量就大，油层注热利用率就高。因此，在热力采油的筛选标准中油层厚度成为主要的筛选指标。此外，稠油油层的油砂比、渗透率和原始含油饱和度都会对蒸汽吞吐效果产生正影响,即这些参数越大,蒸汽吞吐效果越好。大量矿场生产实践表明,黏度对吞吐效果的影响很大,油层原始原油黏度对蒸汽吞吐效果产生负影响。

直井蒸汽吞吐开采筛选标准见表1-3-1。

表 1-3-1　直井蒸汽吞吐开采筛选标准

油藏参数	一　等		二等(特殊吞吐技术)		
	1	2	3	4	5
原油黏度/(mPa・s)	50*～10 000	10 000～50 000	<10 000	50*～10 000	50*～10 000
原油相对密度	0.92～0.95	0.95～0.98	>0.98	0.92～0.95	0.92～0.95
油层深度/m	150～1 600	<1 000	<500	1 600～1 800	<500
有效厚度/m	>10	>10	>10	>10	5～10
净厚度/总厚度	>0.4	>0.4	>0.4	>0.4	>0.4
孔隙度 ϕ/%	≥20	≥20	≥20	≥20	≥20
原始含油饱和度 S_{oi}/%	≥50	≥50	≥50	≥50	≥50
ϕS_{oi}	≥0.1	≥0.1	≥0.1	≥0.1	≥0.1
渗透率/($10^{-3} \mu m^2$)	≥200	≥200	≥200	≥200	≥200

注:* 表示油层温度、压力条件下的黏度,即不脱气原油黏度,其余为脱气原油黏度。

对于油层厚度不满足直井蒸汽吞吐筛选条件的稠油油藏,可以采用水平井技术。水平井是开发稠油边际储量的重要手段,可大大增加生产井段与储层的接触面积,增加泄油面积。对于稠油热采油藏,水平井还可以增大蒸汽热交换面积,提高热效率,大幅度提高油井产能,从而将有工业价值产量所要求的最小油层厚度降低到最小限度,达到提高采收率和开发薄油层难动用储量的目的。

由于水平井与油层的接触结构不同于直井,注蒸汽初期或一定的注汽量范围内不存在顶底盖层的热损失,所以可以估算出油藏受热体积上限,而油藏受热体积下限可由等效蒸汽吞吐直井的油层受热模式估计。实际蒸汽吞吐水平井油藏受热体积介于二者之间。

若不存在顶底盖层热损失,则注汽过程中的能量平衡表示为:

$$热力学能的注入速率＝油层热力学能的增加速率$$

用公式表达为:

$$i_s H_m = M_r (t_s - t_i) \frac{\mathrm{d}V_{sU}}{\mathrm{d}\tau} \tag{1-3-4}$$

加热体积 V_{sU} 为:

$$V_{sU} = \frac{G_s H_m}{M_r (t_s - t_i)} \tag{1-3-5}$$

等效吞吐直井的油藏受热体积 V_{sL} 为:

$$V_{sL} = \frac{G_s H_m}{M_r (t_s - t_i)} E_h \tag{1-3-6}$$

水平井油藏受热体积 V_s 为:

$$V_s = \frac{V_{sU} + V_{sL}}{2} \approx \frac{G_s H_m}{M_r(t_s - t_i)} \frac{h_t + 0.85\sqrt{\alpha_e \tau}}{h_t + 1.7\sqrt{\alpha_e \tau}} \tag{1-3-7}$$

蒸汽吞吐水平井的理论油汽比 R_{os} 为：

$$R_{os} = \frac{\rho_o \phi S_{oi}}{M_r(t_s - t_i)} H_m \frac{h_t + 0.85\sqrt{\alpha_e \tau}}{h_t + 1.7\sqrt{\alpha_e \tau}} \tag{1-3-8}$$

结合我国目前注蒸汽工艺技术水平,水平井蒸汽吞吐开采筛选标准见表 1-3-2。

表 1-3-2　水平井蒸汽吞吐开采筛选标准

参　数	蒸汽吞吐
原油黏度(油层)/(mPa·s)	< 200 000
油层深度/m	150~1 800
水平渗透率/垂直渗透率	<300
油层有效厚度/m	>6~8
净厚度/总厚度	>0.50
孔隙度 ϕ/%	>20
原始含油饱和度 S_{oi}/%	>50
ϕS_{oi}	>0.10
渗透率/($10^{-3}\ \mu m^2$)	>200

2) 转蒸汽驱方式

蒸汽吞吐以消耗弹性能量降压开采为驱动条件,主要基于单井操作,油层受热范围有限,井间储量动用程度差,采出程度低。将蒸汽吞吐方式转成蒸汽驱方式,可以扩大加热范围,进一步动用井间储量,提高注蒸汽开发的采收率。

若注蒸汽速率为 i_s,累积注汽量为 G_s,地下驱替油量或理想产油量为 q_{od},则蒸汽驱瞬时油汽比理论模型推导如下：

$$q_{od} = \frac{dN_p}{d\tau} = h_e \rho_o \phi S_o \frac{dA_h}{d\tau} \tag{1-3-9}$$

$$G_s = i_s \tau \tag{1-3-10}$$

$$A_h = \frac{G_s H_m}{h_t M_r(t_s - t_i)} E_h = \frac{i_s \tau H_m}{h_t M_r(t_s - t_i)} E_h \tag{1-3-11}$$

$$\frac{dE_h}{d\tau} = -\frac{0.85 h_t \sqrt{\alpha_e}}{\sqrt{\tau}(h_t + 1.7\sqrt{\alpha_e \tau})^2} \tag{1-3-12}$$

$$\begin{aligned}
\frac{dA_h}{d\tau} &= \frac{1}{h_t} \frac{i_s H_m}{M_r(t_s - t_i)} \left[\frac{h_t}{h_t + 1.7\sqrt{\alpha_e \tau}} - \frac{0.85 h_t \sqrt{\alpha_e \tau}}{(h_t + 1.7\sqrt{\alpha_e \tau})^2} \right] \\
&= \frac{1}{h_t} \frac{i_s H_m}{M_r(t_s - t_i)} \frac{h_t^2 + 0.85 h_t \sqrt{\alpha_e \tau}}{(h_t + 1.7\sqrt{\alpha_e \tau})^2}
\end{aligned} \tag{1-3-13}$$

$$R_{os} = \frac{q_{od}}{i_s} \tag{1-3-14}$$

$$R_{os} = \frac{1}{i_s} h_e \rho_o \phi S_o \frac{dA_h}{d\tau} = \frac{h_e}{h_t} \frac{\rho_o \phi S_o}{M_r (t_s - t_i)} H_m \frac{h_t^2 + 0.85 h_t \sqrt{\alpha_e \tau}}{(h_t + 1.7\sqrt{\alpha_e \tau})^2} \tag{1-3-15}$$

直井蒸汽驱开采筛选标准见表 1-3-3。

表 1-3-3　直井蒸汽驱开采筛选标准

油藏参数	一　等	二　等	三　等
原油黏度/(mPa·s)	50*～10 000	10 000～50 000	>10 000
原油相对密度	0.92～0.95	0.95～0.98	>0.98
油层深度/m	150～1 400	150～1 600	≤1 800
有效厚度/m	≥10	≥10	≥50
净厚度/总厚度	>0.5	>0.5	>0.5
孔隙度 ϕ/%	≥20	≥20	≥20
原始含油饱和度 S_{oi}/%	≥50	≥50	≥40
ϕS_{oi}	≥0.1	≥0.1	≥0.08
渗透率/(10^{-3} μm^2)	≥200	≥200	≥200

1.3.2　注蒸汽油藏平均压力与饱和度

假设油藏总体积(泄流体积)为 V_t,原始油藏温度为 t_i,原始油藏压力为 p_i,累积注入冷水当量 M_{win}(质量)后,受热体积为 V_s,受热区温度升高到 t,开井生产累积采油 M_{osc}(质量)、累积采水 M_{wsc}(质量)、累积采气 M_{gsc}(质量)。

1) 气相、油相、水相物质平衡方程

气相、油相、水相物质平衡方程分别为:

$$R_{si} \frac{\rho_{oi}}{\rho_{osc}} S_{oi} \phi_i V_t \rho_{gsc} + \rho_{gi} \phi_i S_{gi} V_t = R_s \frac{\rho_o}{\rho_{osc}} S_o \phi V_t \rho_{gsc} + \rho_g \phi S_g V_t + M_{gsc} \tag{1-3-16}$$

$$S_{oi} \phi_i V_t \rho_{oi} = M_{osc} + S_o \phi V_t \rho_o \tag{1-3-17}$$

$$S_{wi} \phi_i V_t \rho_{wi} + M_{win} = M_{wsc} + S_o \phi V_t \rho_w \tag{1-3-18}$$

式中　R_{si},R_s——原始溶解气油比和溶解气油比,m^3/m^3;

ρ_{oi},ρ_{gi},ρ_{wi}——原始油藏条件下油、气、水的密度,kg/m^3;

ρ_{osc},ρ_{gsc}——标准状况下原油密度和气密度,kg/m^3;

S_{oi},S_{gi},S_{wi}——原始含油、气、水饱和度,小数;

S_o,S_g,S_w——平均含油、气、水饱和度,小数;

ϕ_i——原始孔隙度,小数。

令

$$X_{wsc} = \frac{M_{wsc}}{S_{wi}\phi_i V_t \rho_{wi}} \tag{1-3-19}$$

$$X_{win} = \frac{M_{win}}{S_{wi}\phi_i V_t \rho_{wi}} \tag{1-3-20}$$

$$X_{osc} = \frac{M_{osc}}{S_{oi}\phi_i V_t \rho_{oi}} \tag{1-3-21}$$

由式(1-3-18)得平均含水饱和度 S_w 为:

$$S_w = S_{wi}\frac{1 + X_{win} - X_{wsc}}{\dfrac{\phi}{\phi_i}\dfrac{\rho_w}{\rho_{wi}}} \tag{1-3-22}$$

由式(1-3-17)得平均含油饱和度 S_o 为:

$$S_o = S_{oi}\frac{1 - X_{osc}}{\dfrac{\phi}{\phi_i}\dfrac{\rho_o}{\rho_{oi}}} \tag{1-3-23}$$

平均含气饱和度根据 S_{gi} 和 R_{si} 是否为 0 分为以下 3 种情况。

(1) 当 $S_{gi} \neq 0, R_{si} \neq 0$ 时,令

$$X_{gsc1} = \frac{M_{gsc}}{S_{gi}\phi_i V_t \rho_{gi}} \tag{1-3-24}$$

$$V_{ogi1} = \frac{S_{oi}}{S_{gi}}R_{si}\frac{\rho_{oi}\rho_{gsc}}{\rho_{osc}\rho_{gi}} \tag{1-3-25}$$

由式(1-3-16)得平均含气饱和度为 S_g 为:

$$S_g = S_{gi}\frac{1 + V_{ogi1}\left[1 - \dfrac{R_s}{R_{si}}(1 - X_{osc})\right] - X_{gsc1}}{\dfrac{\phi}{\phi_i}\dfrac{\rho_g}{\rho_{gi}}} \tag{1-3-26}$$

(2) 当 $S_{gi} = 0, R_{si} \neq 0$ 时,令

$$X_{gsc2} = \frac{M_{gsc}}{\phi_i V_t \rho_{gi}} \tag{1-3-27}$$

$$V_{ogi2} = S_{oi}R_{si}\frac{\rho_{oi}\rho_{gsc}}{\rho_{osc}\rho_{gi}} \tag{1-3-28}$$

由式(1-3-16)得平均含气饱和度 S_g 为:

$$S_g = \frac{V_{ogi2}\left[1 - \dfrac{R_s}{R_{si}}(1 - X_{osc})\right] - X_{gsc2}}{\dfrac{\phi}{\phi_i}\dfrac{\rho_g}{\rho_{gi}}} \tag{1-3-29}$$

(3) 当 $S_{gi} = 0, R_{si} = 0$ 时,令

$$V_{ogi3} = S_{oi}\frac{\rho_{oi}\rho_{gsc}}{\rho_{osc}\rho_{gi}} \tag{1-3-30}$$

由式(1-3-16)得平均含气饱和度 S_g 为:

$$S_g = \frac{-V_{ogi3}R_s(1 - X_{osc}) - X_{gsc2}}{\dfrac{\phi}{\phi_i}\dfrac{\rho_g}{\rho_{gi}}} \tag{1-3-31}$$

2）油藏平均压力

假设岩石总体积为 V_t，岩石骨架体积为 V_r，孔隙体积为 V_p，原始孔隙度为 ϕ_i，岩石的热膨胀系数为 β_r，流体的热膨胀系数为 β_l，岩石综合压缩系数为 C_p，流体压缩系数为 C_l，当温度由 t_i 升高到 t 时，温差 $\Delta t = t - t_i$，则可以得到：

$$\Delta\phi_t = \phi - \phi_i = -\frac{1-\phi_i}{1-\beta_r\Delta t}\beta_r\Delta t \tag{1-3-32}$$

当压力由 p_i 变化到 p 时，压差 $\Delta p = p - p_i$，根据岩石孔隙压缩系数定义可以得到：

$$\Delta\phi_p = \phi - \phi_i = \phi_i C_p \Delta p \tag{1-3-33}$$

孔隙体积变化综合效应为：

$$\Delta\phi = \Delta\phi_t + \Delta\phi_p = -\frac{1-\phi_i}{1-\beta_r\Delta t}\beta_r\Delta t + \phi_i C_p \Delta p \tag{1-3-34}$$

式中 $\Delta\phi$——孔隙度变化；

$\Delta\phi_t, \Delta\phi_p$——温度和压力引起的孔隙度变化。

假设油藏受热体积为 V_h，岩石平均孔隙度 ϕ 为：

$$\phi = \frac{V_{ph}+V_{pc}}{V_t} = \phi_i\left(1 - \frac{V_h}{V_t}\frac{1-\phi_i}{\phi_i}\frac{\beta_r\Delta t}{1-\beta_r\Delta t} + C_p\Delta p\right) \tag{1-3-35}$$

式中 V_{ph}——受热部分孔隙体积，m^3；

V_{pc}——未受热部分孔隙体积，m^3。

油藏部分受热油、水平均密度 ρ_l 为：

$$\rho_l = \rho_{li} + \Delta\rho = \rho_{li}\left(1 - \beta_l\frac{V_h}{V_t}\Delta t + C_l\Delta p\right) \quad (l=o,w) \tag{1-3-36}$$

$$\Delta\rho = \Delta\rho_{lt} + \Delta\rho_{lp} = -\rho_{li}\frac{V_h}{V_t}\beta_l\Delta t + \rho_{li}C_l\Delta p \quad (l=o,w) \tag{1-3-37}$$

式中 ρ_{li}——初始温度下 l 相密度，kg/m^3；

β_l——l 相热膨胀系数，$℃^{-1}$；

$\Delta\rho$——密度变化，kg/m^3；

C_l——l 相压缩系数，MPa^{-1}；

$\Delta\rho_{lt}, \Delta\rho_{lp}$——温度和压力引起的密度变化，$kg/m^3$。

由 $S_o + S_w + S_g = 1$，考虑油藏部分受热后孔隙度和油水密度关系，并忽略 Δp^2 以上的各高阶项，近似可得压力变化值 Δp：

$$\Delta p = -\frac{A-B}{C-D} \tag{1-3-38}$$

其中：

$$A = (1-y_r)(1-y_o)(1-y_w) - (1-y_w)S_{oi}(1-X_{osc}) - (1-y_o)S_{wi}(1+X_{win}-X_{wsc}) \tag{1-3-39}$$

$$C = (1-y_r)(1-y_o)C_w + (1-y_r)(1-y_w)C_o + (1-y_o)(1-y_w)C_p -$$
$$S_{oi}(1-X_{osc})C_w - S_{wi}(1+X_{win}-X_{wsc})C_o \tag{1-3-40}$$

$$B = V_{og}(1-y_o)(1-y_w)\frac{p_i}{p}\frac{Z}{Z_i}\frac{T}{T_i} \tag{1-3-41}$$

$$D = V_{og} \left[(1 - y_o) C_w + (1 - y_w) C_o \right] \frac{p_i}{p} \frac{Z}{Z_i} \frac{T}{T_i} \tag{1-3-42}$$

$$V_{og} = S_{gi} \left\{ 1 + V_{ogi1} \left[1 - \frac{R_s}{R_{si}} (1 - X_{osc}) \right] - X_{gsc1} \right\} \quad (S_{gi} \neq 0, R_{si} \neq 0) \tag{1-3-43}$$

$$V_{og} = V_{ogi2} \left[1 - \frac{R_s}{R_{si}} (1 - X_{osc}) \right] - X_{gsc2} \quad (S_{gi} = 0, R_{si} \neq 0) \tag{1-3-44}$$

$$V_{og} = -V_{ogi3} R_s (1 - X_{osc}) - X_{gsc2} \quad (S_{gi} = 0, R_{si} = 0) \tag{1-3-45}$$

$$y_w = \beta_w (t - t_i) \frac{V_h}{V_t} \tag{1-3-46}$$

$$y_o = \beta_o (t - t_i) \frac{V_h}{V_t} \tag{1-3-47}$$

$$y_r = \frac{1 - \phi_i}{\phi_i} \frac{\beta_r (t - t_i)}{1 - \beta_r (t - t_i)} \frac{V_h}{V_t} \tag{1-3-48}$$

式中　Z——气体压缩因子；

C_p, C_o, C_w——岩石、原油、水的压缩系数，MPa^{-1}；

$\beta_r, \beta_o, \beta_w$——岩石、原油、水的热膨胀系数，$\text{℃}^{-1}$。

若不考虑热膨胀效应，则有：

$$A = 1 - S_{oi} (1 - X_{osc}) - S_{wi} (1 + X_{win} - X_{wsc}) \tag{1-3-49}$$

$$C = C_w + C_o + C_p - S_{oi} (1 - X_{osc}) C_w - S_{wi} (1 + X_{win} - X_{wsc}) C_o \tag{1-3-50}$$

$$B = V_{og} \frac{p_i}{p} \frac{Z}{Z_i} \frac{T}{T_i} \tag{1-3-51}$$

$$D = V_{og} (C_w + C_o) \frac{p_i}{p} \frac{Z}{Z_i} \frac{T}{T_i} \tag{1-3-52}$$

若也不考虑溶解气量和产出气量，则有：

$$B = 0 \tag{1-3-53}$$

$$D = 0 \tag{1-3-54}$$

由式(1-3-38)计算出油藏压力变化值后，再求得油藏平均含油、含水和含气饱和度，然后即可对油藏动态进行预测。

1.3.3　蒸汽吞吐油井产能与递减特征

通常情况下，由于蒸汽吞吐的注汽速度较高，水汽混合物进入油层后，径向流动的加热效应迅速将径向导热效应覆盖。当油层注入热量后，油层分为明显的热区和冷区两部分，注蒸汽结束时热区温度近似为蒸汽温度，冷区保持原始油层温度。

1) 油层加热增产机理

假设注蒸汽油层为单层，焖井结束后进入油层的水蒸气全部冷凝为水，开井初期排水后，生产过程中油层流体流动近似为单相拟稳态渗流，原油黏度降低是维持油井生产的主要机理。

（1）注蒸汽油井产量。

由冷热区复合油藏模式和渗流理论推导出注蒸汽直井产油量公式为：

$$q_{os} = a \frac{2\pi K_o h_e (\overline{p} - p_{wf})}{B_o \mu_{oh} \left(\ln \frac{r_h}{r_w} + S_h \right) + B_o \mu_{oc} \left(\ln \frac{r_e}{r_h} - \frac{1}{2} \right)}$$

$$= a \frac{2\pi K_o h_e (\overline{p} - p_{wf})}{B_o \mu_{oc} \left[\ln \frac{r_e}{r_w} - \frac{1}{2} + S_c + \left(\frac{\mu_{oh}}{\mu_{oc}} - 1 \right) \ln \frac{r_h}{r_w} + \frac{\mu_{oh}}{\mu_{oc}} S_h - S_c \right]}$$

$$= a \frac{2\pi K_o h_e (\overline{p} - p_{wf})}{B_o \mu_{oc} \left(\ln \frac{r_e}{r_w} - \frac{1}{2} + S_c + S'_h \right)} \tag{1-3-55}$$

其中：

$$S'_h = \left(\frac{\mu_{oh}}{\mu_{oc}} - 1 \right) \ln \frac{r_h}{r_w} + \frac{\mu_{oh}}{\mu_{oc}} S_h - S_c \tag{1-3-56}$$

式中　a——单位换算系数，$a = 86.4$；

　　　q_{os}——注蒸汽油井产油量，m^3/d；

　　　K_o——原油有效渗透率，μm^2；

　　　h_e——油层有效厚度，m；

　　　$\overline{p}$——泄油区平均压力，MPa；

　　　p_{wf}——井底流压，MPa；

　　　B_o——原油体积系数；

　　　μ_{oh}——受热原油黏度，$mPa \cdot s$；

　　　μ_{oc}——未受热原油黏度，$mPa \cdot s$；

　　　r_h——受热区半径，m；

　　　r_w——油井半径，m；

　　　r_e——泄油区半径，m；

　　　S_c——未注蒸汽油井表皮因子；

　　　S_h——注蒸汽后油井表皮因子；

　　　S'_h——注蒸汽后油井附加表皮因子。

由于 $\mu_{oh} < \mu_{oc}$ 且 $S_h < S_c$，所以附加表皮因子 S'_h 为负值，为超完善井，表明注蒸汽后存在油井增产效应。

（2）油井增产效应。

油井未注蒸汽时，相同油层条件下原油理论产量 q_{ous} 为：

$$q_{ous} = a \frac{2\pi K_o h_e (\overline{p} - p_{wf})}{B_o \mu_{oc} \left(\ln \frac{r_e}{r_w} - \frac{1}{2} + S_c \right)} \tag{1-3-57}$$

式中　q_{ous}——未注蒸汽时的油井产量，m^3/d。

定义油井注蒸汽增产比 $R_q = q_{os}/q_{ous}$，则：

$$R_q = \frac{\ln \frac{r_e}{r_w} - \frac{1}{2} + S_c}{\ln \frac{r_e}{r_w} - \frac{1}{2} + S_c + S'_h} \tag{1-3-58}$$

油井在生产初期,加热区温度较高,受热原油黏度远小于原始状况下的原油黏度,即 $\mu_{oh} \ll \mu_{oc}$,简化可得最大增产比 R_{qm} 为:

$$R_{qm} = \frac{\ln \dfrac{r_e}{r_w} - \dfrac{1}{2} + S_c}{\ln \dfrac{r_e}{r_h} - \dfrac{1}{2}} \tag{1-3-59}$$

可以看出,油井注蒸汽增产比取决于油层受热范围和原油受热强度(即黏度降低程度)。因此,所有有利于增加受热范围的措施都将对提高增产效果产生积极影响。

2)油井递减规律

由注蒸汽油井产量模型式(1-3-55)得:

$$q_{os} = a \frac{2\pi K_o h_e (\overline{p} - p_{wf})}{B_o \mu_{oc} \left(\ln \dfrac{r_e}{r_w} - \dfrac{1}{2} + S_c + S'_h \right)} = J_{oh}(\overline{p} - p_{wf}) \tag{1-3-60}$$

则注蒸汽井的采油指数 J_{oh} 为:

$$J_{oh} = a \frac{2\pi K_o h_e}{B_o \mu_{oc} \left[\ln \dfrac{r_e}{r_w} - \dfrac{1}{2} + S_c + \left(\dfrac{\mu_{oh}}{\mu_{oc}} - 1 \right) \ln \dfrac{r_h}{r_w} + \dfrac{\mu_{oh}}{\mu_{oc}} S_h - S_c \right]} \tag{1-3-61}$$

由上式可以看出,注蒸汽井的采油指数是加热半径和原油黏度的函数,而原油黏度与受热区的温度有关。由于原油具有黏温敏感性(图 1-3-1),在较大温度范围内,受热原油黏度远小于初始原油黏度,即 $\mu_{oh} \ll \mu_{oc}$。

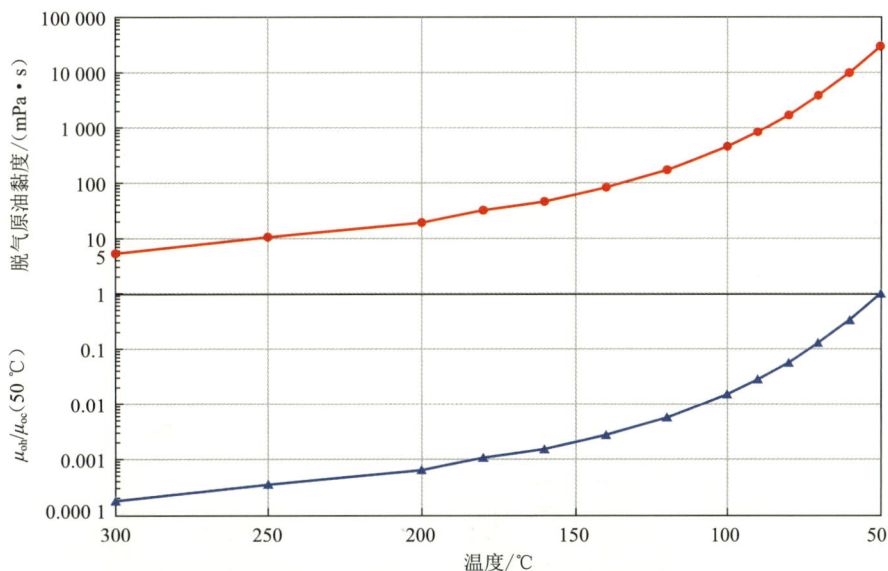

图 1-3-1 典型稠油黏温关系与黏度变化特征

在一定生产时间范围内,采油指数 J_{oh} 基本上可以看作常数:

$$J_{oh} = a \frac{2\pi K_o h_e}{B_o \mu_{oc} \left(\ln \dfrac{r_e}{r_h} - \dfrac{1}{2} \right)} \tag{1-3-62}$$

则有：

$$\frac{\mathrm{d}q_{os}}{\mathrm{d}\tau} = J_{oh}\frac{\mathrm{d}\overline{p}}{\mathrm{d}\tau} \tag{1-3-63}$$

封闭弹性驱动油藏物质守恒方程为：

$$N_p B_o = C_t N B_{oi}(p_i - \overline{p}) \tag{1-3-64}$$

式中 N_p——累积采油量，m^3；

N——地质储量，m^3；

C_t——综合压缩系数，MPa^{-1}。

对式（1-3-64）求导得：

$$q_{os} = -\frac{C_t N B_{oi}}{B_o}\frac{\mathrm{d}\overline{p}}{\mathrm{d}\tau} = -\frac{C_t N B_{oi}}{J_{oh} B_o}\frac{\mathrm{d}q_s}{\mathrm{d}\tau} \tag{1-3-65}$$

$$\int_{q_{os0}}^{q_{os}}\frac{\mathrm{d}q_{os}}{q_{os}} = -\int_0^\tau \frac{J_{oh} B_o}{C_t N B_{oi}}\mathrm{d}\tau \tag{1-3-66}$$

$$q_{os} = q_{os0}\exp\left(-\frac{J_{oh} B_o}{C_t N B_{oi}}\tau\right) = q_{os0}\exp(-D_0\tau) \tag{1-3-67}$$

式中 q_{os0}——吞吐井初始递减产油量，m^3/d；

D_0——指数递减率。

可以看出，上述注蒸汽油井产量变化符合指数递减规律。图 1-3-2 所示为国内典型稠油油田产量递减规律。

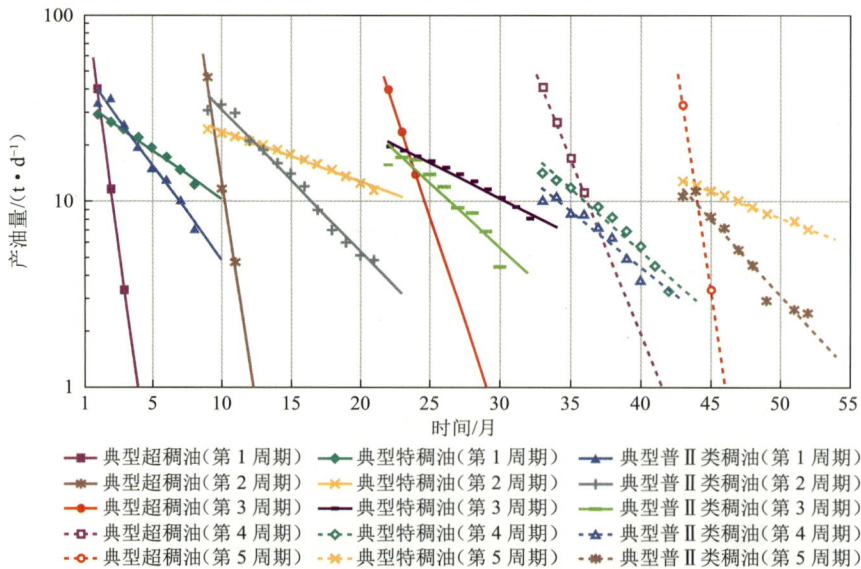

图 1-3-2　国内典型稠油油田产量递减规律

从图中可以看出，不同油品周期内产油量的递减差异大，其中超稠油周期内产油量的递减率最大，特稠油次之，普 II 类稠油递减率最小；实际油井同一油品周期内后期递减率增加，主要原因是原油黏度的影响逐渐增大，采油指数不能简化为常数，因此吞吐周期内后期产油量递减与指数递减差异较大。

1.3.4　蒸汽驱产能预测

由于稠油油藏的蒸汽吞吐方式属于衰竭式开发方式,转蒸汽驱之前油藏压力下降到一定程度,甚至低于泡点压力,油层处于脱气状态。蒸汽吞吐阶段虽然产生一定余热,但井间油层的受热程度仍然较差,转蒸汽驱后注入的蒸汽充填由脱气产生的亏空。通常情况下,蒸汽驱的注汽速度小于蒸汽吞吐,因此蒸汽超覆程度相应增大而产生蒸汽突破,这些特征进一步影响蒸汽驱油井的产量。Jones 预测模型以 Myhill-Stegemeier 预测模型为基础,通过分析蒸汽驱的一般生产动态特征及不同生产阶段实际油藏因素的影响,采用原油黏度校正系数、孔隙填充校正系数和剩余可采储量降低校正系数对油层驱油模型进行校正。

Jones 对 Myhill-Stegemeier 驱油模型的修正关系为:

$$q_o = q_{od} A_{cd} V_{pd} V_{od} \tag{1-3-68}$$

式中　q_{od}——地下驱替油量或理想产油量;

　　　A_{cd}——原油黏度校正系数;

　　　V_{pd}——孔隙填充校正系数;

　　　V_{od}——剩余可采储量降低校正系数。

原油黏度校正系数 A_{cd}($0 \leqslant A_{cd} \leqslant 1$)为:

$$A_{cd} = \frac{A_s^2}{0.11A^2 \ln \dfrac{\mu_{oi}}{100}} \tag{1-3-69}$$

式中　A_s——油层加热面积,m^2;

　　　A——井网面积,m^2;

　　　μ_{oi}——蒸汽驱初始原油黏度,$mPa \cdot s$。

当 $\mu_{oi} \leqslant 100\ mPa \cdot s$ 时,$A_{cd} = 1$。

孔隙填充校正系数 V_{pd}($0 \leqslant V_{pd} \leqslant 1$)为:

$$V_{pd} = \left(\frac{G_s}{A h_e \phi S_g} \right)^2 \tag{1-3-70}$$

式中　G_s——累积注汽量,m^3(冷水当量);

　　　h_e——有效厚度,m;

　　　ϕ——孔隙度;

　　　S_g——蒸汽驱油层初始含汽饱和度。

当 $S_g = 0$ 时,$V_{pd} = 1$。

剩余可采储量降低校正系数 V_{od}($0 \leqslant V_{od} \leqslant 1$)为:

$$V_{od} = \sqrt{1 - \frac{N_d S_{oi}}{N(S_{oi} - S_{or})}} \tag{1-3-71}$$

式中　N_d——地下累积驱替产油量,m^3;

　　　S_{oi}——初始含油饱和度,%;

　　　S_{or}——蒸汽驱残余油饱和度;

　　　N——蒸汽驱地质储量,m^3。

第 2 章
注蒸汽储层非均质与汽窜特征

由于多孔介质的微观非均质性会造成驱替流体的指进或非活塞驱替效应,因此正常水驱或非混相气驱过程中油井的含水率、气油比等参数会缓慢递增。对于一定的注采井网,水驱替不同黏度的原油时,含水上升规律存在差异,即当原油黏度较低时含水上升较慢,而当原油黏度较高时含水上升较快,这些都属于正常的含水渐变规律,其中流体黏度的差异性是主要影响因素。窜流是指注入流体在储层中的渗流突进致使注采井间短时即达到极高驱替流体产出比的状态(如极限含水率或极限生产气油比),具有突变递增特征。对于一定的注采井网,窜流的主要影响因素包括储层宏观非均质性、流体分布差异性等。

2.1 稠油储层非均质性

储层的许多性质(如孔隙度、渗透率、孔隙结构、岩性和流体分布等)都是非均质的。对于注蒸汽开发的稠油油藏,注入的热流体与储层岩石接触,发生各种物理或化学作用,使得原始油藏的储层性质和流体性质发生动态变化,这种变化又反过来对开发过程中的油水运动产生一定的影响。另外,储层骨架、孔隙网络、渗流、地应力、物理化学场和流体场等各种参数不断变化。这种变化导致地下储层结构和储层性质都发生复杂的变化,增强了储层的非均质性。

2.1.1 微观非均质性

1) 稠油储层岩石组成

稠油油藏储层以粗碎屑岩为主,沉积类型是河流相或三角洲相砂岩,岩性疏松,泥质含量较高,储层胶结较为疏松。储层中主要的岩石矿物为石英、长石、黏土矿物及其他杂质,其中常见的黏土矿物包括蒙脱石、伊利石、伊蒙混层、高岭石和绿泥石等,而较高含量的蒙脱石、伊利石等极易造成由储层水敏等引发的储层敏感性伤害。

　　稠油油藏储层沉积类型不同,黏土矿物含量及其成分也有较大的差别。例如,新疆克拉玛依油田九区齐古组泥质含量低,为 2.19%～2.76%,蒙脱石相对含量低,仅为 12%～15%;辽河稠油油藏储层泥质含量较高,为 5.63%～10.84%,蒙脱石相对含量高达 47.9%～68.3%,见表 2-1-1。在这种情况下,克拉玛依油田九区蒸汽吞吐开采回采水率高达 70%～80%,而辽河油田如高升、曙光油田杜 66 块回采水率小于 20%,分析认为,黏土含量及其成分的差别是造成蒸汽吞吐开采回采水率不同的重要因素之一。

表 2-1-1　辽河油田黏土矿物含量数据

层　系	样　品	黏土含量 /%	相对含量/%				
			蒙脱石	伊利石	高岭石	绿泥石	伊蒙混层
于楼 $Es_1^{中}$	12	5.63	66.8	21.7	11.5		
兴隆台 Es_{1+2}	91	7.05	68.3	13.4		0.2	
大凌河 $Es_3^{中}$	6	9.12	47.9	8.7	43.4		
齐 40 莲花 $Es_3^{下}$	11	6.04	64.4	17.3	18.3		
高升莲花 $Es_3^{下}$	42	7.60	62.4	19.0	18.6		
杜家台 $Es_3^{上}$	20	10.84	56.0	15.5	26.4	0.4	1.7
平　均		7.70	61.0	1.8	21.8	0.1	0.3

2）孔隙结构

　　从微观成因角度,可将孔隙结构划分为原生孔隙和次生孔隙两大类,进一步细分为粒间孔隙、粒内孔隙、基质内微孔、解离缝、粒间溶孔、粒内溶孔、铸膜孔、特大溶蚀粒间孔、构造缝和溶蚀缝 10 种亚类,其中以粒间孔隙和粒间溶孔为主。宏观上,高孔隙度区域主要呈条带状分布且位于水下分流河道主流线部位,孔隙度主要受沉积微相控制。

　　(1) 理想非均质孔隙结构特征。

　　图 2-1-1 为砂砾岩非均质储层二级颗粒充填孔隙结构示意图。

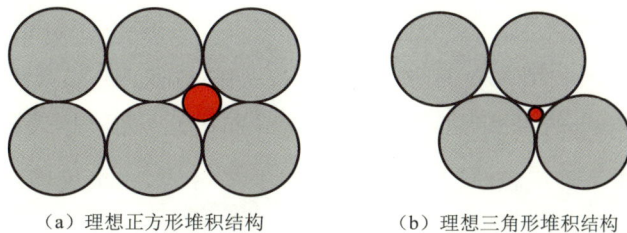

(a) 理想正方形堆积结构　　　　(b) 理想三角形堆积结构

图 2-1-1　砂砾岩非均质储层二级颗粒充填孔隙结构示意图

　　若砂粒为理想正方形堆积结构(图 2-1-1a),一级颗粒半径为 r_1,二级颗粒充填,则颗粒半径 r_2 为:

$$r_2=(\sqrt{2}-1)r_1 \tag{2-1-1}$$

二级颗粒充填后的剩余面积 s_1 为：

$$s_1 = (4 + 2\sqrt{2}\pi - 4\pi)r_1^2 \tag{2-1-2}$$

颗粒充填前后渗透率级差 J_{k1} 近似为：

$$J_{k1} = \frac{4 - \pi}{4 + 2\sqrt{2}\pi - 4\pi} = 2.69 \tag{2-1-3}$$

若砂粒为理想正三角形堆积结构（图 2-1-1b），一级颗粒半径为 r_1，二级颗粒充填，则颗粒半径 r_2 为：

$$r_2 = \left(\frac{2\sqrt{3}}{3} - 1\right)r_1 \tag{2-1-4}$$

二级颗粒充填后的剩余面积 s_2 为：

$$s_2 = \left(\sqrt{3} - \frac{17}{6}\pi + \frac{4}{3}\sqrt{3}\pi\right)r_1^2 \tag{2-1-5}$$

二级颗粒充填前后渗透率级差 J_{k2} 近似为：

$$J_{k2} = \frac{\sqrt{3} - \dfrac{\pi}{2}}{\sqrt{3} - \dfrac{17}{6}\pi + \dfrac{4}{3}\sqrt{3}\pi} = 1.87 \tag{2-1-6}$$

若砂砾岩储层存在部分渗透率级差为 1.5～3 的二级颗粒理想充填孔隙结构，则对于双层等厚单相渗流，一级孔隙流量占 60%～75%，则二级颗粒充填部分流量仅占 25%～40%。

（2）理想复模态非均质孔隙结构特征。

① 二级簇颗粒充填。

图 2-1-2 为砂砾岩非均质储层二级簇颗粒充填孔隙结构示意图。

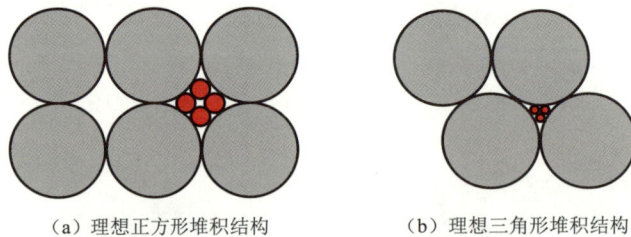

（a）理想正方形堆积结构　　　　（b）理想三角形堆积结构

图 2-1-2　砂砾岩非均质储层二级簇颗粒充填孔隙结构示意图

若砂粒为理想正方形堆积结构，一级簇颗粒半径为 r_1，二级簇颗粒充填，则颗粒半径 r_2 为：

$$r_2 = \frac{1}{1 + \sqrt{2} + \sqrt{2 + \sqrt{2}}}r_1 \tag{2-1-7}$$

二级簇颗粒充填后的剩余面积 s_3 为：

$$s_3 = \left[4 - \pi - 4\left(\frac{1}{1 + \sqrt{2} + \sqrt{2 + \sqrt{2}}}\right)^2 \pi\right]r_1^2 \tag{2-1-8}$$

二级簇颗粒充填前后渗透率级差 J_{k3} 近似为：

$$J_{k3} = \cfrac{4-\pi}{4-\pi-4\left(\cfrac{1}{1+\sqrt{2}+\sqrt{2+\sqrt{2}}}\right)^2 \pi} = 5.15 \qquad (2\text{-}1\text{-}9)$$

若砂粒为理想正三角形堆积结构，一级颗粒半径为 r_1，二级簇颗粒充填，则颗粒半径 r_2 为：

$$r_2 = \frac{1}{5+\sqrt{24}} r_1 \qquad (2\text{-}1\text{-}10)$$

二级簇颗粒充填后的剩余面积 s_4 为：

$$s_4 = \left[\sqrt{3} - \frac{1}{2}\pi - 3\left(\frac{1}{5+\sqrt{24}}\right)^2 \pi\right] r_1^2 \qquad (2\text{-}1\text{-}11)$$

二级簇颗粒充填前后渗透率级差 J_{k4} 近似为：

$$J_{k4} = \cfrac{\sqrt{3} - \cfrac{1}{2}\pi}{\sqrt{3} - \cfrac{1}{2}\pi - 3\left(\cfrac{1}{5+\sqrt{24}}\right)^2 \pi} = 2.49 \qquad (2\text{-}1\text{-}12)$$

若砂砾岩储层存在部分渗透率级差为 2～6 的二级簇颗粒理想充填孔隙结构，则对于双等厚单相渗流，一级孔隙流量占 67%～86%，二级颗粒充填部分流量仅占 14%～33%。

② 三级簇颗粒充填。

图 2-1-3 为砂砾岩非均质储层三级簇颗粒充填孔隙结构示意图。

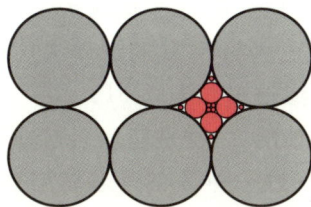

图 2-1-3 砂砾岩非均质储层三级簇颗粒充填孔隙结构示意图

砂粒为理想正方形堆积结构，一级簇颗粒半径为 r_1，二级簇颗粒半径为 r_2[与式 (2-1-7)相同]，三级簇颗粒半径为 r_3，则：

$$r_3 = \frac{1}{1+\sqrt{2}+\sqrt{2+\sqrt{2}}} r_2 = \left(\frac{1}{1+\sqrt{2}+\sqrt{2+\sqrt{2}}}\right)^2 r_1 \qquad (2\text{-}1\text{-}13)$$

三级簇颗粒充填后的剩余面积 s_5 为：

$$s_5 = \left[4-\pi-4\left(\frac{1}{1+\sqrt{2}+\sqrt{2+\sqrt{2}}}\right)^2 \pi - 8\left(\frac{1}{1+\sqrt{2}+\sqrt{2+\sqrt{2}}}\right)^4 \pi\right] r_1^2 \qquad (2\text{-}1\text{-}14)$$

三级簇颗粒充填前后渗透率级差 J_{k5} 近似为：

$$J_{k5} = \cfrac{4-\pi}{4-\pi-4\left(\cfrac{1}{1+\sqrt{2}+\sqrt{2+\sqrt{2}}}\right)^2 \pi - 8\left(\cfrac{1}{1+\sqrt{2}+\sqrt{2+\sqrt{2}}}\right)^4 \pi} = 9.49 \qquad (2\text{-}1\text{-}15)$$

若砂砾岩储层存在部分渗透率级差为 10 左右的三级簇颗粒理想充填孔隙结构,则对于双等厚单相渗流,一级孔隙流量占 90%,充填部分流量仅占 10%。

2.1.2 宏观非均质性

隔(夹)层的厚度大小、分布状态对开发层系的划分与组合、热采方式的选择、分层开采技术措施的实施、有代表性的非均质模型的建立、开发系统优化、开发效果评价等都具有重要作用,因此隔(夹)层描述在稠油油藏描述中比较重要。隔(夹)层描述包括隔(夹)层的岩性和渗透性、隔(夹)层厚度、夹层密度、夹层频数等。

1)隔　层

隔层大多分为泥质隔层、钙质隔层、物性隔层。不同类型的隔层对油、气、水分布的控制不同。隔层岩性主要为灰色、灰绿色泥岩、泥质粉砂岩、粉砂质泥岩,平面上隔层大面积分布,但厚度分布有差异。

2)夹　层

泥质夹层是由物理沉积作用形成的,以块状和层理状泥岩为主。泥质夹层形成后,流水冲蚀、虫孔穿透或干裂等一系列物理或生物作用对夹层产生了一定程度的破坏,各种作用的综合效果使得泥质夹层存在大量的间隙,而间隙通常会被砂砾充填,最终成为贯穿通道,从而导致泥质夹层的横向连续性降低。

泥质夹层为浅灰色、深灰色泥岩或含砂泥岩,冲蚀作用与虫孔的发育程度影响了泥质夹层含砂程度的大小,因此泥质夹层含砂量变化较大。泥质夹层广泛发育,分布范围广,厚度较小,范围在 0.1~2 m 之间。大约 65% 的泥质夹层的垂向渗透率接近零($<0.01\times10^{-3}$ μm^2),其余泥质夹层的垂向渗透率介于 $0.01\times10^{-3}\sim0.9\times10^{-3}$ μm^2 之间。

确定储层垂向渗透率有两种情况:一种是应用岩芯实测垂向渗透率的大小,统计分析垂向渗透率与水平渗透率的比值;另一种是在考虑储层存在具有不稳定非渗透性或渗透能力很低的泥质、含泥质或其他性质夹层时计算评估宏观垂向渗透率的大小。

图 2-1-4 为周期对称夹层分布油层,油层长度为 L,厚度为 H,水平渗透率为 K_h,垂向渗透率为 K_v,夹层长度为 L_1,厚度为 h_s,长度比 $\alpha=L_1/L$。

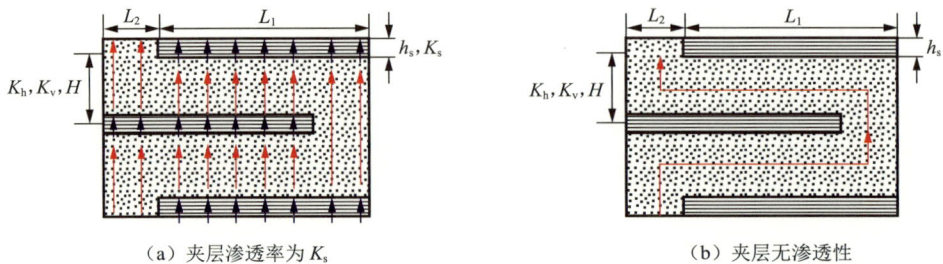

（a）夹层渗透率为 K_s　　　　　　（b）夹层无渗透性

图 2-1-4　周期对称夹层分布示意图

（1）夹层具有渗透性。

如图 2-1-4（a）所示，根据等值渗流阻力方法，可以得到等效水平渗透率 K_{efh} 和等效垂向渗透率 K_{efv}：

$$\frac{K_{efh}}{K_h} = \frac{HK_h + h_s K_s}{\alpha(H+h_s)K_h + (1-\alpha)(HK_h + h_s K_s)} \qquad (2\text{-}1\text{-}16)$$

$$\frac{K_{efv}}{K_v} = \alpha \frac{h_s + H}{H} \frac{1}{\frac{h_s}{K_s}\frac{K_v}{H}+1} + 1 - \alpha \qquad (2\text{-}1\text{-}17)$$

若 $h_s \ll H$，则有：

$$\frac{K_{efv}}{K_{efh}} \approx \frac{K_v}{K_h} \frac{\dfrac{\alpha}{\dfrac{h_s}{K_s}\dfrac{K_v}{H}+1}+1-\alpha}{\dfrac{HK_h + h_s K_s}{HK_h + (1-\alpha)h_s K_s}} = \frac{K_v}{K_h}\left(1-\frac{\alpha Y}{1+Y}\right)\left(1-\frac{\alpha X}{1+X}\right) \qquad (2\text{-}1\text{-}18)$$

其中：
$$X = \frac{h_s}{H}\frac{K_v}{K_s}, \qquad Y = \frac{h_s}{H}\frac{K_s}{K_h}$$

若 $K_s h_s \ll K_h H$，则 $Y \approx 0$，$K_{efh} \approx K_h$，式（2-1-18）可以写为：

$$\frac{K_{efv}}{K_h} = \frac{K_v}{K_h}\left(1-\frac{\alpha X}{1+X}\right) \qquad (2\text{-}1\text{-}19)$$

若 $K_v/K_h = 1$，则不同夹层长度比 α 下等效垂向渗透率变化趋势如图 2-1-5 所示。

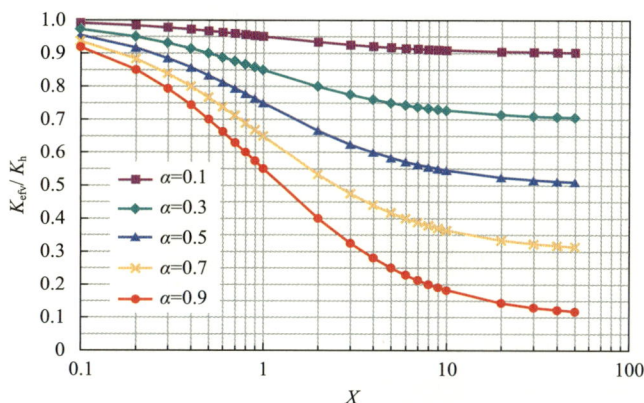

图 2-1-5　不同夹层长度比 α 下等效垂向渗透率变化

从图中可以看出，若油层性质不变、夹层长度比一定，当夹层厚度 h_s 增大或夹层渗透率 K_s 减小时，纵向等效渗透率 K_{efv} 急剧降低，并逐渐趋于一恒定值；当夹层物性一定时，纵向等效渗透率 K_{efv} 随夹层长度比的增加呈线性降低。

（2）夹层无渗透性。

若夹层不具有渗透性，即 $K_s = 0$（图 2-1-4b），同样根据等值渗流阻力法得：

$$K_{efv} = \frac{Hh_s + H^2}{L^2} \frac{2(1-\alpha)K_v K_h}{\left(\dfrac{2Hh_s}{L^2} + \dfrac{H^2}{L^2}\right)K_h + 4\alpha(1-\alpha)K_v} \qquad (2\text{-}1\text{-}20)$$

则：

$$\frac{K_{efv}}{K_h} = \frac{Hh_s + H^2}{L^2} \frac{2(1-\alpha)}{\left(\frac{2Hh_s}{L^2} + \frac{H^2}{L^2}\right)\frac{K_h}{K_v} + 4\alpha(1-\alpha)} \tag{2-1-21}$$

若 $h_s \ll H$，则上式可以写为：

$$\frac{K_{efv}}{K_h} \approx \frac{H^2}{L^2} \frac{2(1-\alpha)}{\frac{H^2}{L^2}\frac{K_h}{K_v} + 4\alpha(1-\alpha)} \tag{2-1-22}$$

若 $K_v/K_h = 1$，则不同夹层长度比 α 下等效垂向渗透率变化趋势如图 2-1-6 所示。

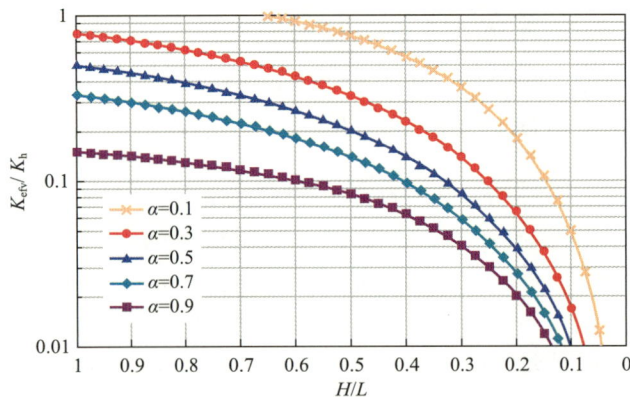

图 2-1-6　不同夹层长度比 α 下等效垂向渗透率变化

从图中可以看出，夹层长度比对纵向等效渗透率 K_{efv} 的影响较大，K_{efv} 随着夹层长度比的增加急剧降低；当夹层长度比一定、油层厚度 H 较小时，纵向等效渗透率 K_{efv} 急剧降低。

2.1.3　注蒸汽储层动态非均质性

在稠油油藏注蒸汽开发过程中，注入蒸汽主要沿着阻力较小的高渗层位或高渗通道流动，但随着蒸汽的持续注入，原高渗层位/通道内的温度、流体物性、饱和度甚至储层渗透率等率先发生较大变化，从而使油藏的非均质程度与原始条件下相比进一步加剧，即原高渗层位/通道内的渗透率越来越高，渗流阻力越来越小，导致平面/层间矛盾越来越突出，进一步导致蒸汽的热利用率降低，影响注蒸汽开发的效果。

1）岩石干热状态渗透率

随温度升高，岩石颗粒受热膨胀，岩石孔隙空间缩小，因此在低温条件下具备流通能力的孔喉通道在温度升高时闭合，使得岩石喉道变窄，岩石渗透率降低。图 2-1-7 为国内部分稠油油藏岩石渗透率随温度的变化情况。

假设岩石长度为 L，截面面积为 A，岩石中含有半径为 r_0 的孔道，则初始孔隙度 ϕ_0 为：

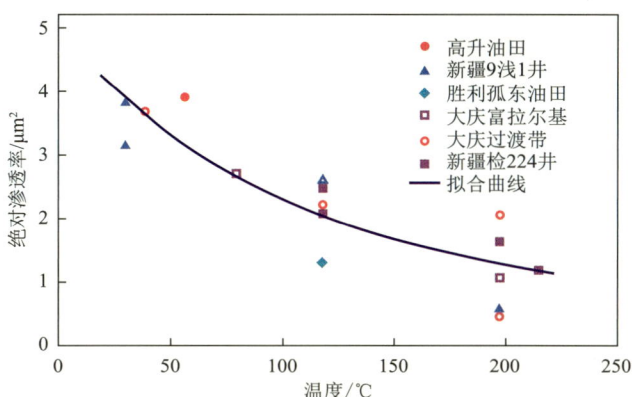

图 2-1-7　岩石渗透率随温度的变化

$$\phi_0 = \frac{\pi r_0^2}{A} \tag{2-1-23}$$

岩石温度升高 ΔT 时，截面中的孔道半径由于岩石骨架膨胀变为 r，可得孔隙度随温度的变化关系为：

$$\phi = \frac{\pi r^2}{A} = \frac{\phi_0 - \beta_r \Delta T}{1 - \beta_r \Delta T} \tag{2-1-24}$$

$$\frac{r^2}{r_0^2} = \frac{1 - \beta_r \Delta T / \phi_0}{1 - \beta_r \Delta T} \tag{2-1-25}$$

由 Kozeny 毛细管渗流模型可得岩石渗透率的变化：

$$\frac{K}{K_0} = \frac{r^4}{r_0^4} = \left(\frac{1 - \beta_r \Delta T / \phi_0}{1 - \beta_r \Delta T} \right)^2 \tag{2-1-26}$$

式中　K_0——岩石初始渗透率，μm^2。

可以看出，随着温度的升高，岩石渗透率呈非线性降低。图 2-1-8 为不同温差下岩石渗透率的变化幅度。

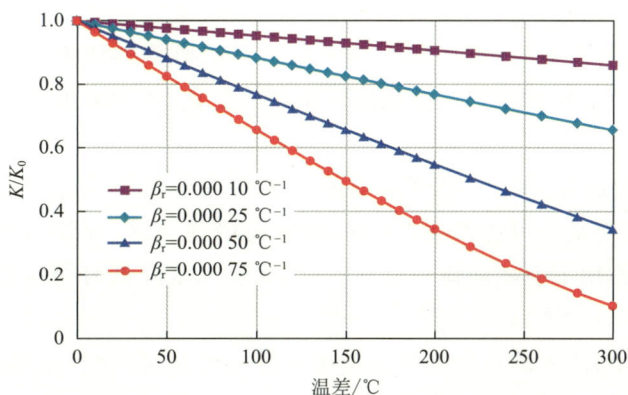

图 2-1-8　不同温差下岩石渗透率的变化

温度对实际岩石渗透率的变化影响非常复杂。当岩石处于较高温度时，岩石内部也可能由于应力的变化而产生热开裂,岩石渗透率将大幅度提高。

2)湿热岩石物性变化机理

在实际热采情况下,注蒸汽对储层渗透率的影响是综合性的,除温度影响外,注入流体与油藏流体的配伍性、储层性质差异等因素都可能对储层产生伤害。造成储层伤害的因素包括注采速度、碱敏性、水敏性、浸泡周期等。蒸汽发生器产生的蒸汽和热水具有高pH(12以上)及低离子含量的特性。由于注入蒸汽液相矿化度大大低于地层水矿化度,容易造成黏土膨胀,特别是当低于临界矿化度时,黏土膨胀加剧,渗透率大大降低。

湿热条件下岩石物性变化主要机理包括矿物溶解、转化、润湿性转变、乳化物堵塞、黏土矿物的溶解和微粒运移等,具体如下:

(1)注蒸汽近井扩容。砂粒是指粒径为 0.03~2.00 mm 的粉砂、细砂和中砂级碎屑。稠油油藏热采中向地层注入热流体(蒸汽或蒸汽与其他流体的混合物),增加了地层孔隙压力,改变了地层内部应力状态,导致地质扩容现象。注汽开采在疏松砂岩油层内形成的高温高压环境以及周期性吞吐开采对储层孔隙度、渗透率以及孔隙结构都有一定的改造作用。研究证实,通过注入高压流体引起局部地层扩容能改善局部地层的物性,增大孔隙度和渗透率。

(2)黏土矿物膨胀和迁移。泥质是指粒径小于 0.03 mm 的黏土级碎屑,其与外来流体接触时容易产生膨胀和迁移等现象。注蒸汽采油常用于原始地层温度低、固结程度差的浅油层中,其黏土矿物往往以蒙脱石和高岭石为主。当这些黏土矿物与蒸汽接触时,会发生水化膨胀、分散和细粒迁移,致使油层局部的渗透率降低。

(3)储层矿物转化。在高温、高压、强碱的条件下,高岭石、蒙脱石、伊利石、绿泥石等黏土矿物和石英、长石等非黏土矿物会发生转化,生成敏感性矿物,增加储层速敏、水敏、酸敏等潜在敏感性。另外,注蒸汽过程中,在热水和蒸汽的相互作用下,常出现蒙脱石和沸石沉淀,以及蛋白石、高岭石、方解石及其他一些黏土矿物的溶解。

在注蒸汽开发的高温高压条件下,储层岩石矿物的组成、形态等将发生重大变化,有些矿物的生长、有些矿物的水解(如石英、方解石等)以及新矿物的形成,可造成喉道的堵塞,直接影响注蒸汽开发效果,有些则可作为动态示踪监测的依据。例如,利用生产井采出水中 SiO_2 含量和 Na/K 比值可以监测地层温度的变化,利用采出水中 Cl^- 的含量变化可以监测吞吐动态等。

(4)固相微粒的运移、沉积和滞留。在稠油油藏注蒸汽开采过程中,当固相微粒运移到孔喉处时,大的固相微粒可能产生"架桥"现象而堵塞孔道,导致渗透率降低。另外,固相微粒在高速液流作用下会随液体一起移动,当液流速度降低时会沉积在孔隙壁表面,使孔道变窄。

在注蒸汽过程中,注入液可能携带固相微粒进入储层,同时骨架颗粒组分和黏土矿物的溶解也会产生大量固相微粒,导致井筒附近岩石骨架更加疏松,在水动力作用下部分骨架颗粒随着储层流体流出,油井大量出砂,形成"热蚯孔",从而使储层孔隙度和渗透率增大。

地层的胶结性质直接影响了岩石颗粒固有的剪切强度。地层强度低是造成地层出砂的主要内在因素,也是大孔道形成的重要因素之一。流体黏度越大,地层胶结越疏松,则越容易使砂粒运移而造成出砂,也越容易形成大孔道。油水的黏度差别越大,越容易造成注入水的指进,导致水流沿某一狭窄且固定的方向分布,有利于形成大孔道。

(5)沥青质沉积。稠油注蒸汽后引起的沥青沉积在储层中造成的伤害有 3 种方式:① 填充孔隙或在狭窄喉道处形成桥堵;② 附着在岩石表面使岩石润湿性发生反转,导致地层由亲水变为亲油;③ 形成油包水乳状液,增大烃类黏度,降低其流动性。

(6)润湿性变化。不同碎屑矿物成分、结构及表面性质影响流体的渗流能力。碎屑矿物按吸附能力的强弱可分为 3 类:① 强非吸附性,包括石英类、长石类、石英石类矿物组合;② 非吸附性,包括岩屑类、张裂性岩石矿物组合;③ 吸附性,包括泥岩、碳酸盐岩、团块、蚀变火成岩等岩石和矿物。

我国通常不对稠油储层的毛管力和润湿性进行测试,主要是因为稠油油藏储层物性好,多为大孔道高渗透层,岩芯疏松,不易测试。此外,注蒸汽开采时,黏滞力、重力占主导地位,而毛管力对大孔道、高渗透率、疏松砂岩的作用较小。普遍认为,随着温度的升高,岩芯润湿性由亲油转向亲水,由弱亲水转向强亲水,其主要原因是稠油中的胶质、沥青质等极性物质含量较多。

稠油油藏实施注蒸汽开采后,储层温度场发生较大变化,造成毛管力、岩石润湿性、油水相对渗透率曲线特征的变化。当稠油油藏进行蒸汽驱时,液相为油相,气相为蒸汽,气液在孔隙中的分布位置将发生变化:残余油逐渐直接接触孔壁表面,而气相逐渐位于孔隙中间,从而使得残余油增多,影响原油最终采收率。

(7)乳化物堵塞。在蒸汽驱过程中,水相一般为低矿化度的蒸汽冷却液体,易与原油形成乳化液,乳化液的表观黏度比没有乳化的原油的表观黏度高 10 倍以上。在驱替过程中,高黏度效应及贾敏效应使驱替阻力增加,从而阻碍油、水相的运移。

大部分重油富含有机酸,如胜利单 10 断块稠油酸值为 5～8 mg KOH/g 油。注汽站水源水型为 $NaHCO_3$ 型,锅炉进口处 pH 为 8.4～8.7,出口处 pH 增大到 12 以上。$NaHCO_3$ 在锅炉中高温分解。在密闭湿蒸汽注汽系统中,分解出来的 CO_2 随蒸汽注入地下并溶解于原油中,碱性水与原油有机酸产生皂化反应,其产物具有很好的界面活性,使油水乳化,形成油包水型乳状液。这种乳状液可使体系的黏度增大,体系黏度可增大到原始原油黏度的 2.16～2.73 倍,对蒸汽吞吐不利。

由于稠油注蒸汽开发过程中储层物性变化的影响因素非常复杂,以往研究成果中有多种岩石渗透率的变化特征或数学关系表述,包括线性、对数、指数或幂函数以及 Logistics 函数等形式,如图 2-1-9 所示。

若储层岩石的动态渗透率 K 与驱替孔隙体积倍数满足 Logistics 关系:

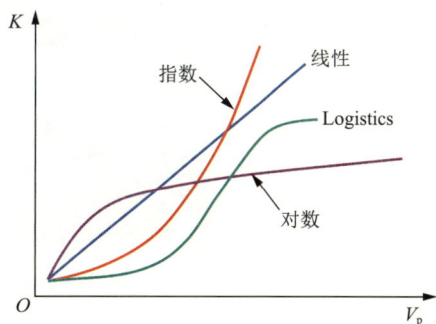

图 2-1-9　岩石动态渗透率 K 随驱替孔隙体积倍数 V_p 的变化

$$K = \frac{K_0}{a + be^{V_p}}$$

(2-1-27)

式中　K_0——初始渗透率，μm^2；

　　　V_p——驱替孔隙体积倍数；

　　　a,b,c——系数，$c=0$ 时 $K=K_0$，$a=0$ 时上式简化为指数形式。

3）注蒸汽后储层动态非均质描述

动态非均质性特征主要表现在以下两个方面：一方面是储层物性的变化，另一方面是流体（原油）物性的变化。

（1）吞吐周期对储层物性的影响。

随着蒸汽吞吐周期的增加，油井动用半径逐渐增大，温度升高，地下流体的含水率上升，黏度下降，出砂范围不断扩大，孔隙度、渗透率增大，经高轮次蒸汽吞吐后，在井间形成窜流通道。不同吞吐周期后窜流通道的形成过程如图 2-1-10～图 2-1-13 所示。

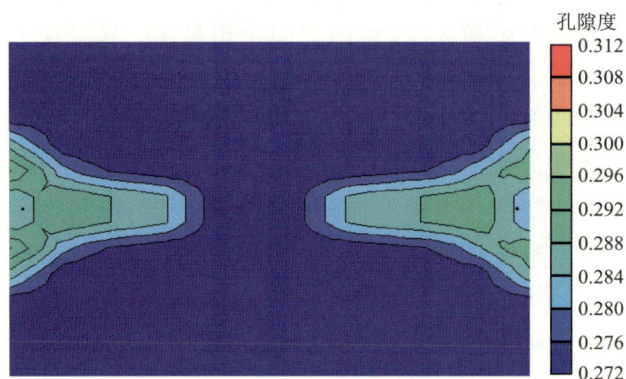

图 2-1-10　蒸汽吞吐第一周期后孔隙度分布

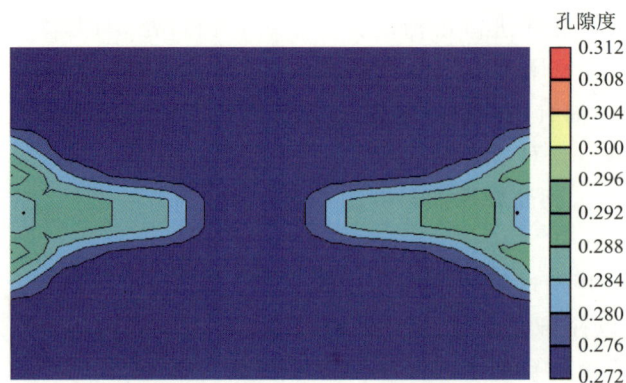

图 2-1-11　蒸汽吞吐第二周期后孔隙度分布

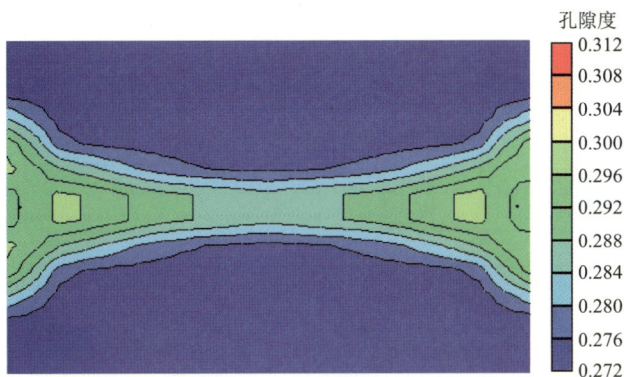

图 2-1-12 蒸汽吞吐第四周期后孔隙度分布

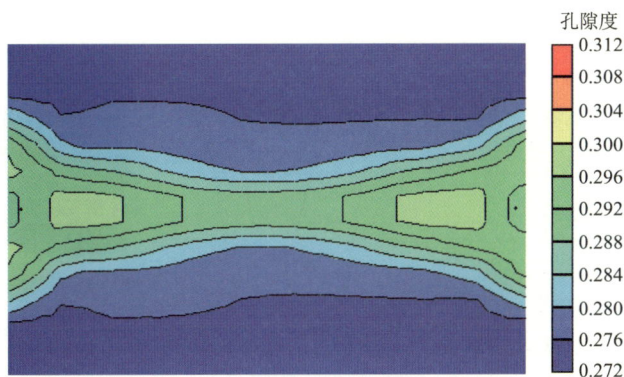

图 2-1-13 蒸汽吞吐第六周期后孔隙度分布

蒸汽吞吐初期,由于游离砂的大量采出,出砂量较大;随着游离砂剩余量的减少及弱胶结骨架砂的逐渐脱离,出砂量逐渐减少。随着蒸汽吞吐周期的增多,出砂量呈现递减的趋势,如图 2-1-14 所示。

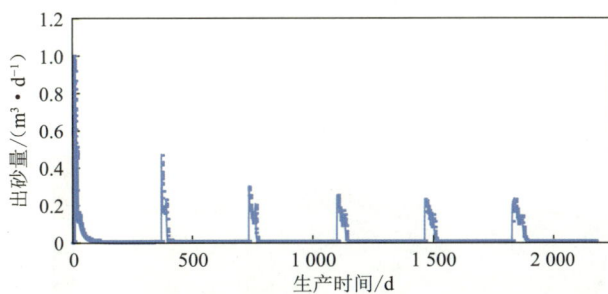

图 2-1-14 蒸汽吞吐井周期产砂量

同样,在蒸汽吞吐前期,由于出砂量大,吞吐井井底孔隙度变化剧烈。随着吞吐轮次的增加,地层留下胶结程度强的骨架,很少再产生自由砂,孔隙度不再发生变化,只是受吞吐压力的影响,井底孔隙产生可还原弹性应变,如图 2-1-15 所示。

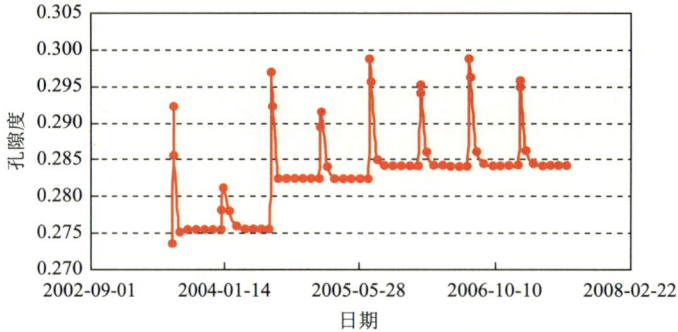

图 2-1-15　蒸汽吞吐井井底孔隙度分布

在交错吞吐两井的主流线上,一开始近井地带游离砂很快采出,孔隙度达到最大值;随着吞吐轮次的增加,孔隙度变化距离逐渐增大,主流线中点孔隙度逐渐升高,一直达到稳定,如图 2-1-16 所示。

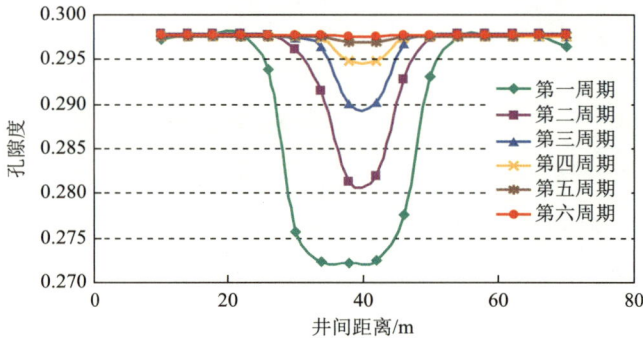

图 2-1-16　蒸汽吞吐井井间主流线孔隙度分布

（2）不同韵律性下动态非均质特征。

分别设置正韵律（低中高渗透率分布）、反韵律（高中低渗透率分布）、复合韵律（低高中、中高低渗透率分布）油层。正韵律油层底部渗透率高,因此底部渗流速度快,形成窜流通道;正韵律油层上部渗透率高于下部,加上蒸汽超覆的影响,流体主要在油层上部渗流,形成窜流通道;复合韵律油层主要受渗透率和蒸汽超覆综合影响,在中高渗透层,非均质变化较强,如图 2-1-17～图 2-1-20 所示。

图 2-1-17　正韵律油层蒸汽吞吐后孔隙度分布

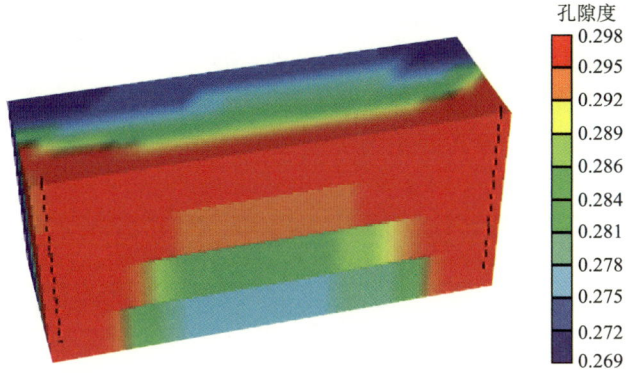

图 2-1-18　反韵律储层蒸汽吞吐后孔隙度分布

图 2-1-19　低高中复合韵律储层蒸汽吞吐后孔隙度分布

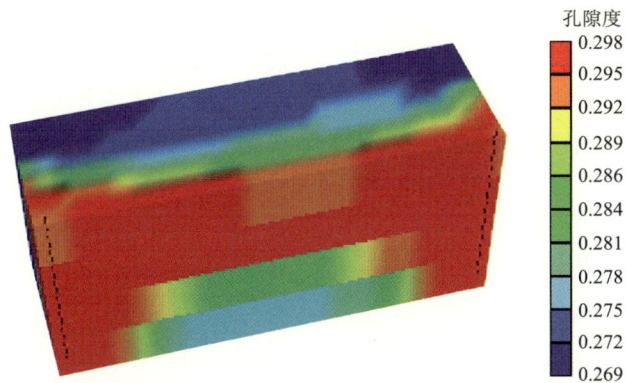

图 2-1-20　中高低复合韵律储层蒸汽吞吐后孔隙度分布

（3）不同胶结程度下动态非均质特征。

胶结物含量、胶结物类型和胶结类型决定了岩石的胶结程度。岩石胶结程度越弱，岩石表现得越疏松。岩石胶结物一般有黏土、硅质、泥质等。胶结物为黏土时，岩石胶结程度最差；胶结物为硅质时，岩石胶结程度最强。岩石胶结类型分为基底式胶结、孔隙式胶结和接触式胶结等，其胶结作用强弱的排序为：基底式胶结＞孔隙式胶结＞接触式胶结。

疏松砂岩油藏通常埋藏浅,胶结物以泥质为主,胶结类型一般为接触式胶结和孔隙式胶结,故疏松砂岩油藏胶结程度比较弱,地层易出砂,易形成窜流通道。

在总粒间孔隙度为32%时,胶结物含量与胶结程度之间的对应关系见表2-1-2。从表中可以看出,在岩石胶结类型和其胶结物类型相同的情况下,胶结物含量越高,胶结程度越强。

表 2-1-2　胶结物含量与胶结程度关系

总粒间孔隙度/%	胶结物含量/%	孔隙度/%	胶结程度	储层特征
32	<5	27	弱	好
	5~14	18	中	中　等
	14~20	12	较　强	差
	>24	8	强	非储层

不同胶结程度下地层的累积出砂量和出砂速率分别如图2-1-21和图2-1-22所示。

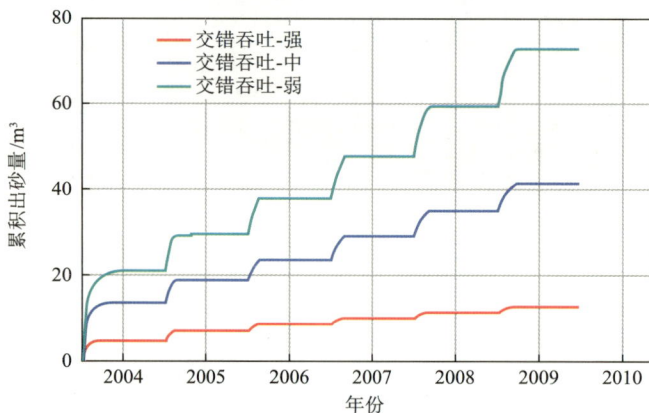

图 2-1-21　不同胶结程度下的累积出砂量

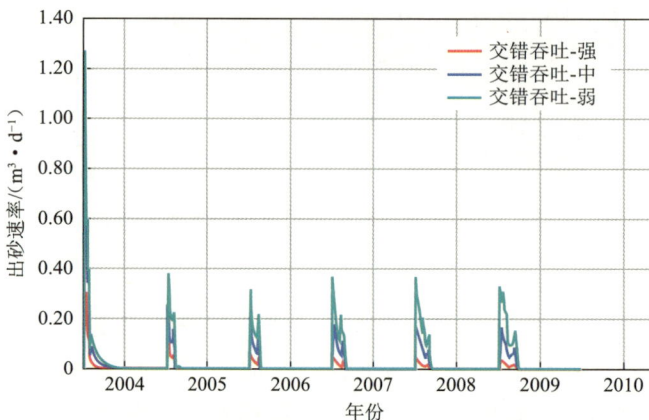

图 2-1-22　不同胶结程度下的出砂速率

　　对于不同胶结程度的地层,两口井交错蒸汽吞吐两个周期后的孔隙度分布如图 2-1-23~图 2-1-25 所示。从图中可以看出,胶结程度强的地层不易出砂,孔隙度变化范围小,而胶结程度弱的地层出砂严重,在两井间容易形成窜流通道。

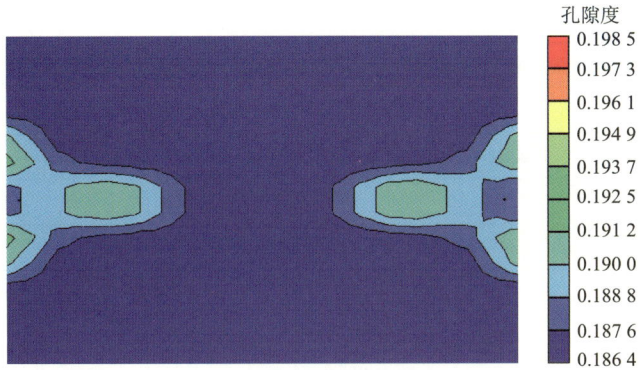

图 2-1-23　强胶结程度地层吞吐后孔隙度分布

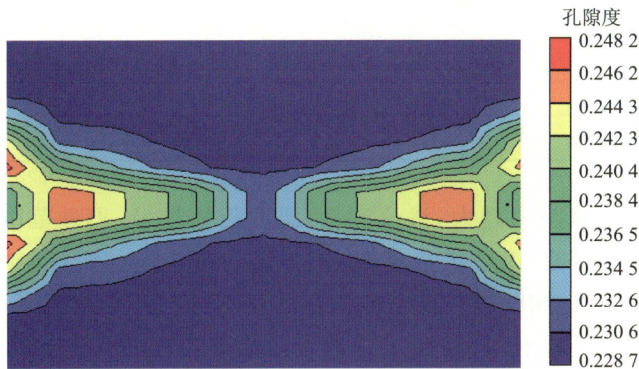

图 2-1-24　中胶结程度地层吞吐后孔隙度分布

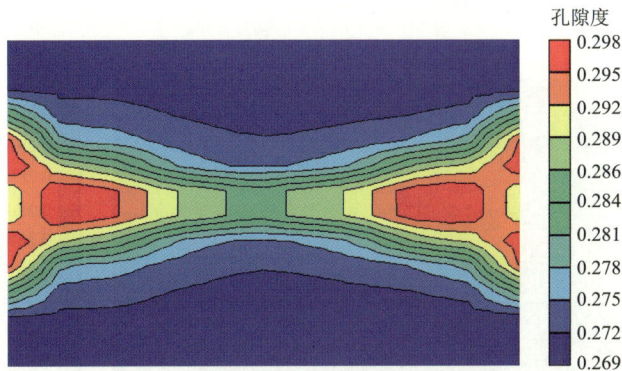

图 2-1-25　弱胶结程度地层吞吐后孔隙度分布

（4）不同原油黏度下动态非均质变化特征。

取 3 种油层脱气原油样品，分析不同原油黏度对窜流通道形成的影响。原油黏温关系见表 2-1-3。

表 2-1-3　黏温关系表

温度/℃	样品Ⅰ黏度/(mPa·s)	样品Ⅱ黏度/(mPa·s)	样品Ⅲ黏度/(mPa·s)
20	4 149.38	6 516.67	9 537.42
30	2 343.97	3 681.25	5 264.23
40	1 324.10	2 079.53	2 943.18
50	747.98	1 174.72	1 692.61
60	422.53	663.60	928.67
70	238.69	374.86	537.46
80	134.83	211.76	297.35
90	76.17	119.62	172.49
100	43.03	67.57	98.43
200	3.45	4.55	6.17
300	1.49	1.71	2.18
350	1.26	1.38	1.64

原油黏度越高，渗流阻力越大，渗流越慢，温度传播越慢，出砂范围越小，越不容易形成窜流通道；原油黏度越低，温度传播越快，流体流动越快，流动范围越大，出砂范围也越大，越容易形成窜流通道，如图 2-1-26～图 2-1-28 所示。

原油越稠，流动范围越小，只是在近井地带形成孔隙度变大的区域，而不易在井间形成窜流通道，虽然携砂能力稍强，但由于出砂范围较小，故累积产砂量相对较小；而原油越稀，流动性能越好，注热开采后，在井间形成窜流通道，虽然携砂能力弱，但出砂范围大，也可形成大量出砂，如图 2-1-29 所示。

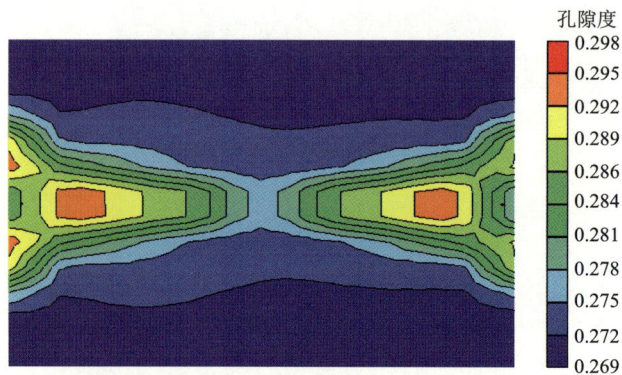

图 2-1-26　样品Ⅰ蒸汽吞吐后孔隙度分布

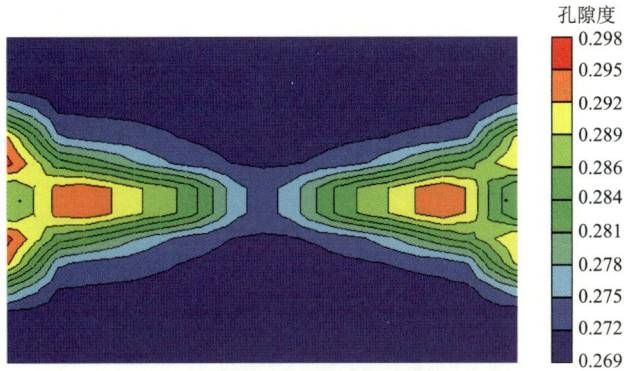

图 2-1-27　样品Ⅱ蒸汽吞吐后孔隙度分布

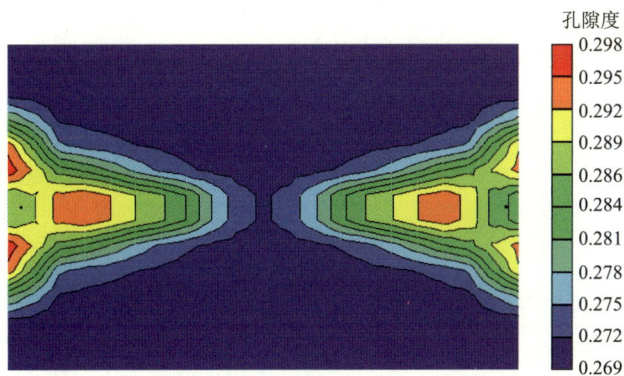

图 2-1-28　样品Ⅲ蒸汽吞吐后孔隙度分布

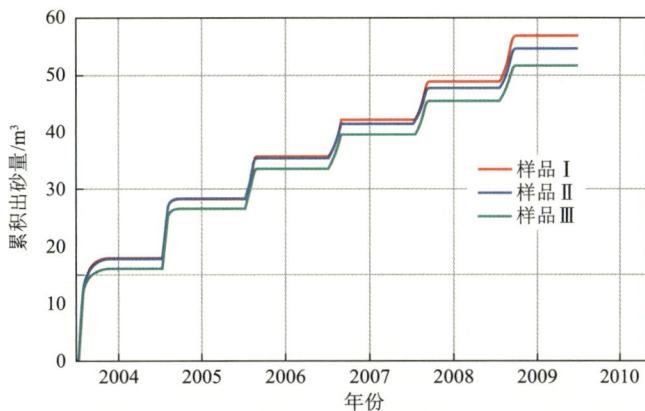

图 2-1-29　不同原油黏度下的油井累积出砂量

（5）注汽强度对窜流通道形成的影响。

若油层中存在天然裂缝，则大部分注入蒸汽将沿地层裂缝或高渗带形成窜流，使裂缝或高渗带出砂，很快形成窜流通道，造成汽窜。另外，注入强度不合理也会在油层中形成压裂裂缝。

当注汽强度不会使油层产生破裂时,孔隙度变化区域随注汽强度的增大而增大,但不会形成窜通,如图 2-1-30 所示;当注汽强度能使油层产生破裂时,在两井间会形成人工裂缝,流体随裂缝高渗带流动,带走大量砂粒,使两井间形成裂缝性窜流通道,如图 2-1-31 所示。

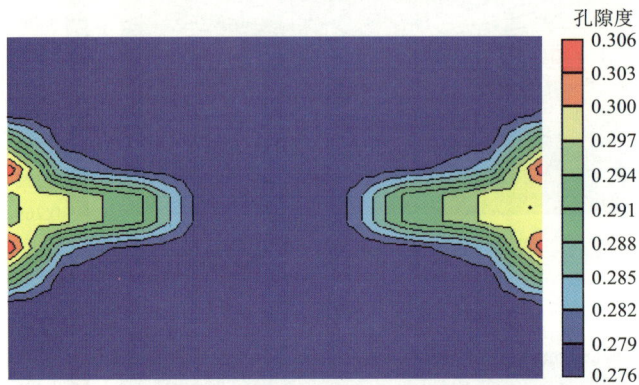

图 2-1-30　地层未破裂时蒸汽吞吐后孔隙度分布

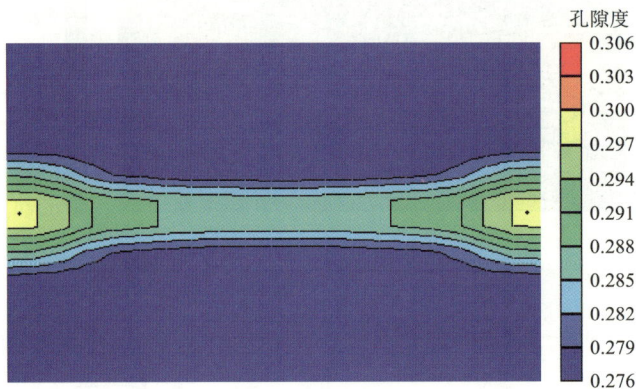

图 2-1-31　地层破裂时蒸汽吞吐后孔隙度分布

当注汽强度过大时,地层破裂后,蒸汽沿裂缝窜流,很容易在两井间形成热连通而造成汽窜,如图 2-1-32 和图 2-1-33 所示。

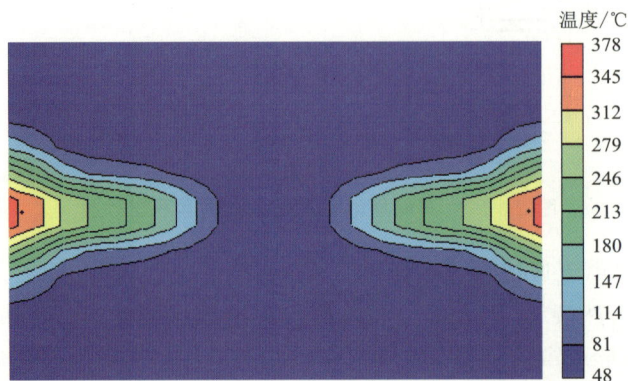

图 2-1-32　地层未破裂时蒸汽吞吐后温度分布

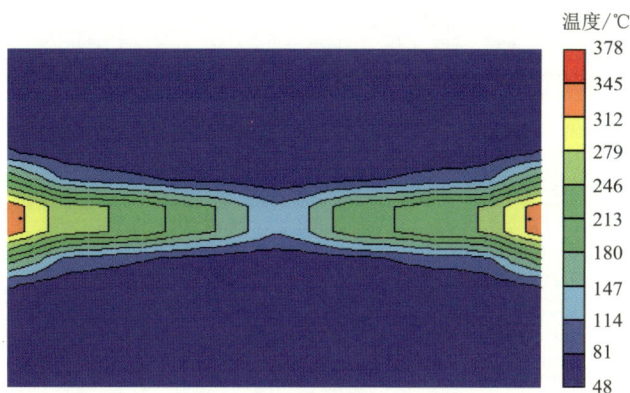

图 2-1-33　地层破裂时蒸汽吞吐后温度分布

2.1.4　原油物性组成变化特征

对胜利油田单 10 断块蒸汽吞吐过程中的原油特性进行研究,选取不同构造部位的 5 口井进行采样,并对其中 2 口井连续 2 周期进行原油分析。

1)蒸汽吞吐过程中的原油性质变化

如图 2-1-34 和图 2-1-35 所示,同一吞吐周期内,25-9 井原油密度从 0.971 g/cm³ 上升到 0.980 5 g/cm³,黏度从 2 911 mPa·s 上升到 10 351 mPa·s,可以看出,原油由轻变重。

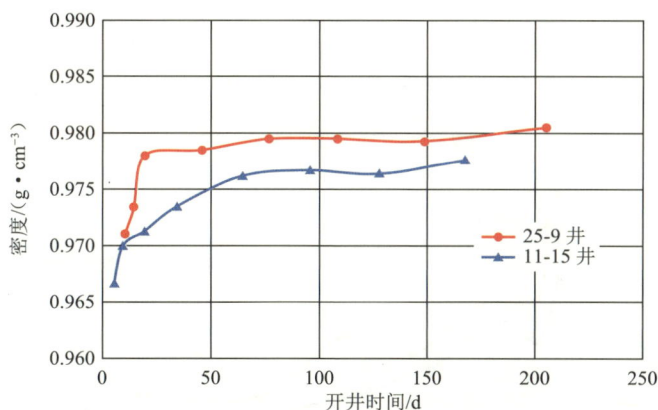

图 2-1-34　典型蒸汽吞吐井生产阶段原油密度变化

图 2-1-36 和图 2-1-37 为 2 口井生产阶段芳烃"A"含量和总烃含量的分析数据。其中,25-9 井芳烃"A"含量从 15.27% 下降到 11.39%,11-15 井芳烃"A"含量从 24.7% 下降到 15.42%,总烃含量也具有相似的变化趋势,说明不同周期的原油均有由轻变重的规律性,且后一周期比前一周期的原油性质稍重。

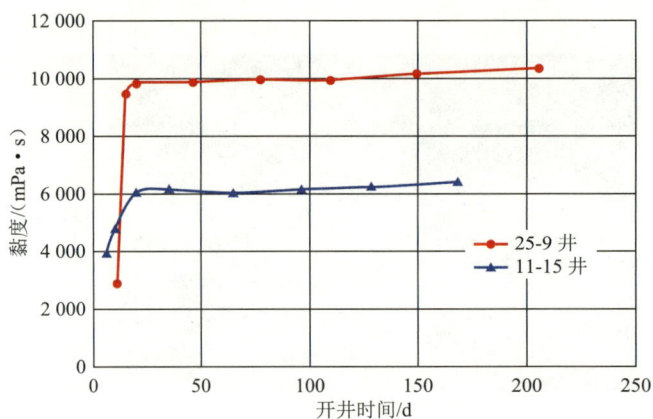

图 2-1-35　典型蒸汽吞吐井生产阶段原油黏度变化

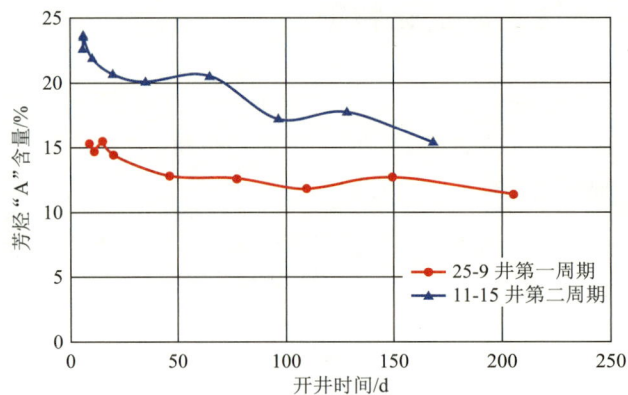

图 2-1-36　典型蒸汽吞吐井生产阶段芳烃"A"含量变化

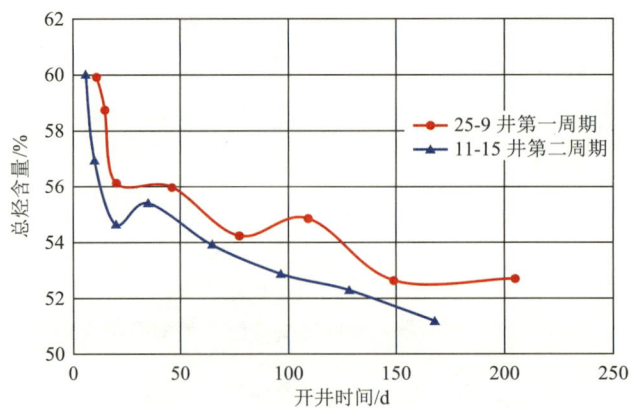

图 2-1-37　典型蒸汽吞吐井生产阶段总烃含量变化

表 2-1-4 列出两口井不同样品的 H/C 原子数比。从表中可以看出，25-9 井 H/C 原子数比由 1.59 下降到 1.41，11-15 井由 1.76 下降到 1.29，证实了原油前轻后重的变化规律。

表 2-1-4　H/C 原子数比的变化

25-9 井		11-15 井	
样品编号	H/C 原子数比	样品编号	H/C
77	1.59	43	1.76
78	1.63	44	1.74
106	1.57	45	1.64
122	1.51	70	1.54
132	1.41	104	1.29

芳烃的红外光谱分析表明，蒸汽吞吐前期原油比后期原油芳烃上的取代基少，表明地层中的芳烃已发生了明显的裂解反应——去烷基化反应。

2）地下原油的高温裂解和蒸馏作用

稠油中的胶质、沥青质在高温条件下会发生热裂解反应，分子链断裂后生成饱和烃与芳香烃，可对稠油产生改质降黏作用，这对稠油开发是非常有利的，但热裂解反应要求温度较高。常规的蒸汽吞吐和蒸汽驱的温度一般低于 300 ℃，热裂解程度低。加拿大学者 Hyne 和 Viloria 最早提出了稠油的水热裂解反应，认为在 200～300 ℃ 温度范围内高温热裂解反应较弱，可能是因水的存在使反应受到抑制，但此时稠油与水蒸气会发生酸聚合、加氢脱硫和水煤气转换等一系列化学反应。在稠油水热裂解反应过程中，重质组分胶质和沥青质会转换为轻质组分饱和烃与芳香烃，具有降低稠油黏度的作用。稠油水热裂解过程会发生脱羧作用和水煤气转换反应，产生的 CO_2 对降低稠油的黏度也有积极的作用。

以胜利单家寺稠油为例，将其在 300 ℃ 密闭绝氧条件下加热 24～120 h，所产生的气量较小，且随着加热时间增加，液态烃由褐色、黄色轻质油变为无色凝析油，有明显的蒸馏作用；在 350 ℃ 下对原油进行加热模拟实验，有大量气体产生，低分子烃中有 C_2H_4 和 C_3H_6 等烯烃组分，证实存在明显的裂解反应，裂解后产生多种烷烃、环烷烃和轻芳烃等组分。上述反应物是原油热反应中两极分化的结果，即大分子断链和脱链成烃，变成低分子气体，同时生成高缩聚的环芳烃、沥青质及残炭等，这些沥青质反射率随加热时间的增加由 1.85 逐渐上升到 2.36，说明其缩合、碳化程度逐渐增强。原油热反应两极分化所产生的大分子、高度缩合的焦化组分和残炭物质残留在地下，会堵塞出油孔道，并使岩石颗粒的润湿性转化为亲油，不利于提高采收率。

在注蒸汽过程中，原油和水的汽化压力随温度的升高而升高，当原油和水的汽化压力等于油层当前的压力时，原油中的轻质组分气化成气相，产生蒸汽蒸馏作用。蒸汽蒸馏作用对稠油开采产生的有利影响主要表现为：① 气相黏度低，流动阻力减小，驱替前缘产生溶剂驱；② 岩石盲端孔隙中的轻质组分将转移到连通孔隙中，产生自掺稀降黏作用。蒸汽蒸馏作用主要取决于原油的性质。通常情况下，原油相对密度越小，可蒸馏组分就越大。原油中可蒸馏组分与原油相对密度的关系如下：

$$y = 0.98 + 2.19\left(\frac{141.5}{\gamma_o} - 131.5\right) - 1.09W_a \qquad (2\text{-}1\text{-}28)$$

式中　y——可蒸馏组分，小数；

　　　γ_o——原油相对密度；

　　　W_a——原油中蜡的质量分数，小数。

图 2-1-38 为不同原油相对密度和原油中蜡的质量分数时原油可蒸馏组分的变化。

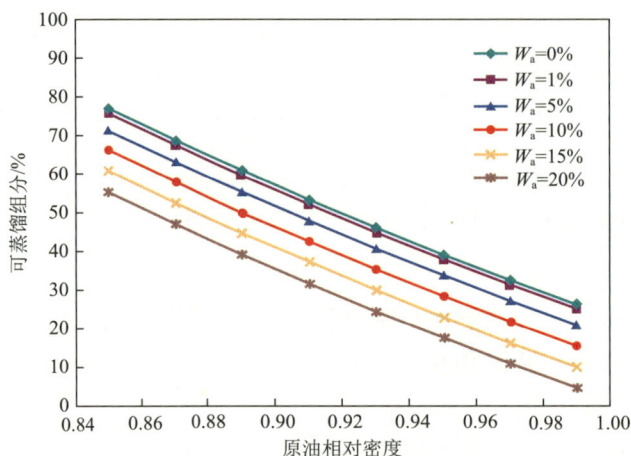

图 2-1-38　原油可蒸馏组分的变化

从图中可以看出，与稀油相比，由于稠油的密度较大，所以可蒸馏组分较小。另外对于同一油藏，系统的压力越低，蒸汽蒸馏效果越明显。蒸汽蒸馏作用通常不出现在蒸汽吞吐过程中，而多发生于蒸汽驱过程中。

2.2　注蒸汽井间汽窜机理与特征

发生蒸汽窜的原因可能是存在层内或层间强非均质性、注汽参数不合理而产生非目的性压裂、厚油层内存在严重蒸汽超覆等。由于黏滞指进是多孔介质中驱替的普遍规律性，因此应以黏滞指进作为基值分析蒸汽驱替窜流特征并制定窜流界限。

2.2.1　非均质储层汽窜程度

由于窜流是与正常驱替过程相比所表现出的差异性特征，所以窜流表征方法应该体现主控因素的差异性，如储层内存在高渗带或层间渗透率差异以及流体分布的差异性。

1）汽窜程度

根据黏滞指进变化率关系，以储层平均物性参数及其相应的有效流动参数为基础，定义不同渗透率和流体分布差异下的黏滞指进差异性或窜流程度 Ω 为：

$$\Omega = \frac{\sigma_f}{\sigma_a} = \frac{K_f}{K_a}\frac{\phi_a}{\phi_f}\frac{K_{rf}}{K_{ra}}\frac{\mu_a}{\mu_f} \qquad (2\text{-}2\text{-}1)$$

式中　σ_f, σ_a——窜流层（带）和非窜流层（带）指进变化率；

K_f——窜流层（带）渗透率，μm^2；

K_a——非窜流层（带）平均渗透率，μm^2；

ϕ_f——窜流层（带）孔隙度；

ϕ_a——非窜流层（带）平均孔隙度；

K_{rf}——窜流层（带）驱替相的相对渗透率，一般取被驱替相为残余状态的值；

K_{ra}——非窜流层（带）驱替相的相对渗透率，一般取被驱替相为残余状态的值；

μ_a——非窜流层（带）驱替相的黏度，$mPa \cdot s$；

μ_f——窜流层（带）驱替相的黏度，$mPa \cdot s$。

若为水驱方式，则窜流程度为：

$$\Omega = \frac{K_f}{K_a}\frac{\phi_a}{\phi_f} \approx \frac{K_f}{K_a} = T_k \qquad (2\text{-}2\text{-}2)$$

式中　T_k——渗透率级差。

T_k 不是一般意义上的层间渗透率级差，而是窜流层（带）渗透率与非窜流层（带）（纵向上不是一个层）的平均渗透率的比值。

可以看出，水驱方式的窜流程度取决于渗透率级差 T_k。若水驱方式转换为非混相气（汽）驱方式，则窜流程度为：

$$\Omega = \frac{K_f}{K_a}\frac{\phi_a}{\phi_f}\frac{K_{rf}}{K_{ra}}\frac{\mu_a}{\mu_f} \approx \frac{K_f}{K_a}\frac{K_{rg}}{K_{rw}}\frac{\mu_w}{\mu_g} = \frac{T_k}{M_{rgw}} \qquad (2\text{-}2\text{-}3)$$

式中　K_{rg}, K_{rw}——气相和水相相对渗透率；

μ_g, μ_w——气相和水相黏度，$mPa \cdot s$；

M_{rgw}——气水流度比。

可以看出，转换气（汽）驱方式后，窜流程度除与渗透率差异程度有关外，还与转换气（汽）驱流度比 M_{rgw} 有关。一般情况下，气体的黏度远小于水的黏度，因此转气（汽）驱后，流度比 M_{rgw} 减小，窜流程度增大；若水驱方式转换为气体泡沫方式，泡沫的黏度大于水的黏度，则流度比 M_{rgw} 增大，窜流程度降低。注入颗粒封堵等改变渗透率措施可以降低渗透率差异性，进一步降低窜流程度。

2）汽窜程度界限

在均质储层的注采井网内，由于流体质点沿主流线的运动速度最快，油井见水首先沿主流线突破，然后依次沿其他流线进入油井。油井见水时，井间只有一部分储层被水波及，一般正方形井网的面积波及系数低于三角形井网，反七点井网的面积波及系数最高。

尽管储层平面上也存在非均质性,但在井组范围内,平面非均质性相对较弱,含水率变化的规律性比较强。窜流主要是由层间或纵向非均质性较强导致的。

假设考虑储层的动态非均质性,且岩石渗透率与驱替孔隙体积倍数满足 Logistics 关系。以双层为例,高渗层为窜流层(下标 1),另一层为储层平均物性(下标 2),根据段塞驱替油藏工程方法原理,不考虑储层内流体残余相饱和度以及孔隙度的差异,注采井间双层渗流速度之比为:

$$\frac{v_1}{v_2} = \frac{K_{01}}{K_{02}} \frac{V_{p2} + M_0(1-V_{p2})}{V_{p1} + M_0(1-V_{p1})} \frac{a+be^{cV_{p2}}}{a+be^{cV_{p1}}} \quad (2-2-4)$$

进入高渗层的流量与总流量之比为:

$$\frac{q_1}{q_1+q_2} = \frac{1}{1+\dfrac{v_2}{v_1}\dfrac{h_2}{h_1}} = \frac{1}{1+\dfrac{K_{02}}{K_{01}}\dfrac{h_2}{h_1}\dfrac{V_{p1}+M_0(1-V_{p1})}{V_{p2}+M_0(1-V_{p2})}\dfrac{a+be^{cV_{p1}}}{a+be^{cV_{p2}}}} \quad (2-2-5)$$

式中 v_1,v_2——窜流层和平均物性层渗流速度,m/d;

$\quad\quad K_{01},K_{02}$——窜流层和平均物性层初始渗透率,μm^2;

$\quad\quad V_{p1},V_{p2}$——窜流层和平均物性层驱替孔隙体积倍数;

$\quad\quad a,b,c$——动态渗透率模型常数;

$\quad\quad h_1,h_2$——窜流层和平均物性层厚度,m;

$\quad\quad q_1,q_2$——窜流层和平均物性层流量,m^3/d。

以胜利油田一典型区块渗透率动态非均质资料为例,不同流度比 M_0、不同渗透率级差 T_k、不同厚度比 h_f/h_a 下高渗层的产液比例变化如图 2-2-1～图 2-2-3 所示。

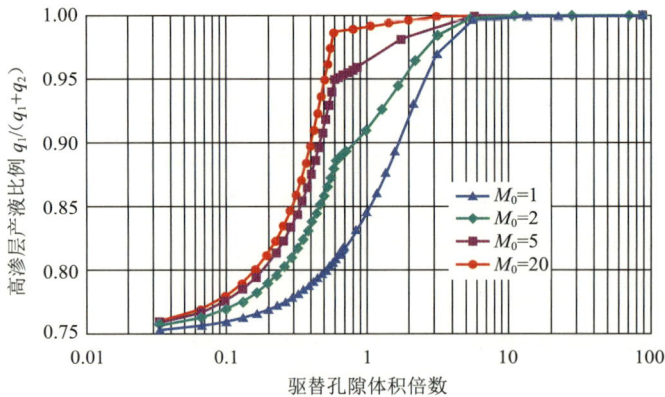

图 2-2-1 不同流度比下高渗层产液比例

由图 2-2-1 可以看出,当总厚度 h_t、窜流与非窜流层厚度比 h_f/h_a 和渗透率级差 T_k 一定时,随着流度比 M_0 增加,注入流体突破时间缩短,注入流体容易突破,而当流度比大于 5 时,流体突破时高渗层流量占比达到 95% 以上。

由图 2-2-2 可以看出,当总厚度 h_t、窜流与非窜流层厚度比 h_f/h_a 和流度比 M_0 一定时,随着渗透率级差增加,注入流体容易突破,当渗透率级差大于 3 时,流体突破时产液比例达到 95% 以上。

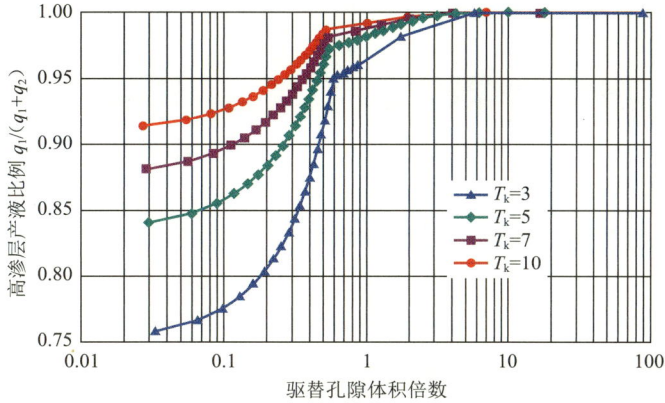

图 2-2-2　不同突进系数下高渗层产液量比例

由图 2-2-3 和表 2-2-1 可以看出，当总厚度 h_t、流度比和渗透率级差 T_k 一定时，随窜流与非窜流层厚度比减小，高渗层产液量比例增加幅度增大，表明窜流层越薄，注入流体越容易突破。

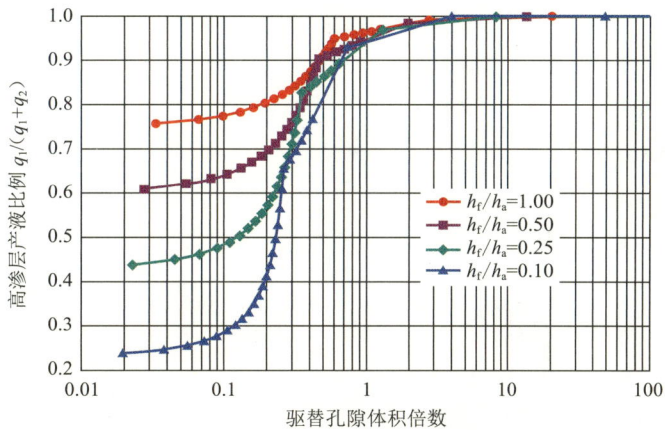

图 2-2-3　不同厚度比下高渗层产液比例

表 2-2-1　不同厚度比下的产液比例增幅

厚度比	初始产液比例/%	突破产液比例/%	增加幅度/%	相对初始增幅/%
1.00	75.83	95.03	19.2	25.32
0.50	61.06	90.53	29.47	48.26
0.25	43.95	82.70	38.75	88.17
0.10	23.90	65.68	41.78	174.81

2.2.2　注蒸汽井动态曲线基础

地面蒸汽发生器(锅炉)所产生的热流体处于高温高压状态，热流体流经地面管线到达井口,然后流经井筒注汽管柱到达井底。由于存在热损失,热流体的沿程压力、蒸汽干度均发生变化。

地面管线的压力降、蒸汽干度变化和热损失都比较小,当注汽速率小于 10 t/h 时,每100 m 管线压力降不超过 0.1 MPa,热损失小于 0.3%。注蒸汽井筒的压力降和蒸汽干度变化较大,当注汽速率较小或蒸汽干度较大时,摩擦阻力小,水静压力起主要作用,井筒内蒸汽压力沿井深逐渐增加;注汽速率较大时则相反。随注汽时间延长,井底蒸汽干度增加。蒸汽干度随井深几乎呈线性递减,常规注汽管柱隔热条件下,井深增加 100 m,蒸汽干度差为 2.5%~3.0%。除过热蒸汽锅炉外,一般注蒸汽条件下,井底蒸汽干度为 50% 左右,由于加热油层和顶底盖层而造成热损失,油层内的蒸汽干度进一步降低。有时将注蒸汽过程中油层加热范围内的流体流动近似为热水渗流。

1)蒸汽注入动态曲线理论

若注汽井近似为拟稳态渗流,注汽压差分别选择井底、井口或套管计量起点,则:

$$q_s = J_s(p_w - \overline{p}) \tag{2-2-6}$$

$$q_s = J_s(p_{wh} - p_f + b\rho_{ws}gH - \overline{p}) \tag{2-2-7}$$

$$q_s = J_s[p_{wc} + b\rho_w g(H - L_w) - \overline{p}] \tag{2-2-8}$$

式中 q_s——注蒸汽冷水当量,m^3/d;

J_s——吸汽指数,$m^3/(d \cdot MPa)$;

p_w——井底压力,MPa;

$\overline{p}$——平均压力,MPa;

p_{wh}——井口压力,MPa;

p_f——摩阻压力,MPa;

p_{wc}——水井套管压力,MPa;

ρ_{ws}——水蒸气的密度,kg/m^3;

ρ_w——水的密度,kg/m^3;

H——井深,m;

L_w——水井动液面,m;

b——单位换算系数,$b = 10^{-6}$。

若 $\overline{p} \approx \rho_w gH$,则式(2-2-7)和式(2-2-8)可以写为:

$$q_s \approx J_s[p_{wh} - p_f - (\rho_w - \rho_{ws})gH] \tag{2-2-9}$$

$$q_s \approx J_s(p_{wc} - \rho_w gL_w) \tag{2-2-10}$$

对注蒸汽井的注汽数据进行累加处理,即

$$\int q_s d\tau = J_s \int (p_w - \overline{p})d\tau \tag{2-2-11}$$

若注蒸汽过程中平均压力基本保持不变,且在一定时间内渗流阻力近似不变,则累积注蒸汽量 Z_s 可写为:

$$Z_s = J_s \int p_w d\tau - J_s \int \overline{p}d\tau \tag{2-2-12}$$

$$\int p_w \mathrm{d}\tau = \frac{1}{J_s} Z_s + A_1 \tag{2-2-13}$$

令 $m_s = \dfrac{1}{J_s}$，则上式可写为：

$$\int p_w \mathrm{d}\tau = m_s Z_s + A_1 \tag{2-2-14}$$

若用井口压力（油压）p_{wh} 表示，则有：

$$\int p_{wh} \mathrm{d}\tau = m_s Z_s + A_2 \tag{2-2-15}$$

若用套管压力（套压）p_{wc} 表示，则有：

$$\int p_{wc} \mathrm{d}\tau = m_s Z_s + A_3 \tag{2-2-16}$$

式中 Z_s——累积注蒸汽量冷水当量，m^3；

$\quad A_1, A_2, A_3$——常数。

综上可以看出，累积注汽量与注汽压力和时间乘积的积分（或累加）成直线关系；式 (2-2-14)～式 (2-2-16) 的注入动态曲线斜率 m_s 反映流动阻力变化，因此利用直线斜率可以分析判断注汽井况和油层吸液能力。实际应用中，可以用套管压力 p_{wc} 和注汽量制作注入动态曲线。

2）井间连通注入曲线理论

若注蒸汽期间呈现注采连通，注采井中流体流动近似为拟稳态渗流，采注量比为 R_{ct}，注采井压差选择套管计量起点，则注汽井的注汽量与压差关系见式 (2-2-8)。

生产井产液量 q_l 与压差关系为：

$$q_l = J_l(\overline{p} - p_p) = J_l[\overline{p} - p_{pc} - b\rho_o g(H - L_p)] \tag{2-2-17}$$

式中 J_l——采液指数，$\mathrm{m}^3/(\mathrm{d \cdot MPa})$；

$\quad p_p$——生产井井底压力，MPa；

$\quad p_{pc}$——生产井套管压力，MPa；

$\quad L_p$——生产井动液面，m。

联立式 (2-2-8) 和式 (2-2-17)，假设稠油 $\rho_o \approx \rho_w = \rho$，得：

$$m_{sl} q_s = p_{wc} - p_{pc} + b\rho g(L_p - L_w) \tag{2-2-18}$$

其中：

$$m_{sl} = \frac{1}{J_s} + \frac{R_{ct}}{J_l}$$

若 m_{sl} 近似为常数，则 Hall 曲线形式为：

$$m_{sl} \int q_s \mathrm{d}\tau = \int [p_{wc} - p_{pc} + b\rho g(L_p - L_w)] \mathrm{d}\tau \tag{2-2-19}$$

可以看出，注采井间连通时，累积注采量和注采压差与时间乘积具有线性关系，利用此线性关系的斜率特征可对注蒸汽过程中的阻力变化进行定性分析，并根据直线斜率进行定量评价。

3）典型蒸汽注入动态曲线特征分析

典型注汽井的注入动态曲线如图 2-2-4 所示。注入动态曲线斜率的变化或者说流动阻力随累注量（也可以理解为一定的时间效应）的变化反映阻力产生的位置和阻力变化的程度，如图 2-2-5 所示。

（1）注入动态曲线斜率变大，流动阻力增加，如井筒堵塞、流动系数 K/μ 降低、注入流体增黏、渗透率降低或启动低渗透层；

（2）注入动态曲线斜率变小，流动阻力降低，如注汽井附近存在高渗带、井间窜流、产生次生裂缝或裂缝延伸、沟通低压水动力体等；

（3）注入动态曲线斜率先升后降，如油层破裂、油层堵塞被击穿等。

当然，利用注入动态曲线的斜率变化也可以分析评价注汽井的解堵效果或注汽井调剖措施以及窜流层的封堵效果。

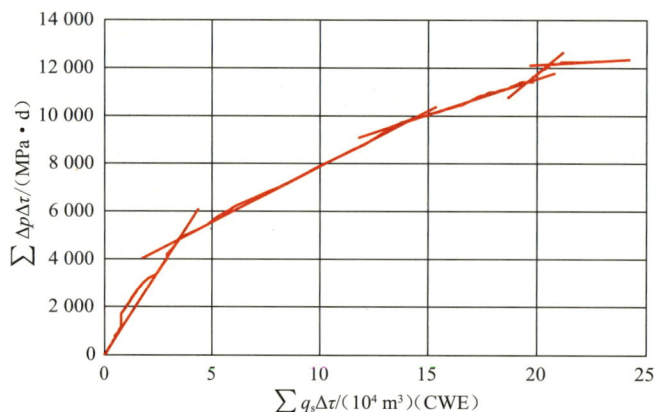

图 2-2-4　典型注汽井的注入动态曲线

CWE—冷水当量

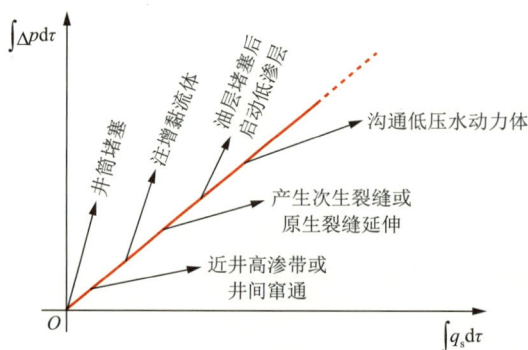

图 2-2-5　注入动态曲线变化模式图

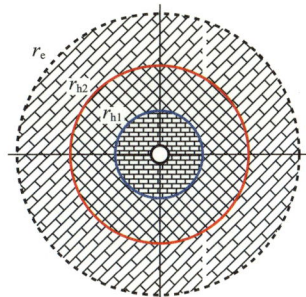

图 2-2-6　直井注蒸汽油层
流体区带示意图

2.2.3　直井间汽窜注入动态曲线

1）注采无响应阶段

直井注蒸汽初期，阻力为径向两区模式，如图 2-2-6 所示，内区为汽水两相渗流，由于油层中蒸汽干度较低，内区中汽相为优势渗流相，有效渗透率为 K_{s1}；外区为油水两相渗流，由于加热降黏程度有限，外区中水相为优势渗流相，有效渗透率为 K_{w2}。

此阶段注汽量与压差的关系为：

$$q_s = a \frac{2\pi K_{s1} h}{B_s \mu_s} \frac{p_w - \bar{p}}{\ln \dfrac{r_{h1}}{r_w} + S + \dfrac{K_{s1}}{K_{w2}} \dfrac{B_w \mu_w}{B_s \mu_s} \left(\ln \dfrac{r_{h2}}{r_{h1}} - 0.5 \right)} \approx J_{vs1} (p_{wc} - b\rho_w g L_w) \quad (2\text{-}2\text{-}20)$$

式中　a——单位换算系数，$a=86.4$；

$\quad\quad K_{s1}$——内区蒸汽有效渗透率，μm^2；

$\quad\quad K_{w2}$——外区水相有效渗透率，μm^2；

$\quad\quad B_s$——蒸汽体积系数；

$\quad\quad \mu_s$——蒸汽黏度，$mPa \cdot s$；

$\quad\quad h$——油层厚度，m；

$\quad\quad S$——污染系数；

$\quad\quad r_w$——井筒半径，m；

$\quad\quad r_{h1}$——内区加热半径，m；

$\quad\quad r_{h2}$——外区加热半径，m；

$\quad\quad J_{vs1}$——直井注采响应阶段吸汽指数，$m^3/(d \cdot MPa)$。

对式（2-2-20）等号两边进行积分处理，压差采用套压的表达形式，则注入动态曲线方程为：

$$m_{vs1} \int q_s d\tau = \int p_{wc} d\tau + A_3 \quad (2\text{-}2\text{-}21)$$

曲线斜率 m_{vs1} 为：

$$m_{vs1} = a \frac{B_s \mu_s}{2\pi K_{s1} h} \left[\ln \frac{r_{h1}}{r_w} + S + \frac{K_{s1}}{K_{w2}} \frac{\mu_w}{\mu_s} \left(\ln \frac{r_{h2}}{r_{h1}} - 0.5 \right) \right] \quad (2\text{-}2\text{-}22)$$

严格来说，注汽过程中蒸汽物性参数以及蒸汽区和热流体区的半径不断变化，曲线斜率并不是常数，但加热半径的变化对斜率影响并不显著。

2）注采干扰期

已知注采井距为 D，随着注蒸汽量增加，热流体继续扩展并与采油井形成条带连通，如图 2-2-7 所示。

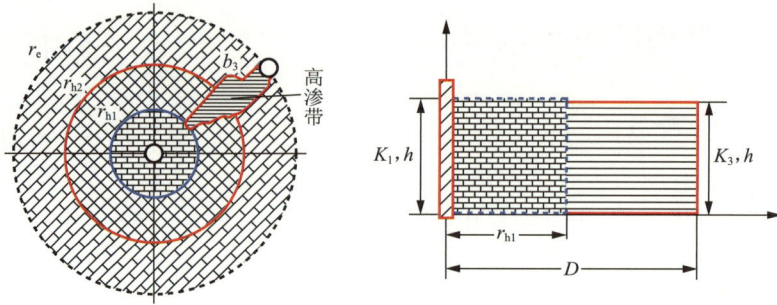

图 2-2-7　直井注蒸汽井间油层热连通流体区带示意图

K_1, K_3—注汽井和生产井端的渗透率

注采干扰期的阻力区为注汽井周围的蒸汽以及条带中的热油,注汽井周围蒸汽有效渗透率为 K_{s1},高渗条带区宽度为 b_3,其中热油相有效渗透率为 K_{o3}。根据内区与条带界面处的等值渗流阻力可得到内区半径。

在干扰期,若注汽井和生产井均近似为拟稳态渗流,压差选择套管为计量起点,则注汽井注汽量 q_s 与压差的关系为:

$$q_s = a \frac{2\pi K_{s1} h}{B_s \mu_s} \frac{p_w - \overline{p}}{\ln \dfrac{b_3}{2\pi r_w} + S} = J_{vs2} \left[p_{wc} + b\rho_w g (H - L_w) - \overline{p} \right] \tag{2-2-23}$$

式中　J_{vs2}——直井注采干扰期吸汽指数,$m^3/(d \cdot MPa)$。

生产井的产油量 q_o 与压差的关系为:

$$q_o = a \frac{2\pi h b_3 K_{o3}}{B_o \mu_o} \frac{p_p - \overline{p}}{2\pi D - b_3} = J_{vo2} \left[\overline{p} - p_{pc} - b\rho_o g (H - L_p) \right] \tag{2-2-24}$$

式中　B_o——原油体积系数;

　　　μ_o——原油黏度,$mPa \cdot s$;

　　　ρ_o——原油密度,kg/m^3;

　　　D——注采井距,m;

　　　J_{vo2}——直井注采干扰期产油指数,$m^3/(d \cdot MPa)$。

联立式(2-2-23)和式(2-2-24),若干扰期采注量比 $q_o/q_s = R_{ct}$,且 R_{ct} 变化较小,假设稠油 $\rho_o \approx \rho_w = \rho$,则得:

$$m_{vsl2} q_o = p_{wc} - p_{pc} + b\rho g (L_p - L_w) \tag{2-2-25}$$

注入动态曲线方程为:

$$m_{vsl2} \int q_s d\tau = \int \left[p_{wc} - p_{pc} + b\rho g (L_p - L_w) \right] d\tau \tag{2-2-26}$$

曲线斜率为:

$$m_{vsl2} = \frac{B_s \mu_s}{2a\pi K_{s1} h} \left(\ln \frac{b_3}{2\pi r_w} + S \right) + R_{ct} \frac{B_o \mu_o}{2a\pi K_{o3} h} \frac{2\pi D - b_3}{b_3} \tag{2-2-27}$$

若 $b_3 = h$,则上式可写为:

$$m_{vsl2} = \frac{B_s \mu_s}{2a\pi K_{s1} h}\left(\ln\frac{h}{2\pi r_w} + S\right) + R_{ct}\frac{B_o \mu_o}{2a\pi K_{o3} h}\frac{2\pi D - h}{h} \qquad (2-2-28)$$

3）注采窜流期

随着注蒸汽量继续增加，热流体突进，与生产井形成条带热水连通，如图 2-2-8 所示。

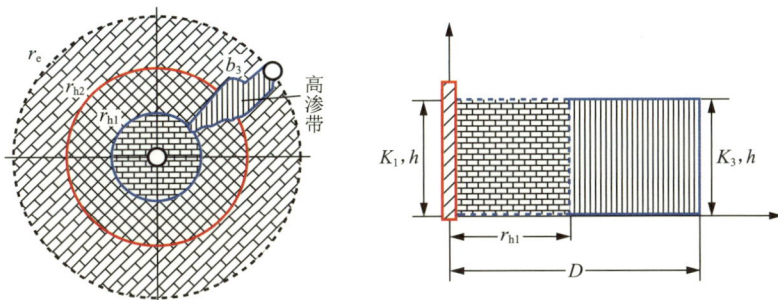

图 2-2-8　直井注蒸汽井间油层窜流流体分布

在注采窜流期，条带中的阻力主要为水相渗流阻力，水相有效渗透率为 K_{w3}；生产井的产水量 q_w 与压差的关系为：

$$q_w = \frac{2a\pi h b_3 K_{w3}}{B_w \mu_w}\frac{p_p - \overline{p}}{2\pi D - b_3}\left[\overline{p} - p_{pc} - b\rho_w g(H - L_p)\right] \qquad (2-2-29)$$

若采注量比为 R_{ct}，联立式（2-2-23）和式（2-2-29），假设稠油 $\rho_o \approx \rho_w = \rho$，则得：

$$m_{vsl3} q_s = p_{wc} - p_{pc} + b\rho g(L_p - L_w) \qquad (2-2-30)$$

注入动态曲线方程为：

$$m_{vsl3}\int q_s \mathrm{d}\tau = \int\left[p_{wc} - p_{pc} + b\rho g(L_p - L_w)\right]\mathrm{d}\tau \qquad (2-2-31)$$

曲线斜率为：

$$m_{vsl3} = \frac{B_s \mu_s}{2a\pi h K_{w1}}\left(\ln\frac{b_3}{2\pi r_w} + S\right) + R_{ct}\frac{B_w \mu_w}{2a\pi K_{w3} h}\frac{2\pi D - b_3}{b_3} \qquad (2-2-32)$$

若 $b_3 = h$，则：

$$m_{vsl3} = \frac{B_s \mu_s}{2a\pi h K_{w1}}\left(\ln\frac{h}{2\pi r_w} + S\right) + R_{ct}\frac{B_w \mu_w}{2a\pi K_{w3} h}\frac{2\pi D - h}{h} \qquad (2-2-33)$$

2.2.4　水平井间汽窜注入动态曲线

1）正常注蒸汽阶段

注蒸汽初期，只需考虑水平井近井复合径向流动阻力，水平井段流体在油层厚度范围内近似径向流流动，如图 2-2-9 所示。

已知水平段长为 L，油层厚度为 h，根据等值渗流阻力，可得到近井径向流内阻和平面椭圆流外阻，则水平井产量方程为：

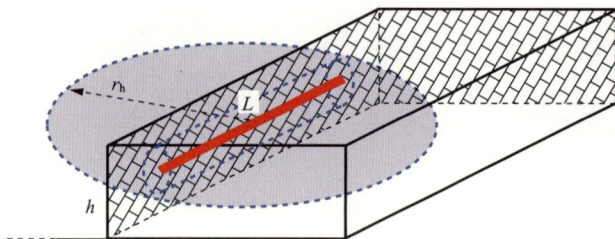

图 2-2-9　水平井注蒸汽示意图

$$q_w = a \frac{p_w - \overline{p}}{\dfrac{B_s \mu_s}{2\pi L \overline{K}_{s1}} \left(\ln \dfrac{h}{2\pi r_w} + S \right) + \dfrac{B_w \mu_w}{2\pi h \overline{K}_{w2}} \ln \dfrac{1 + \sqrt{1 - (L/2r_h)^2}}{L/2r_h}} \approx J_{hs1}(p_{wc} - b\rho_w g L_w)$$

$$(2-2-34)$$

式中　$\overline{K}_{s1}$——水平井内区平均蒸汽有效渗透率，μm^2；

　　　$\overline{K}_{w2}$——水平井外区平均水相有效渗透率，μm^2；

　　　J_{sh1}——水平井正常注蒸汽阶段吸汽指数，$m^3/(d \cdot MPa)$。

蒸汽吞吐水平井正常注蒸汽阶段注入动态曲线方程为：

$$m_{hs1} \int q_s d\tau = \int p_{wc} d\tau + A_3 \qquad (2-2-35)$$

注入动态曲线的斜率为：

$$m_{hs1} = \frac{B_s \mu_s}{2a\pi L \overline{K}_{s1}} \left(\ln \frac{h}{2\pi r_w} + S \right) + \frac{B_w \mu_w}{2a\pi h \overline{K}_{w2}} \ln \frac{1 + \sqrt{1 - (L/2r_h)^2}}{L/2r_h} \qquad (2-2-36)$$

图 2-2-10 和图 2-2-11 为渤海油区某典型边水稠油区块水平井 X3 井（远离边水且位于区块内部）蒸汽吞吐注入动态曲线。可以看出，后期注入动态曲线的斜率基本不变，属于正常注汽状态。

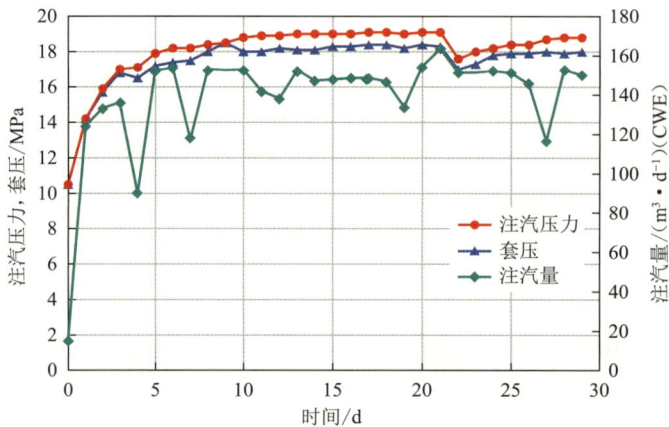

图 2-2-10　水平井 X3 井第一周期注汽参数

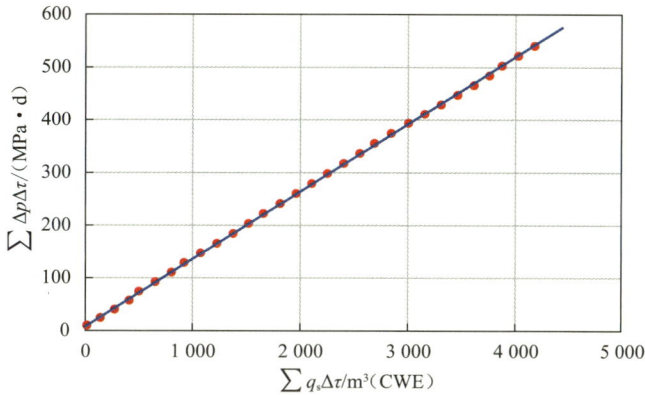

图 2-2-11 水平井 X3 井第一周期注入动态曲线

2）注采干扰期

已知注汽井窜流点与生产井的距离为 D，随着注汽量的增加，热流体继续扩展，与生产井形成条带连通，如图 2-2-12 所示。

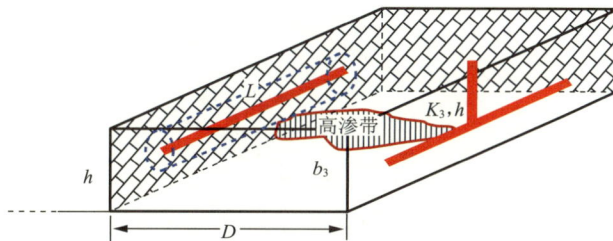

图 2-2-12 水平井注蒸汽井间油层热连通流体区示意图

K_3—汽窜井端渗透率

在注采干扰期，阻力区为注入井周围的热流体区以及条带热流体区，注汽井周围平均蒸汽有效渗透率为 $\overline{K}_{s1}$。注入蒸汽与边水窜通以后，高渗条带宽度为 b_3，热油相有效渗透率为 K_{o3}。根据内区与条带界面处的等值渗流阻力可得到内区半径。

若干扰期注入井和生产井内流体流动均近似为拟稳态渗流，压差选择套管为计量起点，则注入井的注汽量 q_s 与压差的关系为：

$$q_s = \frac{2a\pi L\overline{K}_{s1}}{B_s\mu_s} \frac{p_w - \overline{p}}{\ln\dfrac{h}{2\pi r_w} + S} = J_{hs2}\left[p_{wc} + b\rho_w g(H - L_w) - \overline{p}\right] \quad (2\text{-}2\text{-}37)$$

式中 J_{hs2}——水平井注采干扰期吸汽指数，$m^3/(d\cdot MPa)$。

生产井的产量 q_o 与压差的关系为：

$$q_o = \frac{2a\pi h b_3 K_{o3}}{B_o\mu_o} \frac{p_p - \overline{p}}{2\pi D - h} = J_{ho2}\left[\overline{p} - p_{pc} - b\rho_o g(H - L_p)\right] \quad (2\text{-}2\text{-}38)$$

式中 J_{ho2}——水平井注采干扰期产油指数，$m^3/(d\cdot MPa)$。

联立式(2-2-37)和式(2-2-38),若干扰期采注量比 $q_o/q_w = R_{ct}$,且变化较小,假设稠油 $\rho_o \approx \rho_w = \rho$,则得:

$$m_{hsl2} q_s = p_{wc} - p_{pc} + b\rho g (L_p - L_w) \tag{2-2-39}$$

注入动态曲线方程为:

$$m_{hsl2} \int q_s d\tau = \int [p_{wc} - p_{pc} + b\rho g (L_p - L_w)] d\tau \tag{2-2-40}$$

曲线斜率为:

$$m_{hsl2} = \frac{B_s \mu_s}{2a\pi L \overline{K}_{s1}} \left(\ln \frac{h}{2\pi r_w} + S \right) + R_{ct} \frac{B_o \mu_o}{2a\pi h K_{o3}} \frac{2\pi D - h}{b_3} \tag{2-2-41}$$

若 $b_3 = h$,则上式可写为:

$$m_{hsl2} = \frac{B_s \mu_s}{2a\pi L \overline{K}_{s1}} \left(\ln \frac{h}{2\pi r_w} + S \right) + R_{ct} \frac{B_o \mu_o}{2a\pi h K_{o3}} \frac{2\pi D - h}{h} \tag{2-2-42}$$

3）注采窜流期

随着注蒸汽量继续增加,热流体突进,与生产井形成条带热水连通,如图 2-2-13 所示。

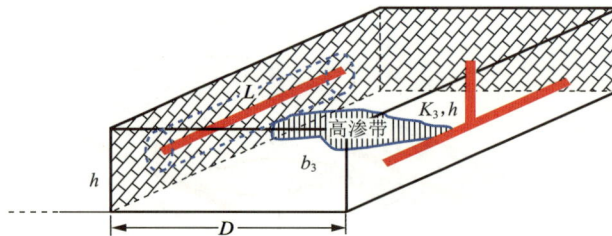

图 2-2-13　水平井注蒸汽井间油层窜流流体区示意图

在注采窜流期,条带中的阻力主要为水相渗流阻力,水相有效渗透率为 K_{w3},则生产井的产水量 q_w 与压差的关系为:

$$q_w = a \frac{2\pi h b_3 K_{w3}}{B_w \mu_w} \frac{p_p - \overline{p}}{2\pi D - h} [\overline{p} - p_{pc} - b\rho_w g (H - L_p)] \tag{2-2-43}$$

若注采量比为 R_{ct},联立式(2-2-37)和式(2-2-43),得:

$$m_{hsl3} q_s = p_{wc} - p_{pc} + b\rho g (L_p - L_w) \tag{2-2-44}$$

注入动态曲线方程为:

$$m_{hsl3} \int q_s d\tau = \int [p_{wc} - p_{pc} + b\rho g (L_p - L_w)] d\tau \tag{2-2-45}$$

曲线斜率为:

$$m_{hsl3} = \frac{B_s \mu_s}{2a\pi L \overline{K}_{s1}} \left(\ln \frac{h}{2\pi r_w} + S \right) + R_{ct} \frac{B_w \mu_w}{2a\pi h K_{w3}} \frac{2\pi D - h}{b_3} \tag{2-2-46}$$

若 $b_3 = h$,则上式可写为:

$$m_{hsl3} = \frac{B_s \mu_s}{2a\pi L \overline{K}_{s1}} \left(\ln \frac{h}{2\pi r_w} + S \right) + R_{ct} \frac{B_w \mu_w}{2a\pi h K_{w3}} \frac{2\pi D - h}{h} \tag{2-2-47}$$

2.3　稠油蒸汽吞吐边底水窜特征

对于具有边底水的稠油油藏,注蒸汽过程中可能突破层间隔夹层而沟通底水或层间水,或沿高渗条带沟通边水,致使在注汽后的生产阶段含水较大幅度上升,周期累产水远大于本周期注汽冷水当量,表现出边底水的窜流特征。注蒸汽热流体的侧向流动阻力较大时也可能突破近井的隔夹层与底水形成窄条带窜通。

即使注蒸汽过程中未沟通边底水,稠油油藏生产引起的地层压力下降也会导致边水区的压力高于油层压力,边水在压差的驱动下会侵入油层。初期边水能量有助于驱动原油流向生产井,若得到合理利用,将有助于改善开发效果;但后期由于油水流度差异、油层非均质性以及开发方式的影响,加剧了边水的侵入,生产井见水后产量大幅度降低,开发效果变差。

2.3.1　直井与水体连通注入动态曲线

1）正常注蒸汽阶段

直井注蒸汽初期与常规注蒸汽阶段的注入动态曲线相同,可参考式(2-2-21)和式(2-2-22)的径向流形式分析直井的注汽动态,确定注蒸汽热波及范围。

2）注蒸汽边水窜通阶段

随着注蒸汽量增加,热流体突进,与边水形成条带连通,如图 2-3-1 所示。

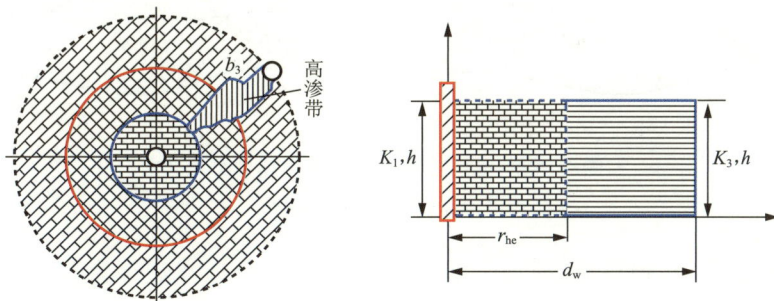

图 2-3-1　直井注蒸汽边水窜流流体分布

r_{he}—等效加热半径

此阶段阻力区为注汽井周围的热流体区和条带热流体区,注汽井周围蒸汽有效渗透率为 K_{s1},注入蒸汽与边水窜通后条带宽度为 b_3,水相有效渗透率为 K_{w3}。若注汽井中流体流动近似为拟稳态渗流,压差选择套管为计量起点,则注汽井注汽量与压差的关系为:

$$q_s = a \frac{p_w - \overline{p}}{\dfrac{B_s\mu_s}{2\pi h K_{s1}}\left(\ln\dfrac{b_3}{2\pi r_w}+S\right)+\dfrac{B_w\mu_w}{2\pi h K_{w3}}\dfrac{2\pi d_w - b_3}{b_3}} \approx J_{vs4}(p_{wc}-b\rho_w g L_w) \qquad (2\text{-}3\text{-}1)$$

式中　d_w——注汽井距油水边界距离，m；

　　　K_{w3}——窜流条带有效渗透率，μm^2；

　　　J_{vs4}——直井注蒸汽边水窜通阶段吸汽指数，$m^3/(d \cdot MPa)$。

注入动态曲线方程为：

$$m_{vs4}\int q_s \, d\tau = \int p_{wc} \, d\tau + A_3 \qquad (2\text{-}3\text{-}2)$$

曲线斜率为：

$$m_{vs4} = \frac{B_s\mu_s}{2a\pi h K_{s1}}\left(\ln\frac{b_3}{2\pi r_w}+S\right)+\frac{B_w\mu_w}{2a\pi h K_{w3}}\frac{2\pi d_w - b_3}{b_3} \qquad (2\text{-}3\text{-}3)$$

若 $b_3 = h$，则上式可写为：

$$m_{vs4} = \frac{B_s\mu_s}{2a\pi h K_{s1}}\left(\ln\frac{h}{2\pi r_w}+S\right)+\frac{B_w\mu_w}{2a\pi h K_{w3}}\frac{2\pi d_w - h}{h} \qquad (2\text{-}3\text{-}4)$$

3）注蒸汽底水窜通阶段

当注蒸汽水平井与底水层间无隔夹层，或存在不稳定隔夹层，且注蒸汽过程中热流体的侧向流动阻力较大时，可能突破近井的隔夹层而与底水形成条带窜通，如图 2-3-2 所示。

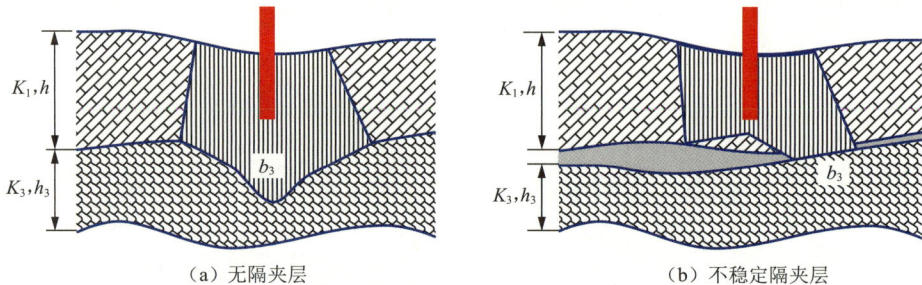

（a）无隔夹层　　　　　　　　　（b）不稳定隔夹层

图 2-3-2　直井注蒸汽底水窜流流体分布

K_1, K_3——油层和底水层渗透率

注入蒸汽与底水窜通以后，窜通条带宽度为 b_3，水相有效渗透率为 K_{w3}，选择套管为压差计量起点，则注汽量 q_s 与压差的关系为：

$$q_s = a \frac{p_w - \overline{p}}{\dfrac{B_s\mu_s}{2\pi h K_{s1}}\left(\ln\dfrac{b_3}{r_w\sqrt{\pi}}+S\right)+\dfrac{B_w\mu_w}{K_{w3}}\dfrac{h_3}{b_3^2}} \approx J_{vs5}(p_{wc}-b\rho_w g L_w) \qquad (2\text{-}3\text{-}5)$$

式中　h_3——底水层厚度，m；

　　　J_{vs5}——直井注蒸汽底水窜通阶段吸汽指数，$m^3/(d \cdot MPa)$。

注入动态曲线方程为：

$$m_{vs5}\int q_s \, d\tau = \int p_{wc} \, d\tau + A_3 \qquad (2\text{-}3\text{-}6)$$

曲线斜率为：

$$m_{vs5} = \frac{B_s \mu_s}{2a\pi h K_{s1}}\left(\ln\frac{b_3}{r_w\sqrt{\pi}} + S\right) + \frac{B_w \mu_w}{a K_{w3}}\frac{h_3}{b_3^2} \tag{2-3-7}$$

根据矿场注汽动态实践，在注蒸汽过程中，注汽井与边水或底水窜通，注入动态曲线出现拐点的先后并无规律性，表明蒸汽窜通水体受多种因素影响。

2.3.2　水平井与水体连通注入动态曲线

1）正常注蒸汽阶段

水平井正常注蒸汽阶段与 2.2 节中蒸汽吞吐水平井正常注蒸汽阶段的注入动态曲线和斜率相同。

2）注蒸汽边水窜通阶段

随着注蒸汽量增加，热流体可能突进，与边水形成条带连通，如图 2-3-3 所示。

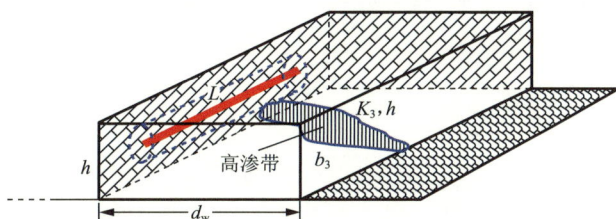

图 2-3-3　水平井注蒸汽边水窜流流体分布

K_3—高渗带渗透率

此阶段阻力区为注汽井周围的热流体区以及条带热水流体区，注入井周围蒸汽有效渗透率为 $\overline{K}_{s1}$，注入蒸汽与边水窜通以后条带宽度为 b_3，水相有效渗透率为 K_{w3}，选择套管为压差计量起点，则注入井的注汽量 q_s 与压差的关系为：

$$q_s = a\frac{p_w - \overline{p}}{\frac{B_s\mu_s}{2\pi L\overline{K}_{s1}}\left(\ln\frac{b_3 h}{2\pi L r_w} + S\right) + \frac{B_w\mu_w}{2\pi h K_{w3}}\frac{2\pi d_w - h}{b_3}} \approx J_{hs2}(p_{wc} - b\rho_w g L_w) \tag{2-3-8}$$

式中　J_{hs2}——水平井注蒸汽边水窜通阶段吸汽指数，$m^3/(d \cdot MPa)$。

注入动态曲线方程为：

$$m_{hs2}\int q_s d\tau = \int p_{wc} d\tau + A_3 \tag{2-3-9}$$

曲线斜率为：

$$m_{hs2} = \frac{B_s\mu_s}{2a\pi L\overline{K}_{s1}}\left(\ln\frac{b_3 h}{2\pi L r_w} + S\right) + \frac{B_w\mu_w}{2a\pi h K_{w3}}\frac{2\pi d_w - h}{b_3} \tag{2-3-10}$$

若 $b_3 = h$，则上式可以写为：

$$m_{hs2} = \frac{B_s\mu_s}{2a\pi L\overline{K}_{s1}}\left(\ln\frac{h^2}{2\pi L r_w} + S\right) + \frac{B_w\mu_w}{2a\pi h K_{w3}}\frac{2\pi d_w - h}{h} \tag{2-3-11}$$

图 2-3-4～图 2-3-6 分别为渤海油区某典型边水稠油区块水平井 X4 井的注汽参数、注入动态曲线和生产动态曲线。从图中可以看出,注热后期注入动态曲线的斜率变小,对应蒸汽吞吐生产中后期含水上升速度较快,综合资料分析认为在注热过程中沟通了边水水体。

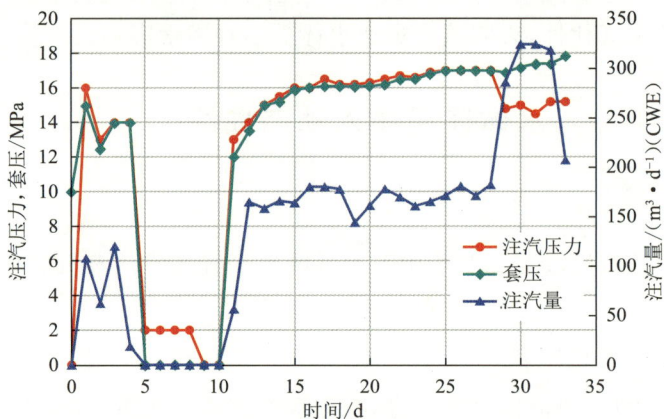

图 2-3-4 X4 井第一吞吐周期注汽参数变化

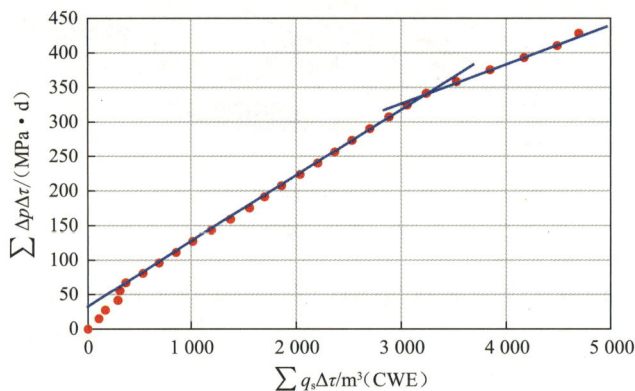

图 2-3-5 X4 井第一吞吐周期注入动态曲线

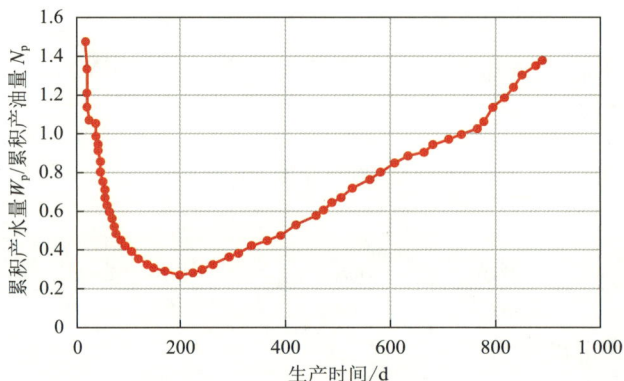

图 2-3-6 X4 井第一吞吐周期累积产水量、产油量比曲线

3）水平井注蒸汽底水窜通阶段

注蒸汽水平井与底水层间无隔夹层，或存在不稳定隔夹层，窜流流体分布如图 2-3-7 所示。

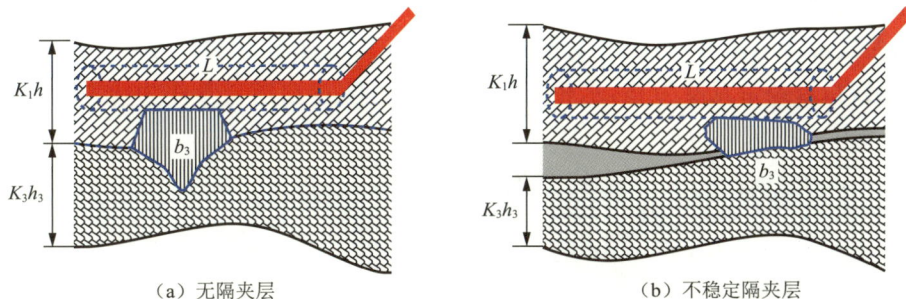

（a）无隔夹层　　　　　　　　（b）不稳定隔夹层

图 2-3-7　水平井注蒸汽底水窜流流体分布

图 2-3-8 和图 2-3-9 为某典型底水稠油区块一口水平井 A 井蒸汽吞吐的注汽参数和注入动态曲线。从图中可以看出，当注汽压力较低时，注入动态曲线斜率没有变化，但该井注蒸汽后吞吐生产仍然表现为水窜特征。

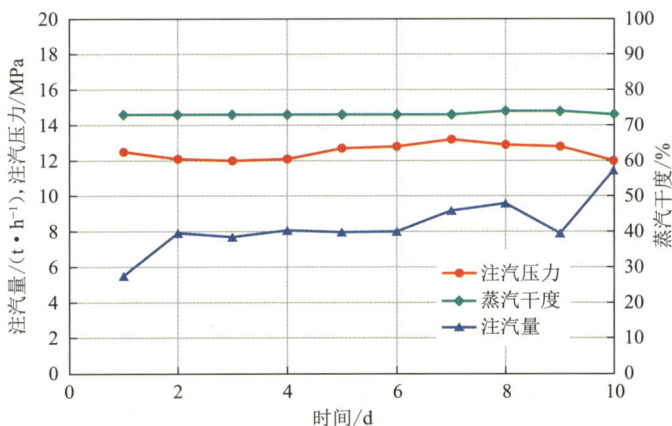

图 2-3-8　典型井 A 井第一吞吐周期注汽参数变化

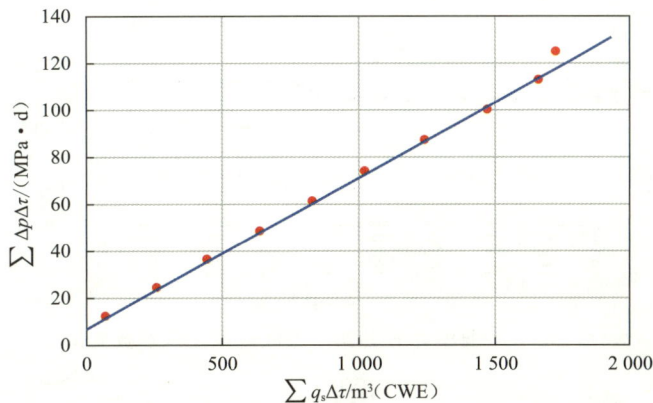

图 2-3-9　典型井 A 井第一吞吐周期注入动态曲线

综合油藏地质资料分析认为,该井与底水之间无隔夹层。由于水平井与底水或边水的连通位置比较复杂,通常与本井的井眼轨迹、非均质分布以及注入参数有关,所以注入动态曲线的斜率变化并非判断边底水与注汽井窜通的唯一依据。

当注蒸汽水平井与底水或相邻水层间存在不稳定隔夹层(图 2-3-7b)时,注入热流体突破近井隔夹层渗流屏障后,与底水或相邻的水层窜通,流动阻力主要为近井径向流和条带中的流动阻力,若条带宽度为 b_3,水相有效渗透率为 K_{w3},选择套管作为压差计量起点,则注汽量 q_s 与压差的关系为:

$$q_s = a \frac{p_w - \overline{p}}{\dfrac{B_s \mu_s}{2\pi L \overline{K}_{s1}} \left(\ln \dfrac{b_3 h}{2\pi L r_w} + S \right) + \dfrac{B_w \mu_w}{K_{w3}} \dfrac{h_3}{b_3^2}} \approx J_{hs3}(p_{wc} - b\rho_w g L_w) \qquad (2\text{-}3\text{-}12)$$

注入动态曲线方程为:

$$m_{hs3} \int q_s \mathrm{d}\tau = \int p_{wc} \mathrm{d}\tau + A_3 \qquad (2\text{-}3\text{-}13)$$

曲线斜率为:

$$m_{hs3} = \frac{B_s \mu_s}{2a\pi L \overline{K}_{s1}} \left(\ln \frac{b_3 h}{2\pi L r_w} + S \right) + \frac{B_w \mu_w}{a K_{w3}} \frac{h_3}{b_3^2} \qquad (2\text{-}3\text{-}14)$$

典型蒸汽吞吐井 B 井的注汽参数和注入动态曲线如图 2-3-10 和图 2-3-11 所示。水平井 B 井与 A 井在同一底水稠油区,但 B 井注汽压力比 A 井高 5 MPa 左右,注汽过程中注汽压力缓慢下降,注入动态曲线斜率变化幅度不大。

综合油藏地质资料分析认为,油层与底水间存在具有一定渗透性的隔夹层,注汽中后期压力扩散范围相对较大。

典型蒸汽吞吐井 C 井的注汽参数和注入动态曲线如图 2-3-12 和图 2-3-13 所示。C 井与 A 井和 B 井在同一底水稠油区,C 井注汽压力比 A 井高 5 MPa 左右,与 B 井注汽压力相当,但注汽过程中注汽压力出现短时急剧下降,注入动态曲线斜率呈现明显变缓趋势。

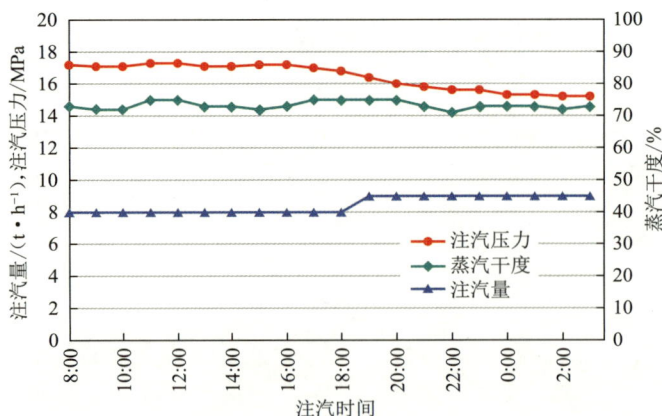

图 2-3-10　典型井 B 井第一吞吐周期注汽参数变化

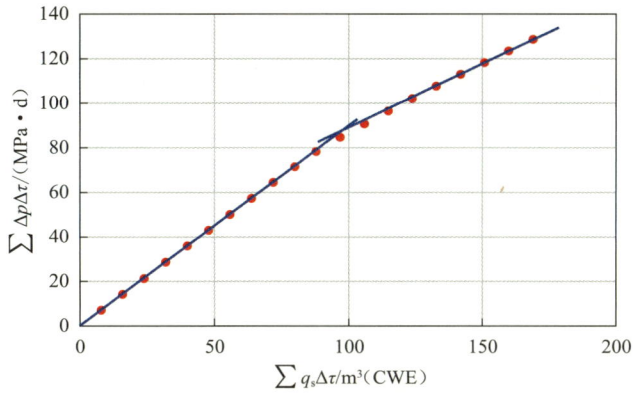

图 2-3-11　典型井 B 井第一吞吐周期注入动态曲线

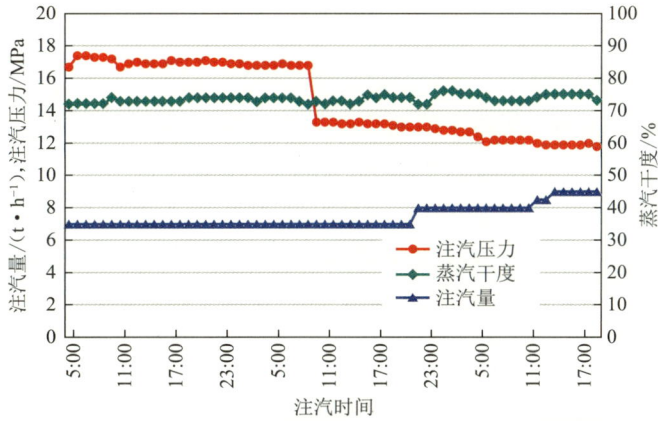

图 2-3-12　典型井 C 井第一吞吐周期注入参数变化

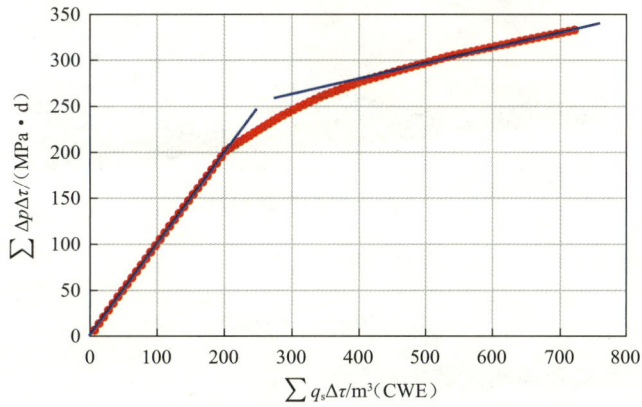

图 2-3-13　典型井 C 井第一吞吐周期注入动态曲线

综合油藏地质资料分析认为,在注蒸汽过程中,汽腔外缘逐渐扩大,外缘处原油黏度不断降低,热流体越过薄夹层并沟通了底水水体,压力急变和注入动态曲线斜率特征表明注入热流体突破不完整隔夹层,与底水的窜通程度较高。

应当指出,注蒸汽过程中无论是井间窜通还是与边底水窜通,所形成的窜流通道中的流体分布均发生变化,甚至岩石渗透率也可能发生变化,如果后续周期没有采取治理措施,那么这种窜流通道效应将继承性影响后续周期的注入动态,具体问题需要进行具体分析。

2.3.3 边水稠油生产阶段水侵规律

1)边水油藏水驱前缘预测模型

假设:

(1)油藏储层等厚均质,且储层物性不随温度发生变化;

(2)油层中不考虑温度的变化;

(3)油、水两相互不相溶;

(4)根据黏度相似准则,油层中的油为热采降黏后的原油;

(5)考虑流体的重力分异作用,水平方向上为线性驱替。

图 2-3-14 为边水油藏水侵前缘示意图。由于存在重力分异现象,侵入油层的边水易于向油层底部聚集,导致油层底部的边水前缘领先于油层顶部的边水前缘。随着边水对油层的不断侵入,边水前缘趋于稳定,且渗流截面上各点的势相等。

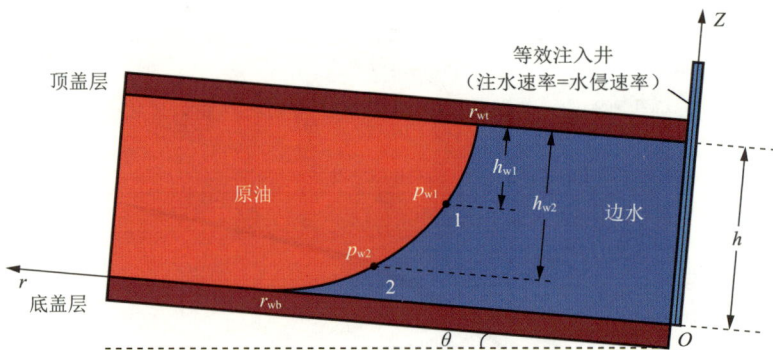

图 2-3-14 边水油藏水侵前缘示意图

边水水侵界面上 1 和 2 两点的势梯度差为:

$$\frac{\partial \Phi_{\mathrm{w}}}{\partial r} - \frac{\partial \Phi_{\mathrm{o}}}{\partial r} = b(\rho_{\mathrm{o}} - \rho_{\mathrm{w}})g \frac{\partial h_{\mathrm{w}}}{\partial r}\cos\theta \tag{2-3-15}$$

根据达西定律,水相和油相的势梯度分别为:

$$\frac{\partial \Phi_{\mathrm{w}}}{\partial r} = -a\frac{\mu_{\mathrm{w}}\omega_{\mathrm{e}}}{2\pi r h_{\mathrm{w}} K_{\mathrm{w}}\rho_{\mathrm{w}}} \tag{2-3-16}$$

$$\frac{\partial \Phi_{\mathrm{o}}}{\partial r} = -a\frac{\mu_{\mathrm{o}}\omega_{\mathrm{o}}}{2\pi r(h - h_{\mathrm{w}})K_{\mathrm{o}}\rho_{\mathrm{o}}} \tag{2-3-17}$$

式中　$\varPhi_{\mathrm{w}},\varPhi_{\mathrm{o}}$——边水水侵界面处水和油折算到 $Z=0$ 面上的势,MPa;

$\rho_{\mathrm{w}},\rho_{\mathrm{o}}$——边水和原油的密度,kg/m³;

g——重力加速度,m/s²;

θ——油藏倾角,(°);

h_{w}——边水水侵带厚度,m;

h——油层总厚度,m;

μ_{w}——水的黏度,mPa·s;

μ_{o}——加热后原油的黏度,mPa·s;

$\omega_{\mathrm{e}},\omega_{\mathrm{o}}$——边水水侵带的边水和原油的径向速率,kg/s;

a——单位换算系数,$a=10^3$;

b——单位换算系数,$b=10^{-6}$。

式(2-2-15)中 $\dfrac{\partial h_{\mathrm{w}}}{\partial r}$ 为:

$$\frac{\partial h_{\mathrm{w}}}{\partial r}=-a\,\frac{\mu_{\mathrm{w}}\omega_{\mathrm{e}}}{2\pi r(\rho_{\mathrm{o}}-\rho_{\mathrm{w}})gh_{\mathrm{w}}K_{\mathrm{w}}\rho_{\mathrm{w}}\cos\theta}\left(1-\frac{\mu_{\mathrm{o}}\omega_{\mathrm{o}}K_{\mathrm{w}}\rho_{\mathrm{w}}}{\mu_{\mathrm{w}}\omega_{\mathrm{e}}K_{\mathrm{o}}\rho_{\mathrm{o}}}\frac{h_{\mathrm{w}}}{h-h_{\mathrm{w}}}\right) \tag{2-3-18}$$

地层中边水的侵入速率和原油移动的速率影响水侵前缘的形状。考虑边水和油的密度差引起的重力分异效应,边水主要沿着油层底部壁面方向和垂直油层底部方向运移。假设某点的边水径向水侵速率与水侵前缘上该点的高度成正比,则边水径向水侵速率和原油径向速率分别为:

$$\omega_{\mathrm{e}}=\omega_{\mathrm{e}}\,(r_{\mathrm{wb}})\frac{h_{\mathrm{w}}}{h} \tag{2-3-19}$$

$$\omega_{\mathrm{o}}=\omega_{\mathrm{o}}\,(r_{\mathrm{wt}})\frac{h-h_{\mathrm{w}}}{h} \tag{2-3-20}$$

式中　$\omega_{\mathrm{e}}\,(r_{\mathrm{wb}})$——边水前缘 r_{wb} 处的径向水侵速率,kg/s;

$\omega_{\mathrm{o}}\,(r_{\mathrm{wt}})$——边水前缘 r_{wt} 处的原油径向流动速率,kg/s。

假设边水水侵速率与半径的平方差成正比,则有:

$$\frac{\omega_{\mathrm{e}}}{\omega_{\mathrm{ei}}}=\frac{r_{\mathrm{wb}}^2-r^2}{r_{\mathrm{wb}}^2-r_{\mathrm{w}}^2}\approx1-\frac{r^2}{r_{\mathrm{wb}}^2} \tag{2-3-21}$$

式中　ω_{ei}——边水水侵速率,kg/s。

参考考虑蒸汽重力超覆作用而提出的蒸汽和原油之间的拟流度比,由于边水油藏的水侵过程需要考虑流体的重力分异效应,因此提出了边水和原油之间的拟流度比 M^*:

$$M^*=\frac{\mu_{\mathrm{o}}K_{\mathrm{w}}\rho_{\mathrm{w}}\omega_{\mathrm{o}}\,(r_{\mathrm{wt}})}{\mu_{\mathrm{w}}K_{\mathrm{o}}\rho_{\mathrm{o}}\omega_{\mathrm{e}}\,(r_{\mathrm{wb}})} \tag{2-3-22}$$

引入无因次形状因子 A_{R},它反映黏滞力与重力的比值对边水水侵前缘的影响,其公式为:

$$A_{\mathrm{R}}=\left[a\,\frac{\mu_{\mathrm{w}}\omega_{\mathrm{ei}}}{\pi(\rho_{\mathrm{w}}-\rho_{\mathrm{o}})gh^2K_{\mathrm{w}}\rho_{\mathrm{w}}}\right]^{1/2} \tag{2-3-23}$$

将式(2-3-19)~式(2-3-23)代入式(2-3-18)可得:

$$\frac{\partial h_{\mathrm{w}}}{\partial r}=-A_{\mathrm{R}}^2\,\frac{h^2(1-r^2/r_{\mathrm{e}}^2)}{2rh_{\mathrm{w}}\cos\theta}(1-M^*) \tag{2-3-24}$$

将式(2-3-24)两边积分可得边水水侵前缘方程为：

$$\frac{h_{\mathrm{w}}}{h} = A_{\mathrm{R}} \left[\left(\ln \frac{r_{\mathrm{wb}}}{r} - \frac{1}{2} + \frac{r^2}{2r_{\mathrm{wb}}^2} \right) \left(\frac{1-M^*}{\cos \theta} \right) \right]^{1/2} \qquad (2\text{-}3\text{-}25)$$

由式(2-3-25)知，边水前缘的形状与拟流度比 M^*（$0<M^*<1$）、无因次形状因子 A_{R} 以及油藏倾角 θ 有关。当 $M^* \geqslant 1$ 时，方程无意义，代表水驱前缘不稳定，边水沿油层底部快速突进，油藏遭受严重水淹。

2）水侵前缘形状影响因素

利用水侵前缘模型预测不同拟流度比下的前缘形状，如图 2-3-15 所示。从图中可以看出，随着拟流度比的增大，水侵前缘突进加剧；在相同水侵半径情况下，边水波及效率越低，水侵越严重。当拟流度比超过 0.8 时，随着拟流度比的增加，边水在纵向上对油层的波及效率大幅度降低。拟流度比对边水前缘形状起负面作用，且拟流度比越大，边水的波及效率越低，水侵前缘突进越严重。

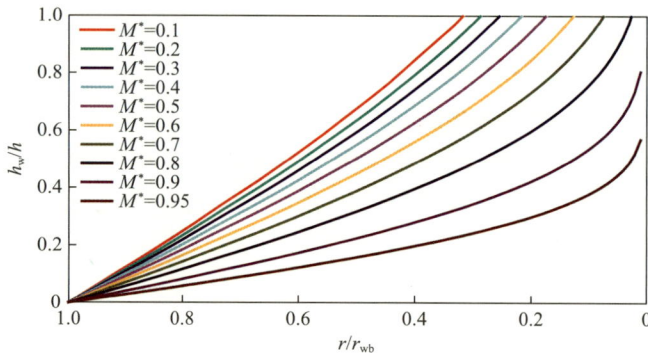

图 2-3-15　不同拟流度比下水驱前缘计算结果

利用水侵前缘模型预测不同无因次形状因子下的前缘形状，如图 2-3-16 所示。无因次形状因子增大产生的影响主要表现在两个方面：一是水侵速率增加，二是水相渗透率降低，水侵前缘突进变缓，边水波及效率提高。当无因次形状因子小于 0.5 时，随着形状因子的增大，边水在纵向上对油层的波及效率提高；当无因次形状因子超过 0.7 时，边水在纵向上波及整个油层，边水的波及效率提高，水侵前缘突进变缓。

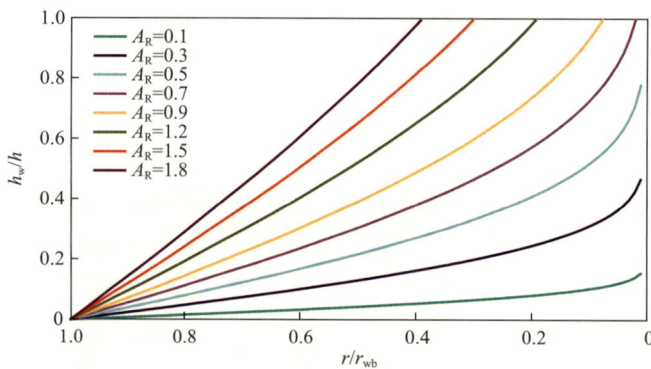

图 2-3-16　不同无因次形状因子下水驱前缘计算结果

利用水侵前缘模型预测不同油藏倾角下的前缘形状,如图 2-3-17 所示。随着油藏倾角的增加,油水重力分异效应减弱,水侵前缘突进变缓;在相同水侵半径情况下,边水波及效率提高。当油藏倾角较小(小于 40°)时,倾角对水侵前缘形状的影响较小;当油藏倾角较大时,水体近似为底水,且重力分异效应越强,油藏倾角对水侵前缘形状影响越大。

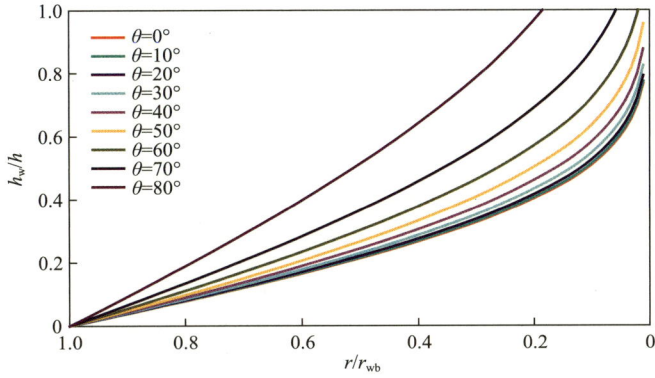

图 2-3-17　不同油藏倾角下水驱前缘计算结果

第 3 章
稠油注蒸汽后剩余油分布与流场

采用蒸汽吞吐、蒸汽驱方式开发的稠油油藏,由于受到储层非均质性的影响,在注蒸汽的中、后期阶段会发生井间窜流,从而降低蒸汽热效率,影响油井的正常生产。发生窜流之后,随着蒸汽注入过程的持续,蒸汽冲刷一方面会导致储层内部的流体饱和度场、流体物性发生变化,另一方面在疏松储层内部会逐渐破坏地层骨架,导致油井出砂,使原有的地层孔隙度、渗透率等发生变化,而这些变化都会导致地层原有的非均质程度加剧,使储层的注汽层内、层间矛盾更加突出。因此,本章主要结合实验测试与理论分析手段,从动态非均质性、汽窜通道识别与表征等方面详细表征稠油油藏注蒸汽后油藏内的流场变化规律,为后期流场改善措施的应用奠定基础。

3.1　厚油层蒸汽超覆模型

蒸汽超覆是指在注蒸汽过程中,蒸汽和冷凝物由于重力分异作用,在油层剖面上产生流速差异的现象。蒸汽超覆是在汽液渗流过程中黏滞力、重力和毛管力及油藏流体间的复杂相互作用下产生的。毛管力是由孔隙结构内流体的界面张力产生的,决定了初始流体饱和度分布和残余油分布,在疏松砂岩稠油油藏中,毛管力的作用较小;黏滞力是在驱替压力下产生的,对流体的水平流动起主要作用;重力是由流体间的密度差产生的,是产生蒸汽超覆的主要动力。

在稠油油藏注蒸汽热采中,蒸汽超覆是非常普遍的问题。蒸汽既作为驱替介质也作为传热介质,可有效地提高稠油开采程度,但蒸汽超覆却大大加快了油藏顶层热量的散失,降低了注入蒸汽的利用程度。另外,蒸汽超覆直接影响剩余油的分布情况,也影响油藏的最终采收率以及注蒸汽开采的年限和油藏的经济效益等。蒸汽超覆程度评价对指导稠油油藏注蒸汽开采的高效进行有着突出的作用。

蒸汽超覆是在黏滞力、重力、毛管力三者的共同作用下形成的。由于重力分异的存在,蒸汽与冷凝物在储层纵向上有不同的流动速度,如图 3-1-1 所示。

在注蒸汽的过程中,蒸汽在油层上部的推进速度快于在油层下部的推进速度,地层中

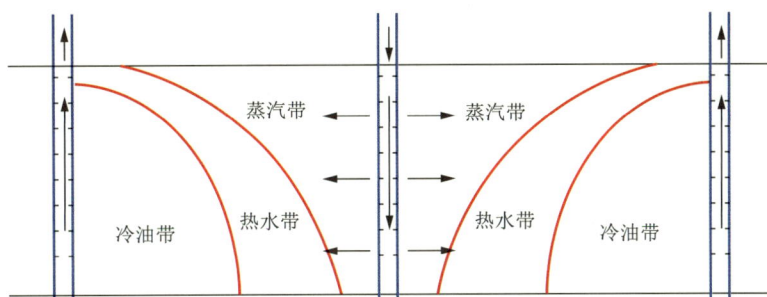

图 3-1-1　蒸汽超覆示意图

蒸汽的推进前缘形成图 3-1-1 所示的漏斗状结构。蒸汽腔与油藏上部有较大的接触面积，造成蒸汽所携热量的散失。顶部蒸汽由注汽井到达生产井之后形成汽窜通道，后续注入的蒸汽大部分从汽窜通道形成汽窜并由生产井产出，造成蒸汽利用率的降低，下部原油越来越难以动用，严重影响油藏的采出程度。因此，了解蒸汽超覆的基本特征并掌握蒸汽超覆程度的评价方法对稠油油藏注蒸汽开采时有效采取措施控制蒸汽超覆、增加对蒸汽的利用率有着积极的意义。

3.1.1　厚油层中汽液渗流特征

对于大孔隙度、大渗透率稠油油藏蒸汽驱，蒸汽在毛管力、压力梯度和浮力的作用下运移。在低渗透储层中，毛管力往往会大于浮力，蒸汽不容易上浮，油汽分异的现象也就不是很明显。然而在高渗透储层中，浮力会大于毛管力，原油和蒸汽有明显的分异现象，产生了蒸汽的超覆。下面从蒸汽的受力和渗流速度两个方面进行分析。

1）受力分析

（1）注汽井和生产井间压力梯度。

根据势的叠加原理，得到注采井间压力和压力梯度表达式：

$$p(r) = \frac{q_1 \mu}{2a\pi Kh}\ln r - \frac{q_2 \mu}{2a\pi Kh}\ln(L-r) + C \tag{3-1-1}$$

$$\frac{\mathrm{d}p}{\mathrm{d}r} = \frac{q_1 \mu}{2a\pi Kh}\frac{1}{r} + \frac{q_2 \mu}{2a\pi Kh}\frac{1}{L-r}h \tag{3-1-2}$$

式中　a——单位换算系数，$a=86.4$；

$p(r)$——r 处的压力，MPa；

$\dfrac{\mathrm{d}p}{\mathrm{d}r}$——$r$ 处的压力梯度，MPa/cm；

q_1——生产井的产油量，cm^3/s；

q_2——蒸汽的注入量，cm^3/s；

h——油层厚度，m；

r——任意点到生产井的距离，m；

K——渗透率，μm^2；

μ——流体黏度，$mPa \cdot s$；

L——注采井间的距离，m；

C——常数。

（2）毛管力。

因为油藏具有不同的润湿性，所以其毛管力不尽相同。当油藏为水湿时，毛管力对蒸汽有驱动作用，其值为正；当油藏为油湿时，毛管力阻碍蒸汽运移，其值为负。毛管力的表达式为：

$$p_c = 2b \frac{\sigma \cos \theta}{r_p} \tag{3-1-3}$$

式中　b——单位换算系数，$b = 10^{-6}$；

p_c——毛管力，MPa；

σ——界面张力，mN/m；

θ——接触角，（°）；

r_p——孔隙半径，mm。

（3）浮力。

稠油油藏注蒸汽开采过程中原油对注入蒸汽有一定的浮力，且在蒸汽突破前，其对蒸汽的浮力约为定值。浮力垂直于地层向上，其表达式为：

$$p_b = b(\rho_l - \rho_s)gz \tag{3-1-4}$$

式中　b——单位换算系数，$b = 10^{-6}$；

p_b——浮力，MPa；

ρ_l——液体的密度，kg/m^3；

ρ_s——蒸汽的密度，kg/m^3；

g——重力加速度，$g = 9.8\ m/s^2$。

纵向压力（浮力）梯度为：

$$\frac{dp_b}{dz} = (\rho_l - \rho_s)g \tag{3-1-5}$$

综上可知，蒸汽突破前的油藏中蒸汽主要受压力梯度、毛管力以及浮力的共同作用。为计算方便，把毛管力分为水平方向和垂直方向上的两个分力。当蒸汽在水平方向上受到的力大于垂直方向上受到的力时，其在垂直方向上的速度较小，垂直方向上运移的蒸汽量也较少，蒸汽主要在水平方向波及，蒸汽超覆不是很明显；当蒸汽在水平方向上受到的力小于垂直方向上受到的力时，蒸汽超覆现象较为明显，蒸汽在水平方向的波及相对较小。

2）渗流速度分析

将蒸汽的渗流速度分为垂直方向上的渗流速度和水平方向上的渗流速度，蒸汽渗流速度在垂直方向上的分量是在浮力和毛管力的共同作用下产生的。按照达西定律，注采井间某一位置蒸汽在垂直方向上的渗流速度为：

$$v_{sv} = -a \frac{K_v K_{rs}}{\mu_s} \frac{d(p_b \pm p_c)}{dz} \tag{3-1-6}$$

式中　a——单位换算系数，$a=10^{-3}$；

$\quad\quad v_{sv}$——蒸汽在垂直方向上的渗流速度，m/s；

$\quad\quad K_v$——垂向渗透率；

$\quad\quad K_{rs}$——蒸汽的相对渗透率；

$\quad\quad \mu_s$——蒸汽黏度，mPa·s。

蒸汽渗流速度的径向瞬时渗流速度是在井间压力梯度和毛管力共同作用下产生的。按照达西定律，注采井间某一位置蒸汽的径向渗流速度为：

$$v_{sh}=a\frac{K_h K_{rs}}{\mu_s}\frac{\mathrm{d}(p\pm p_c)}{\mathrm{d}x} \tag{3-1-7}$$

式中　v_{sh}——蒸汽径向渗流速度，m/s；

$\quad\quad K_h$——水平方向渗透率，μm^2。

若不考虑毛管力作用，直井注蒸汽时，同时存在侧向和垂向流速，蒸汽的纵横速度之比为：

$$\frac{v_{sv}}{v_{sh}}=a\frac{2\pi r h}{q_{ws}}\frac{K_{sv}}{\mu_s}(\rho_l-\rho_s)g \tag{3-1-8}$$

式中　a——单位换算系数，$a=8.64\times10^{-5}$；

$\quad\quad h$——油层厚度，m；

$\quad\quad r$——距注入井径向位置，m；

$\quad\quad q_{ws}$——蒸汽体积流量，m^3/d；

$\quad\quad \rho_l$——液相密度，kg/m^3；

$\quad\quad K_{sv}$——垂向有效渗透率，μm^2。

由式（3-1-8）可以看出，注汽速度越小，越容易形成蒸汽超覆；油层厚度越大，越容易产生蒸汽超覆，且离注入井点越远，超覆程度越大。注蒸汽开发过程中，蒸汽超覆会产生汽窜，致使注入蒸汽的热效率降低，因此蒸汽超覆是注蒸汽热采的负效应。若注蒸汽井为水平井，则蒸汽的纵横速度之比为：

$$\frac{v_{sv}}{v_{sh}}=\frac{K_{sv}}{\mu_s}\frac{2h\sqrt{2\pi L x}}{q_{ws}}(\rho_l-\rho_s)g \tag{3-1-9}$$

式中　L——水平井长度，m；

$\quad\quad x$——距注入井轴的水平距离，m。

可以看出，与直井注蒸汽相比，水平井注蒸汽开采中油层厚度对超覆的影响减弱。

3.1.2　注蒸汽驱替超覆模型

1）线性驱替超覆模型

如图 3-1-2 所示，当汽液界面形成并达到稳定后，垂直于油层的平面上各点的势均相等。

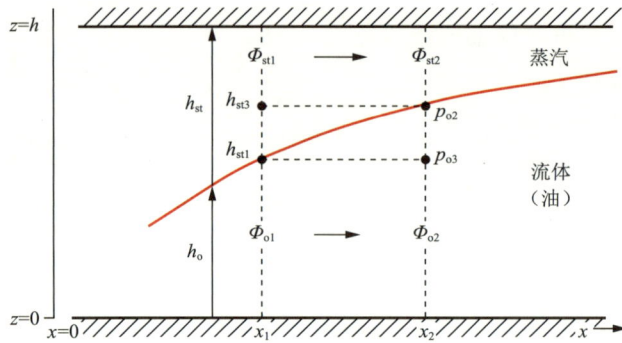

图 3-1-2　线性驱替汽液界面分布示意图

在汽液界面上：

$$p_{s1} - p_{o1} = p_{s2} - p_{o2} \tag{3-1-10}$$

取 $\Delta x \rightarrow 0$ 的极限可得：

$$\frac{\partial \Phi_s}{\partial x} - \frac{\partial \Phi_o}{\partial x} = b(\rho_o - \rho_s)g\frac{\partial h_s}{\partial x} \tag{3-1-11}$$

由达西定律得：

$$\frac{\partial \Phi_s}{\partial x} = -a\frac{\mu_s i_s}{Bh_s K_s \rho_s} \tag{3-1-12}$$

$$\frac{\partial \Phi_o}{\partial x} = -a\frac{\mu_o i_o}{B(h-h_s)K_o \rho_o} \tag{3-1-13}$$

式中　Φ_s, Φ_o ——蒸汽和原油的流动势，MPa；

　　　h_s ——蒸汽超覆高度，m；

　　　h ——油层厚度，m；

　　　B ——油藏宽度，m；

　　　i_s ——油层中蒸汽质量速率，kg/s；

　　　i_o ——油层中原油质量速率，kg/s；

　　　K_o, K_s ——原油和蒸汽的有效渗透率，μm^2。

图 3-1-3 为油层中汽液界面处蒸汽和原油的质量速率变化。

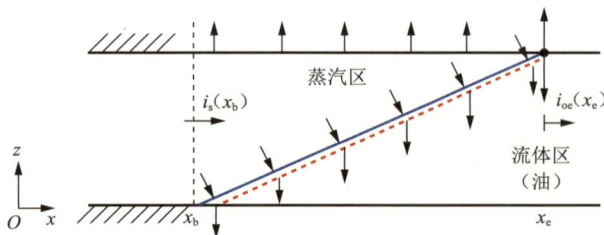

图 3-1-3　汽液界面处蒸汽和原油质量速率分布

油层中蒸汽和原油的质量速率(i_s, i_o)与汽液界面底界处蒸汽和顶界处原油质量速率（i_{sb}, i_{oe}）的关系为：

$$i_s = i_{sb} \frac{h_s}{h} \tag{3-1-14}$$

$$i_o = i_{oe} \left(1 - \frac{h_s}{h}\right) \tag{3-1-15}$$

式中 i_{sb}——汽液界面底界处蒸汽质量速率，kg/s；

      i_{oe}——汽液界面顶界处原油质量速率，kg/s。

由式(3-1-11)～式(3-1-15)得：

$$\frac{\partial h_s}{\partial x} = -a \frac{\mu_s i_{sb}}{B(\rho_o - \rho_s) g K_s \rho_s h} \left(1 - \frac{\mu_o}{\mu_s} \frac{K_s}{K_o} \frac{i_{oe}}{i_{sb}} \frac{\rho_s}{\rho_o}\right) \tag{3-1-16}$$

式(3-1-16)反映了注蒸汽线性驱替的汽液界面形状，表明了蒸汽超覆的程度。令

$$A_{ld} = a \frac{\mu_s i_{sb}}{B(\rho_o - \rho_s) g K_s \rho_s h} \tag{3-1-17}$$

$$M_{eq}^* = \frac{\mu_o^*}{\mu_s} \frac{K_s}{K_o} \frac{i_{oe}}{i_{sb}} \frac{\rho_s}{\rho_o} \tag{3-1-18}$$

则式(3-1-16)可改写为：

$$\frac{\partial h_s}{\partial x} = -A_{ld}(1 - M_{eq}^*) \tag{3-1-19}$$

式中 A_{ld}——线性驱替蒸汽超覆形状系数；

      μ_o^*——对应蒸汽温度下的凝析液黏度，mPa·s；

      M_{eq}^*——等效流度比。

对式(3-1-19)积分得：

$$\int_0^{h_s} dh_s = -A_{ld}(1 - M_{eq}^*) \int_{x_e}^x dx \tag{3-1-20}$$

$$h_s = A_{ld}(1 - M_{eq}^*)(x_e - x) \tag{3-1-21}$$

$$x_b(\tau) = x_e(\tau) - \frac{h_s}{A_{ld}(1 - M_{eq}^*)} \tag{3-1-22}$$

对于汽液界面稳定传热，界面下方凝析液体包括受热原油和凝析水，凝析液体的黏度与水相近，在一定驱替压力下，汽液黏度比及有效渗透率相差不大，但汽液的密度相差很大，因此 M_{eq}^* 通常小于 1。如果 $M_{eq}^* \ll 1$，则汽液界面形状主要取决于形状系数 A_{ld}，A_{ld} 中包含注汽速度、蒸汽密度、蒸汽有效渗透率等。显然，如果原油黏度较大，则界面下方凝析液体的黏度相应也较大，M_{eq}^* 将增大，甚至 $M_{eq}^* \geqslant 1$，驱替界面呈现不稳定状态。

对于线性驱替蒸汽超覆形状系数 A_{ld}，在计算过程中，x_b 处蒸汽质量速率 i_{sb} 不易确定，常取注汽端或注汽井的蒸汽质量速率 i_{si}，但由于 x_b 处存在热损失，i_{sb} 通常小于注汽端蒸汽质量速率 i_{si}，所以计算出的蒸汽超覆形状系数 A_{ld} 比实际值大。

2）径向驱替超覆模型

如图 3-1-4 所示，类似于注蒸汽线性驱替过程，取 $\Delta r \to 0$ 的极限可得：

$$\frac{\partial \Phi_s}{\partial r} - \frac{\partial \Phi_o}{\partial r} = (\rho_o - \rho_s) g \frac{\partial h_s}{\partial r} \tag{3-1-23}$$

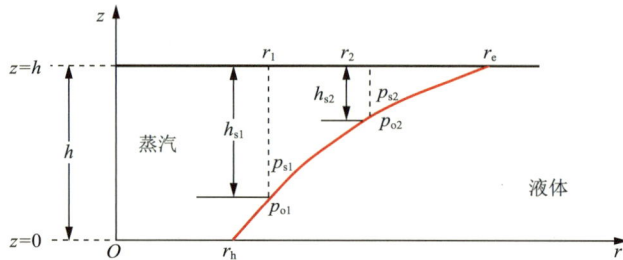

图 3-1-4　径向驱替汽液界面分布示意图

由达西定律得：

$$\frac{\partial \Phi_s}{\partial r} = -a \frac{\mu_s i_s}{2\pi r h_s K_s \rho_s} \tag{3-1-24}$$

$$\frac{\partial \Phi_o}{\partial r} = -a \frac{\mu_o i_o}{2\pi r (h - h_s) K_o \rho_o} \tag{3-1-25}$$

由式（3-1-23）～式（3-1-25）得：

$$\frac{\partial h_s}{\partial r} = -a \frac{\mu_s i_s}{2\pi r (\rho_o - \rho_s) g K_s \rho_s h_s} \left(1 - M_{eq}^* \frac{h_s}{h - h_s} \frac{i_o}{i_s} \frac{i_{sb}}{i_{oe}}\right) \tag{3-1-26}$$

式（3-1-26）反映了注蒸汽径向驱替的汽液界面形状，表明了蒸汽超覆的程度。令

$$A_{rd}^2 = a \frac{\mu_s i_{si}}{\pi (\rho_o - \rho_s) g h^2 K_s \rho_s} \tag{3-1-27}$$

式中　A_{rd}——径向驱替蒸汽超覆形状系数；

　　　i_{si}——注汽端或注汽井的蒸汽质量速率，kg/s。

汽液界面底界处蒸汽质量速率 i_{sb} 通常取注汽端或注汽井的蒸汽质量速率 i_{si}。一般情况下：

$$\frac{h_s}{h - h_s} \frac{i_o}{i_s} \frac{i_{sb}}{i_{oe}} \approx 1 \tag{3-1-28}$$

当 $M_{eq}^* \ll 1$ 时，式（3-1-26）可改写为：

$$\frac{\partial h_s}{\partial r} = -A_{rd}^2 \frac{h^2}{2r h_s} \frac{i_s}{i_{si}} \tag{3-1-29}$$

A_{rd} 是注汽速率（即蒸汽质量速率）的函数，若汽液界面形状系数存在最大值，即在一定注汽速率 i_s 下汽液界面最陡，则此时蒸汽超覆程度最小。

可以看出，当井底蒸汽干度不变时，注汽速率越小，蒸汽流速越小，油层中越易形成蒸汽超覆，因此在蒸汽吞吐阶段注汽速率较大，通常不考虑蒸汽超覆。蒸汽超覆与油层厚度有关，油层厚度越大，相同注汽速率下的蒸汽线速度越小，油层内越容易产生蒸汽超覆。

对于蒸汽超覆,可以通过间歇性注采调整使油层内流体发生重新分布,从而使油层的宏观加热范围增大。

3) 注汽直井井底积液模型

某时刻,在宏观加热半径 r_h 范围内,若油层中蒸汽质量速率 i_s 与注汽端或注汽井的蒸汽质量速率 i_{si} 满足:

$$\frac{i_s}{i_{si}} = \frac{r_h^2 - r^2}{r_h^2 - r_w^2} = 1 - \frac{r^2}{r_h^2} \tag{3-1-30}$$

则将式(3-1-30)代入式(3-1-29)并积分得:

$$\frac{2}{A_{rd}^2 h^2} \int_0^{h_s} h_s \mathrm{d}h_s = -\int_{r_h}^{r} \left(\frac{1}{r} - \frac{r}{r_h^2} \right) \mathrm{d}r \tag{3-1-31}$$

$$\frac{h_s}{h} = A_{rd} \sqrt{\ln \frac{r_h}{r} - \frac{1}{2} \left(1 - \frac{r^2}{r_h^2} \right)} \tag{3-1-32}$$

由于 $h_s |_{r=r_b} = h$,因此可以计算出 r_b。显然,$r_b > r_w$ 表明汽液界面底界到达油层底面;$r_b < r_w$ 表明汽液界面底界未到达油层底面,而是处于井筒中某一深度。图 3-1-5 为不同加热半径 r_h 和不同汽液界面形状系数 A_{rd} 下汽液界面的分布情况。

可以看出,当 $A_{rd} > 1$ 时,汽液界面底界沿底面进入油层中,井筒内无积液;当 $A_{rd} < 1$ 时,汽液界面底界未到达油层底面,井筒内存在积液,积液厚度为 $h_w = h - h_s$。考虑表皮系数 S 后的积液程度(即积液厚度比)为:

$$\frac{h_w}{h} = 1 - A_{rd} \sqrt{\ln \frac{r_h}{r_w} - \frac{1}{2} \left(1 - \frac{r_w^2}{r_h^2} \right) + S} \tag{3-1-33}$$

令

$$LNTM = \ln \frac{r_h}{r_w} - \frac{1}{2} \left(1 - \frac{r_w^2}{r_h^2} \right) + S$$

图 3-1-5　不同汽液界面形状系数下汽液界面分布

则式(3-1-33)可写:

$$\frac{h_w}{h} = 1 - A_{rd} \sqrt{LNTM} \tag{3-1-34}$$

注蒸汽过程中加热半径 r_h 随时间不断变化。图 3-1-6 为井筒积液程度随汽液界面形状系数 A_{rd} 和 $LNTM$ 的变化图版。

若 $A_{rd} = 0.25$,$LNTM = 5$,则查图版得井筒积液程度约为 50%。对于实际注蒸汽油层,$LNTM$ 的变化范围一般为 $3 \sim 6.25$。根据注蒸汽超覆模型,蒸汽区的平均厚度为 $0.5 A_{rd} h$,因此注蒸汽油层纵向波及系数为 $0.5 A_{rd}$。可以看出,由蒸汽超覆造成的井筒积液将对油层纵向吸汽产生较大影响。

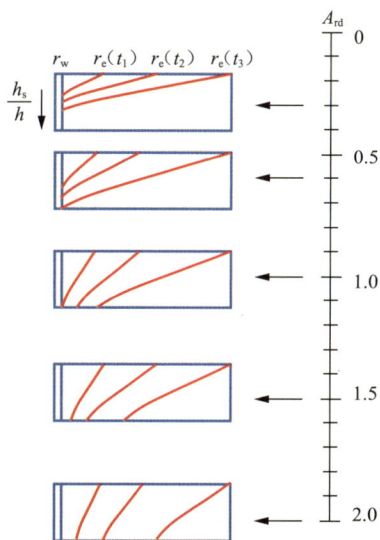

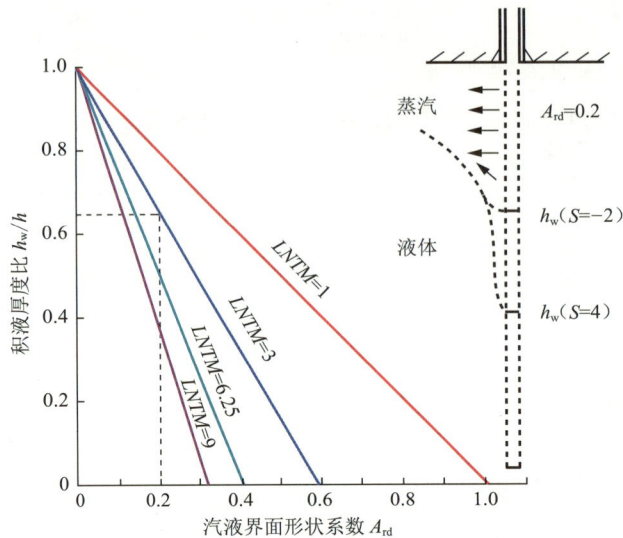

图 3-1-6　井筒积液程度的变化图版

3.1.3　韵律储层蒸汽超覆特征

1）多油层蒸汽超覆程度

（1）垂向流量比。

垂向流量比（f）为注采井之间某一位置上蒸汽在垂直方向上的流动速度（v_v）与总的流动速度（$v_v + v_h$）的比值，用公式可表示为：

$$f = \frac{v_v}{v_v + v_h} = \frac{K_v \frac{\partial p}{\partial z}}{K_v \frac{\partial p}{\partial z} + K_h \frac{\partial p}{\partial x}} \tag{3-1-35}$$

蒸汽在任意位置上的垂向流量比 f 表征的是该区域内注入蒸汽超覆能力的大小。若 f 较大，则蒸汽向上层油藏运移的量会较多，蒸汽超覆的现象就较明显。在靠近注汽井处，$\partial p / \partial x$ 较大，即蒸汽在径向上受到的力大于在垂向上受到的力，所以蒸汽沿径向上的速度较大，运移较多，超覆情况并不严重；在远离注汽井的中间地带，$\partial p / \partial x$ 减小，同时浮力产生的作用变得愈加显著，垂向上蒸汽的运移加强，超覆能力达到最强。

（2）超覆程度。

引入 A 来表示注蒸汽油藏中蒸汽的超覆程度，其物理意义为垂直方向上的累积蒸汽运移量与累积注蒸汽量之比。因此，油层中某一时刻的蒸汽超覆程度 A_i 可以用数值迭代的方式表达出来：

$$A_i = (1 - A_{i-1}) f_i + A_{i-1} \tag{3-1-36}$$

　　将注汽井和生产井之间的距离均分为 $N(>2)$ 段,当蒸汽运动至第 $i(0<i<N)$ 段时,油层的蒸汽超覆程度等于此处的径向蒸汽运移量乘以垂向流量比再加上第 $i-1$ 段的超覆程度。一般来说,$0<A_i<1$,且 A_i 愈接近 1,蒸汽超覆现象愈明显。

　　2) 韵律储层蒸汽超覆程度影响因素

　　(1) 油层厚度对蒸汽超覆程度的影响。

　　油层厚度对蒸汽超覆有较大的影响。为探究油层厚度对蒸汽超覆程度的影响,选取不同厚度的油层进行数值模拟。选取的油层厚度分别为 6 m,12 m,18 m,24 m,30 m。为保证注汽强度相同,确定各油层厚度对应的注汽速度分别为 50 t/d,100 t/d,150 t/d,200 t/d,250 t/d。因单独研究油层厚度的影响,故渗透率定为 $3\,000\times10^{-3}\ \mu m^2$,极限油汽比取 0.12,其他参数保持不变。

　　一般来说,当油藏压力在 3～5 MPa 之间、温度在 233～264 ℃ 之间时,为饱和蒸汽。不同模拟方案的蒸汽腔发育情况如图 3-1-7 所示。

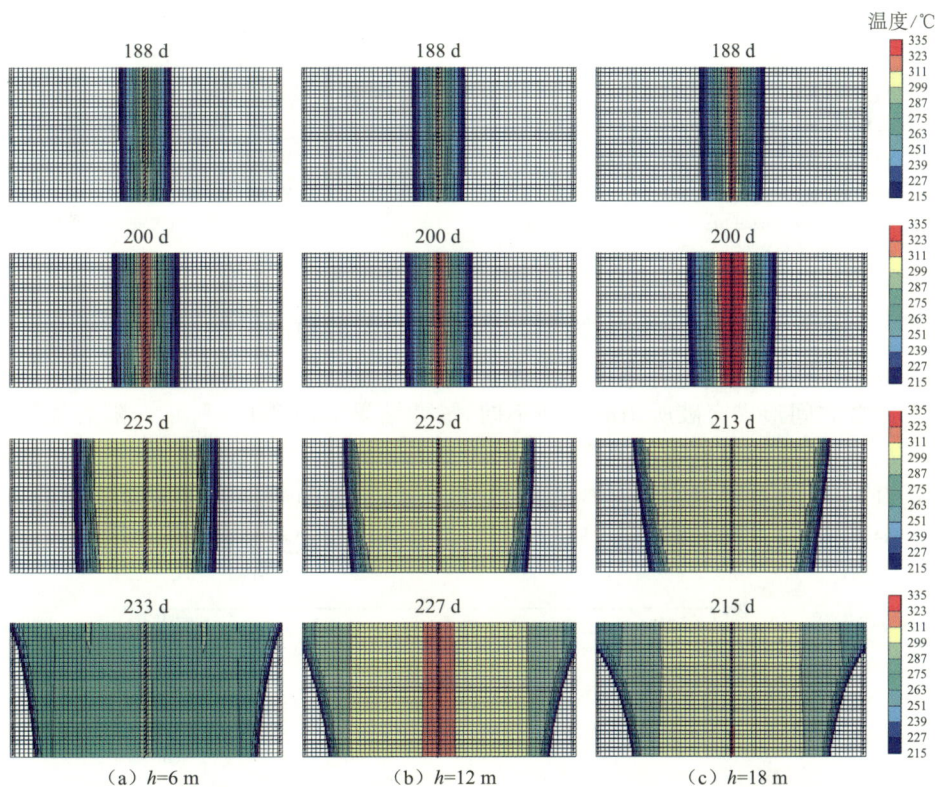

图 3-1-7　不同厚度油层蒸汽腔的发育过程

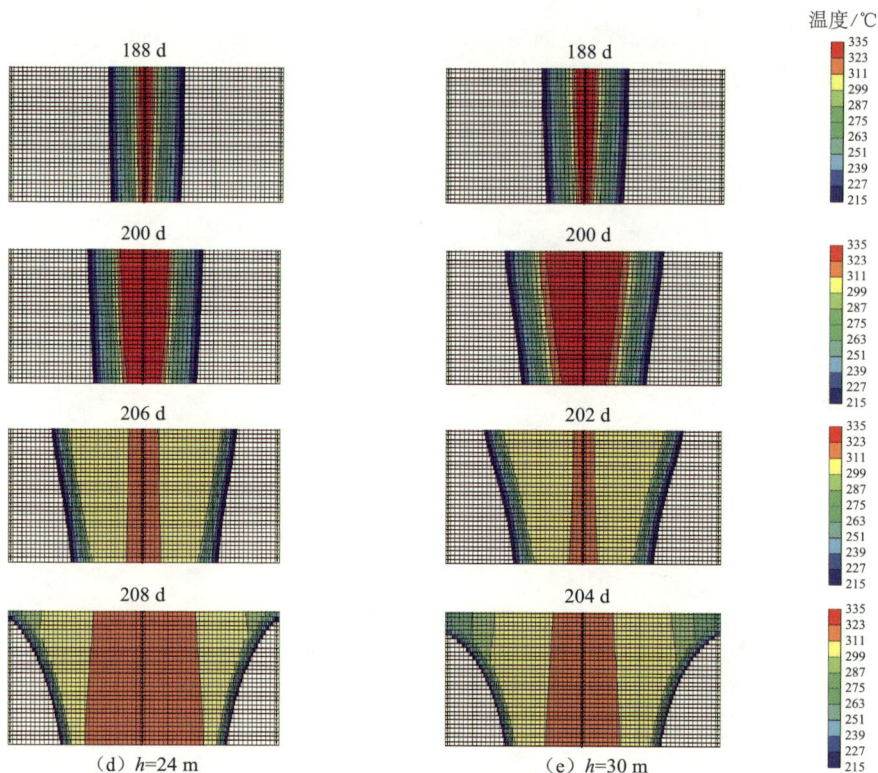

图 3-1-7(续) 不同厚度油层蒸汽腔的发育过程

由图中可以看出,随着油层厚度的增加,蒸汽超覆的程度不断增大,且厚度大的油层产生蒸汽超覆的时间较早。由每组图的最后一张图可以看出,厚度不同的油层蒸汽由注汽井到生产井之间形成突破所用的时间不同,统计结果如图 3-1-8 所示。随着油层厚度的增加,蒸汽、热水、原油等流体在地层中受到的重力分异作用更加明显,由于蒸汽和热水所携带的热量不同,对底层原油的加热程度不同,所以上部的原油黏度下降得更低,更容易被驱动。因此,出现了随油层厚度的增加蒸汽突破的时间减少的情况。

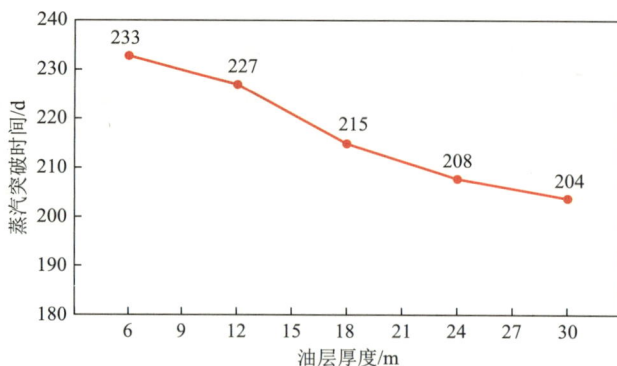

图 3-1-8 不同厚度油层蒸汽突破时间

蒸汽突破后,蒸汽腔在注采井间形成连通,导致相当一部分注入的蒸汽直接从生产井产出,极大地降低了蒸汽的利用效率,油汽比也开始明显下降。

为了将蒸汽超覆的程度做简单的量化处理,采用不同时刻的蒸汽腔在油层上部和油层下部推进距离之差与注采井之间距离的比值来表征不同地层不同时间的蒸汽超覆程度,将计算的数据绘制成图 3-1-9。

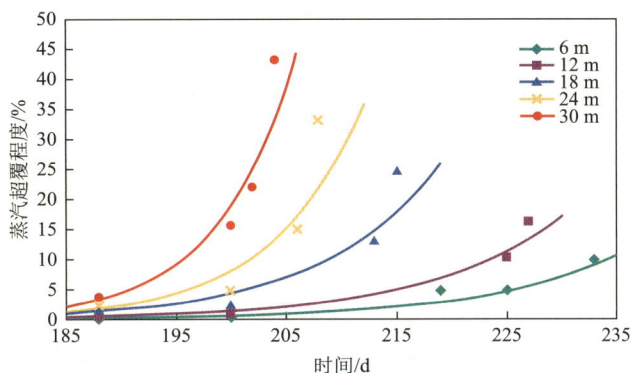

图 3-1-9　不同油层厚度蒸汽超覆程度随注汽时间变化曲线

从图中可以看出,油层厚度大的油藏的蒸汽超覆程度及其增长速度都高于油层厚度小的油藏。当油层厚度大于 18 m 时,蒸汽超覆的程度和增长速度明显增大,即蒸汽腔发育的速度较快,蒸汽在垂向上的速度差异性较为明显。

(2) 渗透率对蒸汽超覆程度的影响。

在油层韵律和渗透率级差不变的情况下,改变地层的渗透率,研究渗透率对蒸汽超覆程度的影响。采用之前的基本地质模型,选择级差为 3 的反韵律油藏,地层厚度为 6 m,非均质地层的渗透率分别选择 $3\,000\times10^{-3}$ $\mu m^2/1\,000\times10^{-3}$ μm^2,$6\,000\times10^{-3}$ $\mu m^2/2\,000\times10^{-3}$ μm^2,$9\,000\times10^{-3}$ $\mu m^2/3\,000\times10^{-3}$ μm^2,极限油汽比取 0.12,其他参数保持不变。

当油藏压力在 3~5 MPa 之间、温度在 233~264 ℃ 之间时,为饱和蒸汽。不同渗透率下蒸汽腔随蒸汽注入的发育情况如图 3-1-10 所示。

从图 3-1-10 中可以看出,渗透率越大,蒸汽腔的超覆现象形成得越早。由图 3-1-10(c)可以看出,当渗透率较大,在生产井出现蒸汽突破时,蒸汽腔依然没有波及油层底部。其原因是渗透率较大时蒸汽在其中径向运动的阻力较小,而纵向上汽液的重力分异作用变化较小,故蒸汽腔在径向上的发育速度增大,同时也抑制了其在纵向上的发育程度。

由图 3-1-10 中每组图的最后一张图可以看出,对于渗透率不同的油层,蒸汽由注汽井到生产井之间形成突破所用的时间不同,统计结果如图 3-1-11 所示。根据计算数据得到不同渗透率油层蒸汽超覆程度随注汽时间的变化,如图 3-1-12 所示。

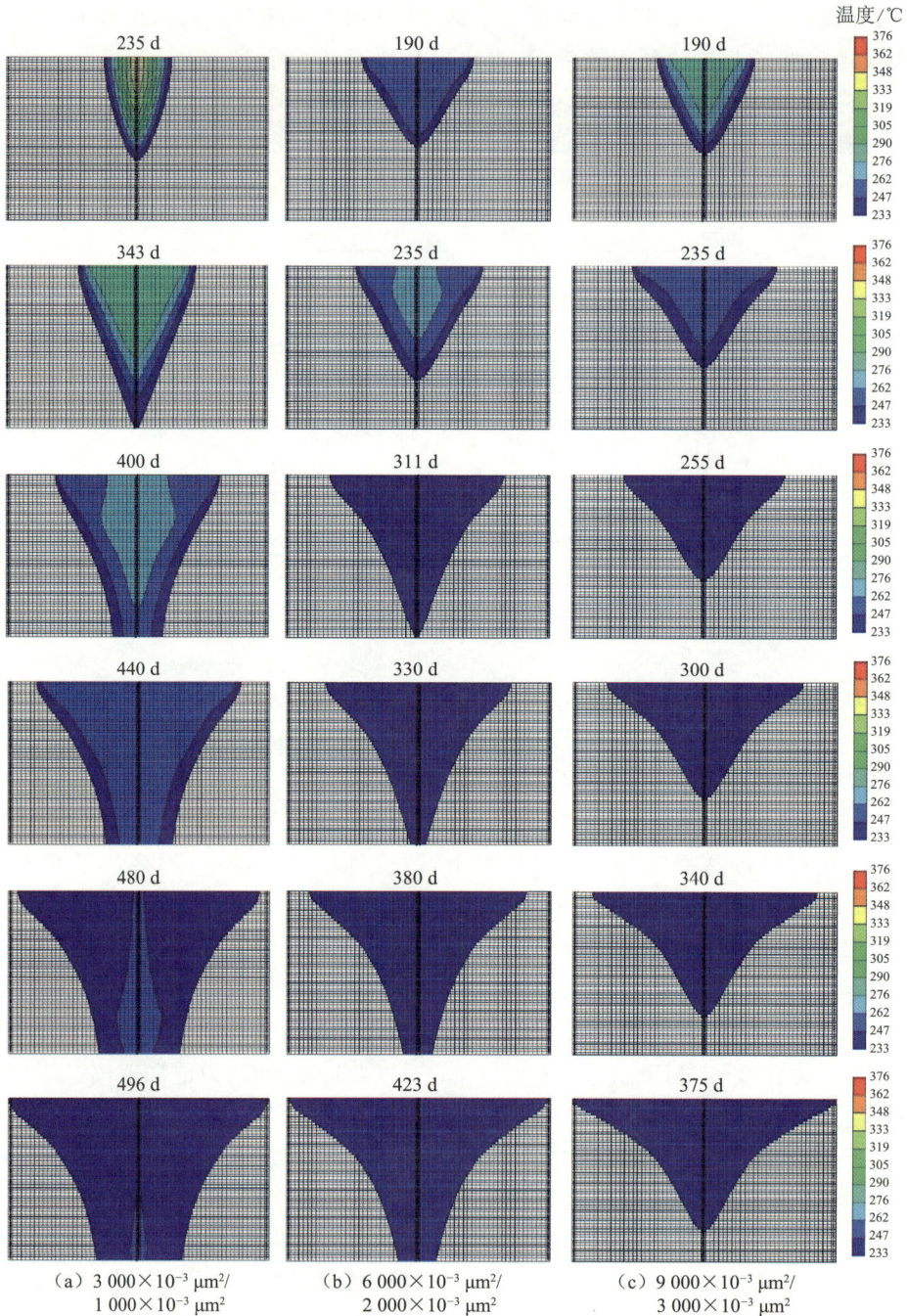

图 3-1-10　不同渗透率油层蒸汽腔的发育过程

　　从图中可以看出,地层渗透率越大,蒸汽突破的时间越短,蒸汽超覆的程度和后期超覆程度增长的速度也就越大,即蒸汽超覆现象越明显。同时,通过对比图 3-1-9 和图 3-1-12 中曲线的斜率可以看出,渗透率对蒸汽超覆程度的影响要小于油层厚度对蒸汽超覆程度的影响。

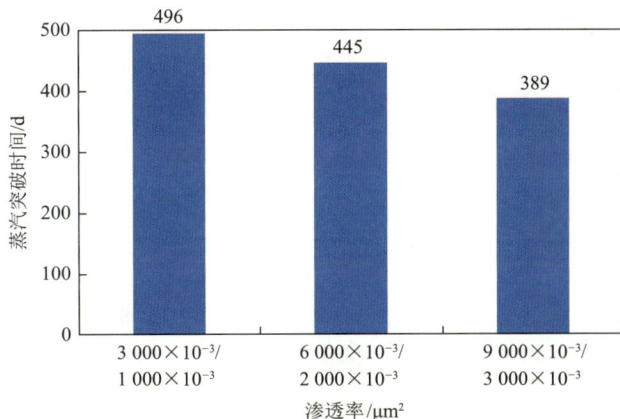

图 3-1-11　不同渗透率油层蒸汽突破时间

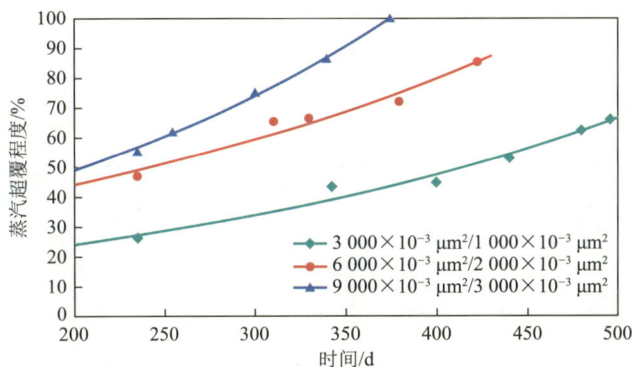

图 3-1-12　不同渗透率油层蒸汽超覆程度随注汽时间变化曲线

图 3-1-13 反映的是不同渗透率油层在达到模拟终止条件时,采收率随注汽时间的变化曲线。从图中可以看出,渗透率越大的油藏最终采收率越小,因此最终采收率的变化与蒸汽超覆程度的变化是一致的,即渗透率越大,蒸汽超覆程度越严重,蒸汽利用率越小,最终采收率也就越小。

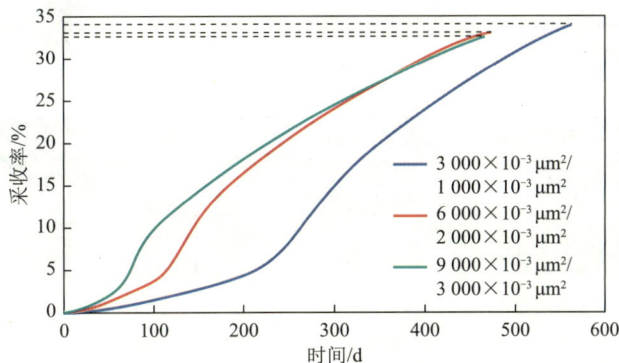

图 3-1-13　不同渗透率油层采收率随注汽时间的变化曲线

（3）渗透率级差对蒸汽超覆程度的影响。

分别选取渗透率级差为 3,6 和 9 的 3 组反韵律地层,其渗透率分别为 $3\,000\times10^{-3}\,\mu m^2/1\,000\times10^{-3}\,\mu m^2$,$6\,000\times10^{-3}\,\mu m^2/1\,000\times10^{-3}\,\mu m^2$,$9\,000\times10^{-3}\,\mu m^2/1\,000\times10^{-3}\,\mu m^2$。油层厚度为 30 m,极限油汽比取 0.12,其他参数保持不变。

不同渗透率级差下油层蒸汽腔随蒸汽注入的发育情况如图 3-1-14 所示。

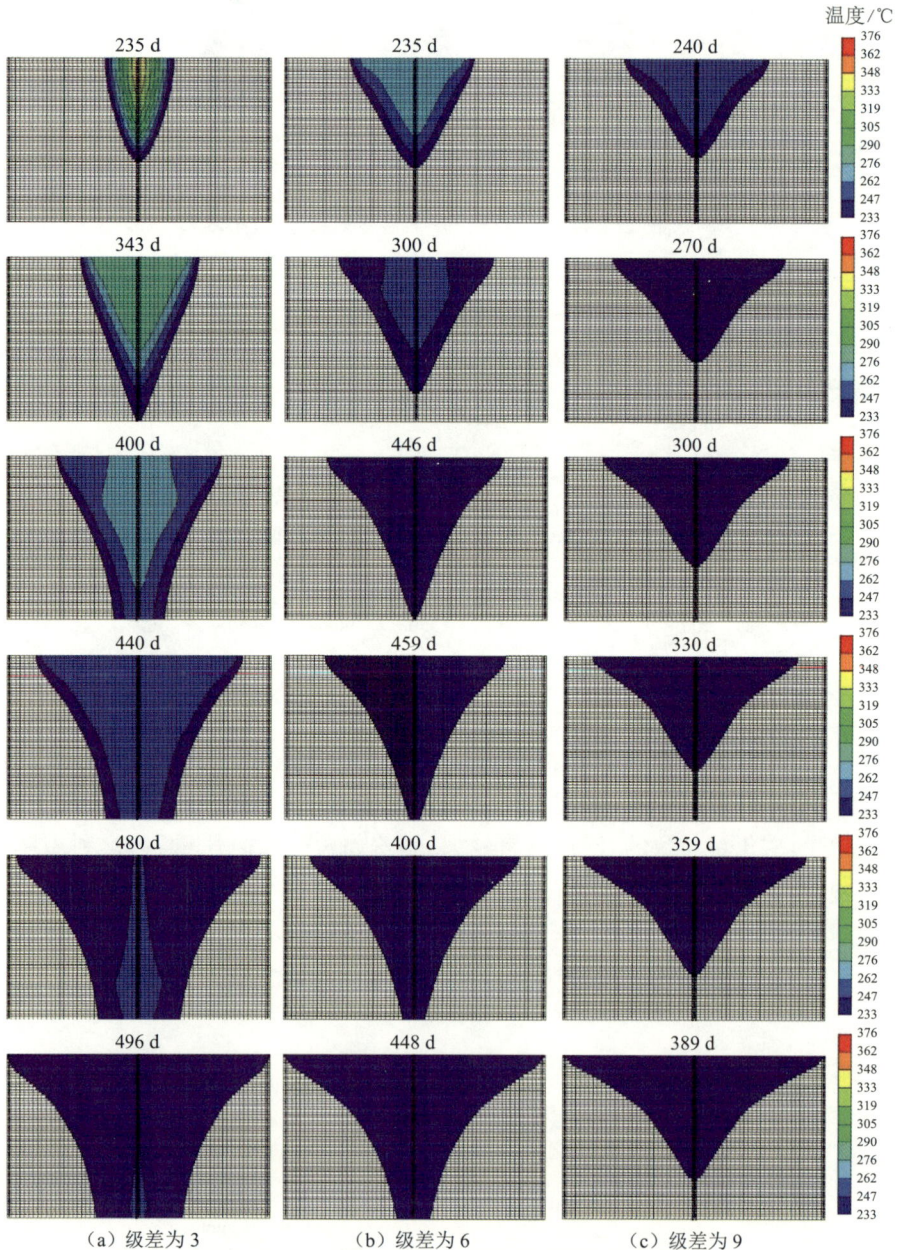

（a）级差为 3　　（b）级差为 6　　（c）级差为 9

图 3-1-14　不同渗透率级差油层蒸汽腔的发育过程

从图中可以看出,渗透率级差越大,蒸汽腔的超覆现象形成得越早。当渗透率级差较大,在生产井出现蒸汽突破时,蒸汽腔依然没有波及油层底部。其原因是渗透率级差增大时,蒸汽在高渗地层中运动的阻力较小,而在低渗地层中运动的阻力较大,故蒸汽腔在高渗区的发育速度大于低渗区,加剧了蒸汽超覆现象,导致地层纵向上的吸汽不均现象进一步加剧。

由每组图的最后一张图可以看出,渗透率级差不同的油层蒸汽由注汽井到生产井之间形成突破所用的时间不同,统计结果如图 3-1-15 所示。

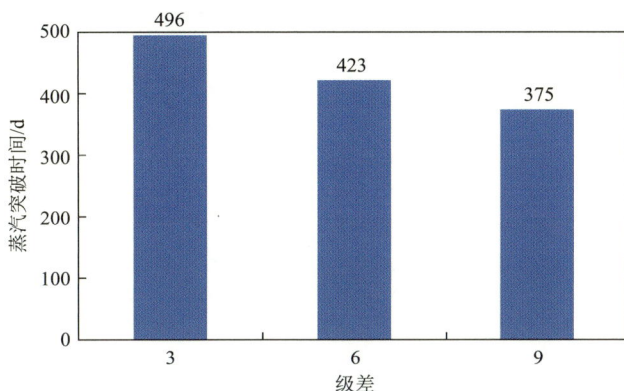

图 3-1-15　不同渗透率级差油层蒸汽突破时间

从图中可以看出,对于渗透率级差为 3,6 和 9 的油层,蒸汽突破的时间分别为 496 d,448 d 和 389 d,即渗透率级差越大,蒸汽突破的时间越短,蒸汽的利用率也就越低。这决定了生产井无水采油期的长短。

通过计算蒸汽腔在油层顶底部距离之差与注采井之间的距离之比得到蒸汽超覆程度,将数据绘制成不同渗透率级差地层的蒸汽超覆程度随注汽时间的变化曲线,如图 3-1-16 所示。

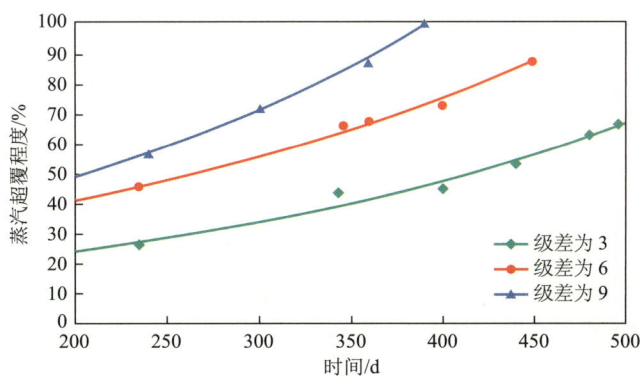

图 3-1-16　不同渗透率级差油层蒸汽超覆程度随注汽时间的变化曲线

从图中可以看出,地层的渗透率级差越大,蒸汽超覆的程度及其增长速度也越大。对比图 3-1-12 和图 3-1-16 可以看出,渗透率和渗透率级差对蒸汽超覆程度的影响差别不大。其原因是,对于反韵律地层,渗透率大的地层在上部,蒸汽腔主要在油层上部的高渗部位扩展,而下部低渗区域吸汽很少,所以渗透率级差的改变并没有改变蒸汽腔主要在油层上部高渗部位扩展的过程,也就没有对蒸汽超覆程度产生较大的影响。相比之下,油层高渗区域的渗透率大小对蒸汽超覆程度有较大的影响。

图 3-1-17 反映的是不同渗透率级差的油层在模拟终止时采收率随时间的变化曲线。可以看出,渗透率级差越大的油藏最终采收率越小,因此渗透率级差对最终采收率的影响与对蒸汽超覆程度的影响是一致的,即渗透率级差越大,蒸汽超覆程度越严重,蒸汽利用率越小,最终采收率也越小。

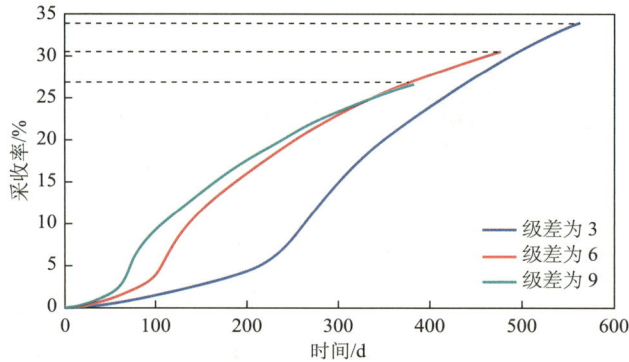

图 3-1-17　不同渗透率级差油层采收率随注汽时间的变化

（4）地层韵律对蒸汽超覆程度的影响。

选取两组正韵律地层和反韵律地层,其渗透率分别为 $3\,000\times10^{-3}\ \mu m^2/1\,000\times10^{-3}\ \mu m^2$,$1\,000\times10^{-3}\ \mu m^2/3\,000\times10^{-3}\ \mu m^2$;$6\,000\times10^{-3}\ \mu m^2/2\,000\times10^{-3}\ \mu m^2$,$2\,000\times10^{-3}\ \mu m^2/6\,000\times10^{-3}\ \mu m^2$,同一组地层的渗透率级差和渗透率都相同,从而形成两组不同韵律地层的对比。此外,油层厚度为 30 m,极限油汽比取 0.12,其他参数保持不变。

不同韵律地层的蒸汽腔随蒸汽注入的发育情况如图 3-1-18 所示。

图 3-1-18 中,(a)和(c)为反韵律地层,(b)和(d)为正韵律地层。可以看出,反韵律地层由于上部渗透率大,蒸汽运移时的阻力较小,所以蒸汽超覆现象较为严重;相比之下,正韵律地层由于其上部渗透率小而下部渗透率大,蒸汽在下部运移时的阻力较小,所以蒸汽腔优先从油层下部扩展,正好对蒸汽超覆起到了减弱的作用,但随着蒸汽的持续注入,油藏下部高渗透率区域还是会有微小的超覆现象,并且蒸汽腔最终也是从高渗透区域的上部突破的。

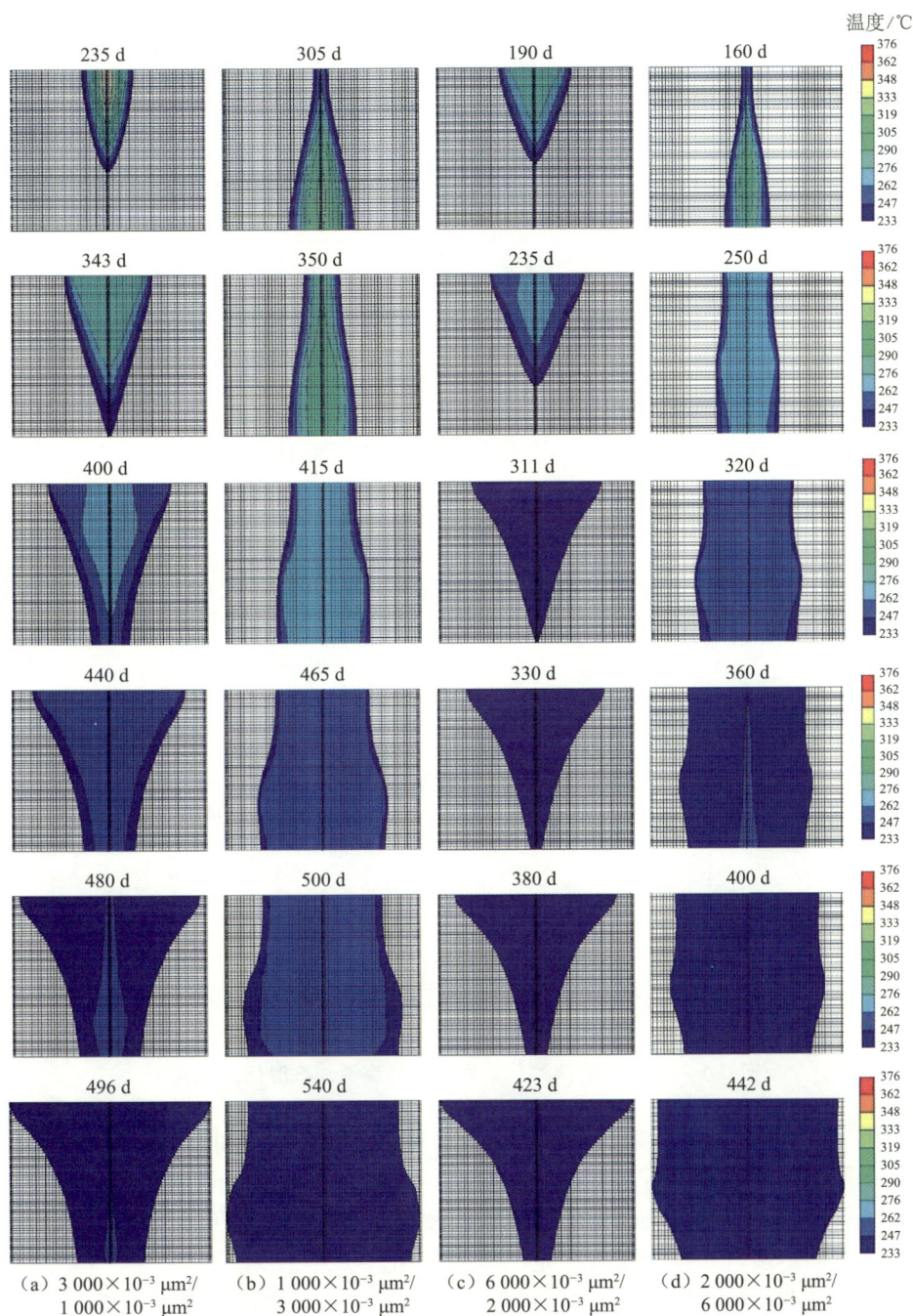

温度/℃

（a）3 000×10⁻³ μm²/ 1 000×10⁻³ μm²   （b）1 000×10⁻³ μm²/ 3 000×10⁻³ μm²   （c）6 000×10⁻³ μm²/ 2 000×10⁻³ μm²   （d）2 000×10⁻³ μm²/ 6 000×10⁻³ μm²

图 3-1-18   不同韵律油层蒸汽腔的发育过程

由每组图的最后一张图可以看出，韵律不同的油层蒸汽由注汽井到生产井之间形成突破所用的时间不同，统计结果如图 3-1-19 所示。

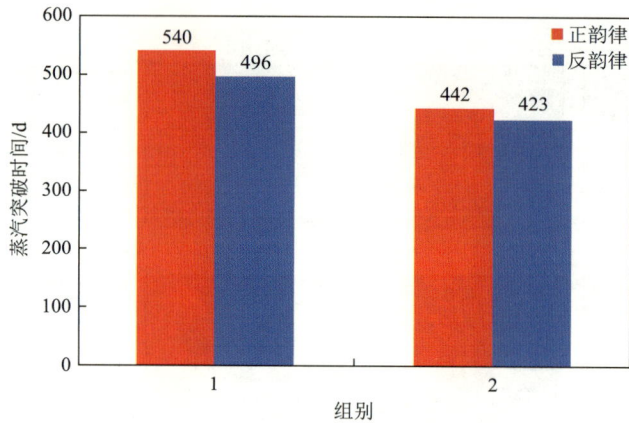

图 3-1-19　不同韵律油层蒸汽突破时间

从图中可以看出,正韵律油层蒸汽突破的时间比反韵律油层蒸汽突破的时间长,故可推知正韵律油层蒸汽腔的发育更均匀,蒸汽的利用率更大一些。

将计算所得的蒸汽超覆程度数据绘制成不同韵律油层蒸汽超覆程度随注汽时间的变化图,如图 3-1-20 所示。

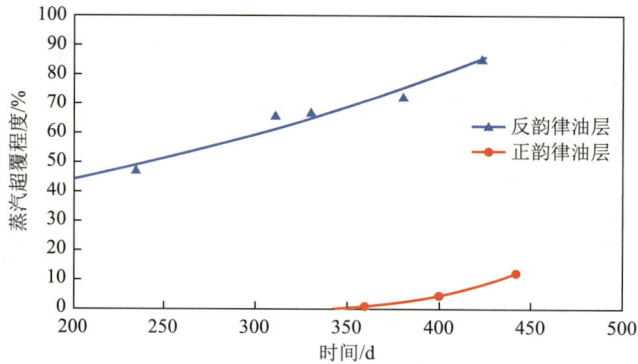

图 3-1-20　不同韵律油层蒸汽超覆程度随注汽时间的变化

从图中可以看出,油层的韵律不同,蒸汽超覆现象出现的时间和发育速度差别也较大。对于正韵律油层,蒸汽超覆出现的时间较晚,并且直至蒸汽突破时蒸汽超覆程度也不是很大,这说明正韵律油层中蒸汽的运移和扩展都相对均匀,蒸汽的利用率也较高,因此油层的正韵律性对蒸汽超覆现象有一定的改善作用。

不同韵律油藏达到极限油汽比时,正韵律油层要比反韵律油层的最终采收率大,如图 3-1-21 所示。

从图中可以看出,反韵律油层的蒸汽超覆加剧了蒸汽在油层中分布的不均,影响了油藏的最终采收率。

（a）$3\,000\times10^{-3}\ \mu m^2/1\,000\times10^{-3}\ \mu m^2$ 和 $1\,000\times10^{-3}\ \mu m^2/3\,000\times10^{-3}\ \mu m^2$

（b）$6\,000\times10^{-3}\ \mu m^2/2\,000\times10^{-3}\ \mu m^2$ 和 $2\,000\times10^{-3}\ \mu m^2/6\,000\times10^{-3}\ \mu m^2$

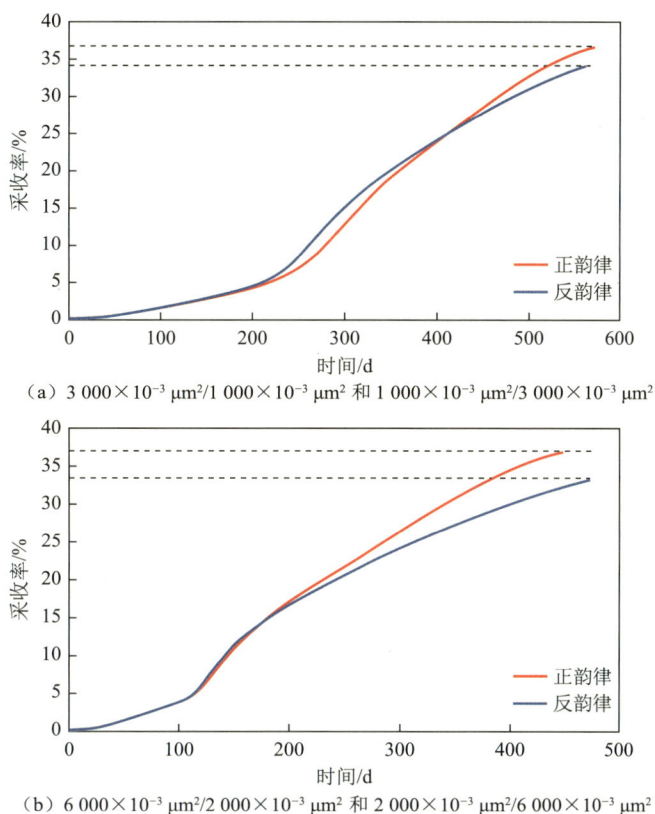

图 3-1-21　两组不同韵律油层采收率随注汽时间的变化曲线

3.2　注蒸汽汽窜识别与描述

注蒸汽开发稠油油藏具有强非稳定特征,特别是非等温驱替特征,注采井间很容易发生汽窜。现有的汽窜治理措施中,利用关控汽窜井的方法可以制止汽窜,但这只是一时之计,如若不采取有效的措施,汽窜范围将扩及相邻区域。想要从根本上解决汽窜问题,需要准确预测汽窜体积,并根据汽窜体积确定措施堵剂用量。因此,对稠油油藏蒸汽窜流通道的定量表征具有重要的意义。

3.2.1　汽窜生产特征与识别

1）汽窜生产特征

蒸汽吞吐汽窜是指本井处于注蒸汽阶段,周围吞吐井处于生产阶段时,注入的热流体出现定向流动,蒸汽或其凝析流体在周围井产出,导致注入蒸汽的热效率降低,注汽井油层吸汽不均,井间油层热波及范围和原油受热程度相对较低,注蒸汽热采的效果较差,同时也干扰了周围吞吐井的正常生产。

虽然蒸汽吞吐和蒸汽驱生产方式具有差异性,但蒸汽吞吐汽窜与蒸汽驱汽窜都属于注采井间行为,不同之处为:蒸汽驱注汽速度相对较低,汽窜发生得较晚,井网或井位和生产井的工作制度相对固定,完全注采同步;而蒸汽吞吐的注汽速度相对较大,汽窜发生得较早,且周围吞吐井井位和生产制度不固定,多为局部时间段内注采同步。

无论是蒸汽吞吐还是蒸汽驱,汽窜都是逐渐发育形成的:注蒸汽初期热波及范围主要为近井附近,周围生产井并无反映;随着注汽量的增加,蒸汽沿井间主流线舌进,连续注蒸汽出现井间热连通或压力连通等,注入蒸汽冷凝的热水很快窜到生产井。

注蒸汽井间窜流统称汽窜,汽窜有蒸汽窜和热水窜两种形式。由于蒸汽物态具有易相变特征,蒸汽流经地下储层多孔介质到达生产井时主要表现为热水,即发生热水窜,只有在极端情况下才能出现蒸汽窜。发生热水窜时,如果井口温度较高(达到 100 ℃以上),则可从井口见到闪蒸出来的蒸汽,但未必是真正的蒸汽窜。

2)注蒸汽汽窜识别

油田矿场对汽窜的判别有不同的工程需求,一般包括汽窜预判或预警(事先)、注蒸汽过程中的汽窜识别(事中)、注蒸汽过程结束后的汽窜识别(事后)。识别方法包括直接识别和间接识别。直接识别方法主要依据注采井间的示踪信息,如注采流体中组成的变化或注采井瞬时动态资料(如压力、含水率、生产气油比、温度等时变信息)。间接识别方法以油藏工程原理为基础,通过对注采资料进行分析处理,间接地对汽窜进行判断,获取汽窜的描述信息。显然,间接识别是一种生产动态资料的解释分析方法,存在多解性。

油田生产并非完全自发性过程,对生产中出现的不利状况通常应采取相应的治理措施,如汽窜封堵等。由于存在措施有效期的差异性等大量复杂的问题,所以注蒸汽过程中的汽窜通道可能是新形成的,也可能是继承前期窜流的老通道,需要结合前期注汽动态进行汽窜分析。

(1)直接识别。

矿场通常根据以下注采动态判断汽窜:① 相邻井注汽时,生产井产液量增加,含水率上升,井口温度上升;② 汽窜严重时,相邻井注汽,生产井产水量急剧增加,含水率接近100%,并伴有一定的蒸汽。注采井间出现汽窜现象一般首先表现为井间压力干扰、生产井动液面上升、产液量上升。

例如,辽河油田确定的单井蒸汽突破界限为:① 井口产液温度达到 100 ℃(井底温度达到 200 ℃)以上;② 单井采油量急剧下降,含水率上升至 90%以上;③ 产出水矿化度离子成分分析为注入水。蒸汽吞吐产出液中氯离子含量一般会保持不变或有所降低,若发生边底水水窜,则产出液中氯离子含量会显著增加,这是区别注采井间汽窜的一个重要特征。

(2)间接识别。

间接识别方法通常依据生产动态识别汽窜通道。由于汽窜可能是新形成的,也可能是前期汽窜的继承性发育,甚至前期也进行了汽窜治理,如果综合考虑前期汽窜以及汽窜治理措施效应,则将给当前的汽窜描述带来诸多不便,因此主要依据当前的注采动态资料进行汽窜通道描述和分析。

当生产井发生汽窜并达到稳定状态后,由于汽窜通道的渗流阻力远远小于地层中其他部分的渗流阻力,注汽井向生产井方向注入的蒸汽几乎全部经汽窜通道由生产井产出,并且汽窜通道中的原油基本接近残余油状态,流动近似为单相流,此时生产井的产水量绝大部分来自周围与其窜通的注汽井。

3.2.2　注蒸汽井汽窜通道表征

1) 井间汽窜通道体积

(1) 蒸汽吞吐汽窜孔隙体积。

蒸汽吞吐汽窜范围模式如图 3-2-1 所示。

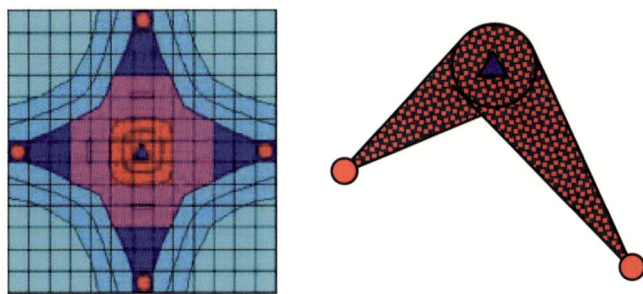

图 3-2-1　蒸汽吞吐汽窜范围模式

注汽井吞吐阶段平均受效半径 r_h 为:

$$r_h = \sqrt{\frac{N_p}{f_h \pi h \phi \rho_{osc} (S_{oi} - S_{or})}} \tag{3-2-1}$$

式中　N_p——注汽井吞吐阶段产油量,t;

　　　f_h——纵向窜通系数,一般取 0.5;

　　　h——射孔厚度,m;

　　　ρ_{osc}——原油密度,t/m³;

　　　S_{oi}——原始含油饱和度;

　　　S_{or}——蒸汽驱残余油饱和度。

汽窜孔隙体积为:

$$V_{pbrt} = f_h \phi h \left[\frac{\pi r_h^2}{2} (2 - N) + r_h \sum_{k=1}^{N} L_k \right] \tag{3-2-2}$$

式中　V_{pbrt}——蒸汽吞吐汽窜孔隙体积,m³;

　　　N——窜通井数;

L_k——注汽井与第 k 口井的井距，m。

（2）蒸汽驱汽窜孔隙体积。

蒸汽驱汽窜孔隙体积模式如图 3-2-2 所示。

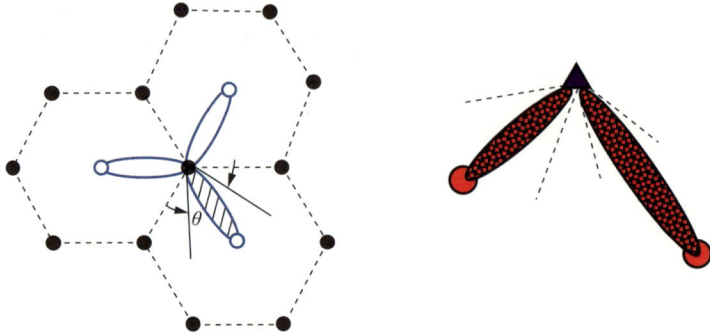

图 3-2-2　蒸汽驱汽窜孔隙体积模式

蒸汽的汽窜体积 V_{pbrt} 和汽窜面积 A 与汽窜角 θ 有关，由此可以近似确定蒸汽驱汽窜孔隙体积为：

$$V_{pbrt} = Ahf_h\phi \tag{3-2-3}$$

汽窜面积 A 与水（汽）淹纺锤体侧向半径 r_s 和汽窜角的关系为：

$$A = f_1(r_s, \theta) \tag{3-2-4}$$

式中　A——汽窜面积，m^2；

r_s——水（汽）淹纺锤体侧向半径，m；

θ——汽窜角，弧度。

2）井间汽窜通道连通性

在大多数情况下，流体渗流是服从达西线性渗流规律的，但当储层渗透率较高或流动压差继续增大时，流动状态为湍流，以惯性阻力为主，压头损失与流量不成直线关系，为非线性渗流，达西定律不再适用。此时，渗流速度与压力梯度的二项式表达式为：

$$-\frac{\mathrm{d}p}{\mathrm{d}x} = \frac{\mu}{aK}v + \xi\rho v^2 \tag{3-2-5}$$

其中：

$$v = \frac{q}{Bh} \tag{3-2-6}$$

$$\xi = \frac{c}{\sqrt{K}} \tag{3-2-7}$$

式中　a——单位换算系数，$a=86.4$；

μ——流体黏度，mPa·s；

ρ——流体密度，kg/m^3；

K——多孔介质渗透率；

v——渗流速度；

ξ——速度系数；

q——流体体积流量，m^3/d；

h——多孔介质厚度，m；

B——窜流方向的渗流宽度，可近似取油层厚度 h，m；

c——常数，与参数单位相关。

由二项式可以看出，当渗流速度 v 很小时，速度平方项 v^2 可以忽略不计，式(3-2-5)可转化为达西线性渗流公式。由此可知，式(3-2-5)中右端第一项表示由黏滞阻力引起的压力损失，第二项表示由惯性阻力引起的压力损失。当渗流速度很小时，第一项占优；当渗流速度很大时，第二项占优。

对于井间汽窜，将式(3-2-6)和式(3-2-7)代入式(3-2-5)得：

$$\frac{\Delta p}{L}=\frac{\mu_{ws}}{aK_s}\frac{q_{ws}}{Bh}+\rho_{ws}\frac{c}{a\sqrt{K_s}}\frac{q_{ws}^2}{B^2 h^2} \tag{3-2-8}$$

式中　a——单位换算系数，$a=86.4$；

Δp——窜流方向的压差，MPa；

μ_{ws}——水汽混合物的黏度，$mPa\cdot s$；

q_{ws}——水汽混合物的体积流量，m^3/d；

K_s——蒸汽的有效渗透率，μm^2；

L——窜流方向的注采井距，m。

由式(3-2-8)可以计算出蒸汽的有效渗透率 K_s，即残余流体状态下的渗透率，然后根据下式求得油层的绝对渗透率 K：

$$K=K_s\exp\left(\frac{S_{lr}}{1-S_{lr}}\right) \tag{3-2-9}$$

其中：

$$S_{lr}=S_{or}+S_{wc}$$

式中　S_{lr}——残余流体饱和度，小数；

S_{wc}——束缚水饱和度，小数。

3.2.3　汽窜时间和汽侵体积预测

单因素影响程度分析表明，对汽窜时间和汽侵体积影响较大的因素为渗透率、注汽强度、黏度和胶结程度。多因素正交数值模拟计算结果表明，汽窜时间影响因素的排序为注汽强度>渗透率>黏度>胶结程度，汽侵体积影响因素的排序为黏度>渗透率>胶结程度>注汽强度。

1）汽窜时间预测模型

设置不同的油藏参数和注汽参数，利用油藏数值模拟方法进行模拟计算，建立汽窜时间与渗透率、注汽强度和胶结程度的回归关系。不同原油黏度下的汽窜时间预测模型为：

$$t_s = a + b\omega + cI_s\ln K \tag{3-2-10}$$

式中 t_s——汽窜时间，d；

a,b,c——回归系数；

ω——岩石胶结系数，取值为 0.01（强）~0.05（弱）；

I_s——注汽强度，t/(d·m·ha)；

K——储层岩石渗透率，10^{-3} μm^2。

不同原油黏度下汽窜时间预测模型的回归系数列于表 3-2-1 中。

表 3-2-1 不同原油黏度下汽窜时间预测模型的回归系数

原油黏度/(mPa·s)	a	b	c
4 000	251.742 0	−120.625	−10.206 20
9 000	245.738 6	−203.438	−9.868 24
20 000	246.522 4	−235.625	−9.698 51

从不同原油黏度的汽窜时间预测模型中可以看出，由于 b 为负数，所以汽窜时间随着胶结程度的降低而变短；汽窜时间与渗透率和注汽强度成正比，由于 c 也为负数，因此随着渗透率的增大和注汽强度的增大，汽窜时间变短。因参数 a 和 c 随黏度的变化不大，故只考虑 b 随原油黏度的变化关系：

$$b = -265.857 + \frac{578\ 642.262\ 5}{\mu_{od}} \tag{3-2-11}$$

式中 μ_{od}——脱气原油黏度，mPa·s。

分别取参数 a 和 c 的平均值为 $a = 248.001$，$c = -9.924\ 3$，则可以得到汽窜时间的综合回归公式为：

$$t_s = 248.001 + \left(-265.857 + \frac{578\ 642.262\ 5}{\mu_{od}}\right)\omega - 9.924\ 3I_s\ln K \tag{3-2-12}$$

2）汽侵体积预测模型

建立汽侵体积 V_s 与渗透率、注汽强度和胶结程度的回归关系。不同原油黏度下的汽侵体积预测模型为：

$$V_s = a + b\omega + c\frac{1}{I_s\ln K} \tag{3-2-13}$$

不同原油黏度下汽侵体积预测模型的回归系数列于表 3-2-2 中。

表 3-2-2 不同原油黏度下汽侵体积预测模型的回归系数

原油黏度/(mPa·s)	a	b	c
4 000	10.289 4	−18.401 4	11.323 7
9 000	10.300 9	−24.165 9	10.750 6
20 000	10.129 3	−32.699 5	12.546 7

从不同原油黏度的汽侵体积预测模型中可以看出,由于 b 为负数,所以汽侵体积随着胶结程度的降低而变小;汽侵体积与渗透率和注汽强度成反比,即汽侵体积随着渗透率和注汽强度的增大而减小,与物理意义相符。因参数 a,c 随黏度的变化不大,故只考虑 b 随黏度的变化关系:

$$b = -0.910\ 5\mu_{od}^{0.361} \tag{3-2-14}$$

分别取参数 a 和 c 的平均值 $a = 10.239\ 9$, $c = 11.540\ 3$,则可以得到汽侵体积的综合回归公式为:

$$V_s = 10.239\ 9 - 0.910\ 5\mu_{od}^{0.361}\omega + \frac{11.540\ 3}{I_s \ln K} \tag{3-2-15}$$

式中　V_s——汽侵体积占井网体积的百分数,%。

3.3　注蒸汽油藏驱替关系

对于蒸汽吞吐过程,焖井结束后,进入油层的水蒸气在受热区内全部冷凝为水,回采时近井地带流体流动可近似看作油水两相流;生产初期油层为油、水两相渗流;蒸汽吞吐转蒸汽驱后,随着蒸汽从注汽井向生产井的逐步推移,注采井间形成蒸汽带、热水带和纯油带。蒸汽带是在注汽井周围形成的,它随着蒸汽的不断注入而膨胀,其温度接近蒸汽温度。在蒸汽带,蒸汽提供了一定能量的驱油动力,当蒸汽向前推进到温度较低处时,蒸汽冷凝成热水,形成热水带。热水带直接与纯油带接触。

3.3.1　注蒸汽注采驱替特征

稠油蒸汽吞吐开发实践表明,在井网保持相对稳定,且具有两个周期以上的吞吐生产历程时,或对于稠油油藏蒸汽驱,注汽量可以理解为其凝析水量的热和弹性驱替效应,整个开发单元或全区的累积产油量和累积注汽量在半对数坐标系内具有较好的线性关系,通常称之为注采特征曲线。

1)$\lg Z_s$-N_p 曲线法

由注蒸汽驱油渗流相渗关系理论可以得到累积注汽量冷水当量 Z_s 与累积产油量 N_p 的关系:

$$\lg Z_s = A_1 + B_1 N_p \tag{3-3-1}$$

式中　A_1, B_1——系数。

将式(3-3-1)两边对时间求导得:

$$\frac{q_s}{2.303 Z_s} = B_1 q_o \tag{3-3-2}$$

$$Z_s = \frac{1}{2.303 B_1 R_{os}} \tag{3-3-3}$$

将式(3-3-3)代入式(3-3-1)得:

$$N_p = \frac{1}{B_1}\left(\lg \frac{1}{2.303 B_1 R_{os}} - A_1\right) \tag{3-3-4}$$

式中 Z_s——累积注汽量冷水当量,10^4 t;

N_p——累积产油量,10^4 t;

R_{os}——油汽比,对蒸汽吞吐为周期油汽比,对蒸汽驱为瞬时油汽比。

式(3-3-4)中,R_{os} 取极限油汽比时可以得到最大产油量 N_{pm}。图 3-3-1 为辽河油区典型蒸汽驱先导及扩大试验区 $\lg Z_s$-N_p 特征曲线。

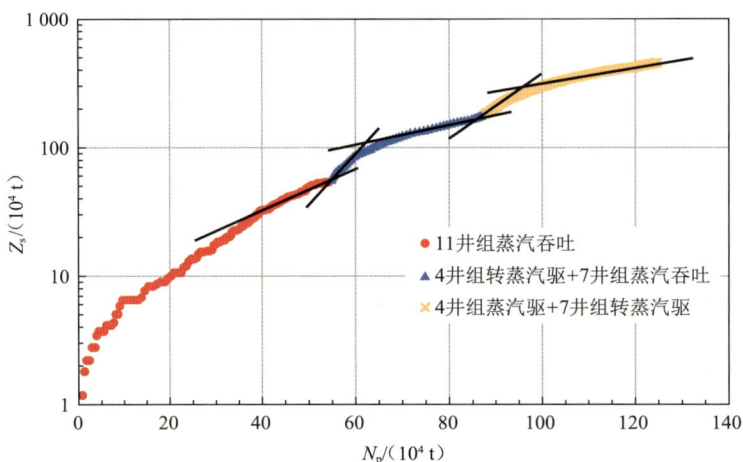

图 3-3-1 辽河油区典型蒸汽驱 $\lg Z_s$-N_p 特征曲线

从图中可以看出,完善的蒸汽吞吐阶段和蒸汽驱阶段在半对数坐标系中均符合线性关系,以此为基础可以预测不同阶段的可采储量;两次转驱的初期阶段曲线关系均出现上翘,表明转驱初期效果变差,主要原因是吞吐阶段形成的汽窜通道继续发育,且注采井网固定后,汽窜程度增加,热效率降低,同时蒸汽驱注汽速度低于蒸汽吞吐,且转驱后注入热量短时间难以有效驱动井间储量,导致注入蒸汽的热效率进一步降低。

2)Z_s/N_p-Z_s 曲线法

注蒸汽累积汽油比 $\dfrac{Z_s}{N_p}$ 和累积注汽量 Z_s 之间具有较好的线性关系,其关系式为:

$$\frac{Z_s}{N_p} = A_2 + B_2 Z_s \tag{3-3-5}$$

式中 A_2,B_2——常数。

将式(3-3-5)两端对时间求导得:

$$A_2 N_p^2 = R_{os} Z_s^2 \tag{3-3-6}$$

联立以上两式得:

$$N_p = \frac{1}{B_2}\left(1 - \sqrt{A_2 R_{os}}\right) \tag{3-3-7}$$

式(3-3-7)中，R_{os}取极限油汽比时可以得到最大产油量 N_{pm}。图 3-3-2 为辽河油区典型蒸汽驱先导及扩大试验区 Z_s/N_p-Z_s 特征曲线。

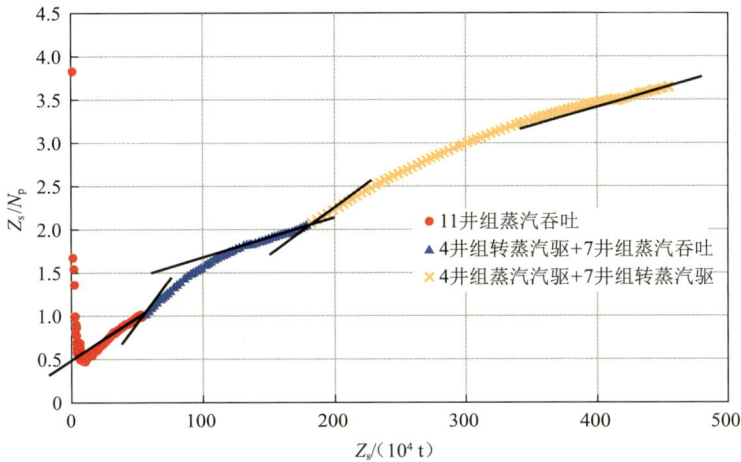

图 3-3-2 辽河油区典型蒸汽驱 Z_s/N_p-Z_s 特征曲线

从图中可以看出，注蒸汽的 Z_s/N_p-Z_s 曲线的变化特征在转驱中后期和转驱初期与 $\lg Z_s$-N_p 曲线相似。

3）注蒸汽开发单元效果评价

将式(3-3-4)两边同时除以地质储量 N，得：

$$R = \frac{1}{B_1 N}\left(\lg \frac{1}{2.303 B_1 R_{os}} - A_1\right) \tag{3-3-8}$$

当 R_{os} 取极限油汽比时，采出程度为采收率，即

$$E_R = \frac{1}{B_1 N}\left(\lg \frac{1}{2.303 B_1 R_{osm}} - A_1\right) \tag{3-3-9}$$

式(3-3-9)减式(3-3-8)并整理得：

$$\lg R_{os} = \lg R_{osm} + B_1 N(E_R - R) \tag{3-3-10}$$

式中　N——地质储量，10^4 t；

　　　R——采出程度，小数；

　　　E_R——采收率，小数；

　　　R_{osm}——极限油汽比。

由式(3-3-10)可以制作不同最终采收率下油汽比随采出程度变化图版。图 3-3-3 为辽河油区典型蒸汽驱先导及扩大试验区油汽比变化图版。

从图中可以看出，由于蒸汽吞吐阶段注采工作制度变化相对频繁，油汽比随采出程度变化的规律性不强，但在两次转驱的完善阶段，油汽比的变化趋势逐渐变好，且最终趋于采收率为 60% 的理论曲线。

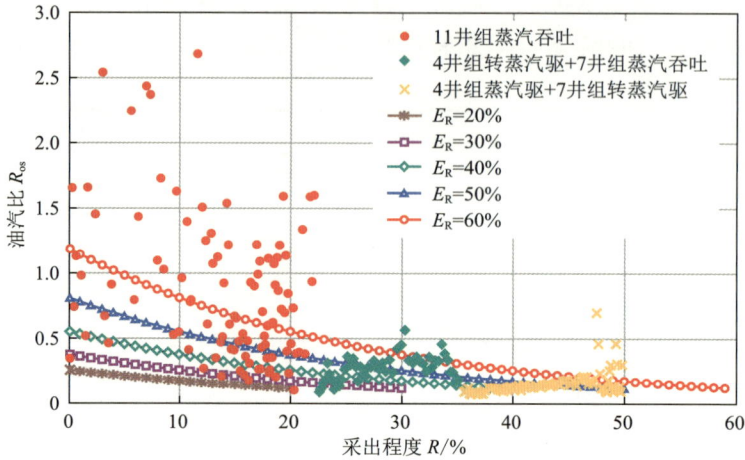

图 3-3-3　不同最终采收率下油汽比随采出程度变化曲线

3.3.2　蒸汽驱替特征

稠油油藏蒸汽吞吐和蒸汽驱的开发实践表明，整个开发单元或全区的累积产油量 N_p 和累积产液量 L_p 在半对数坐标系内具有较好的线性关系，其关系式为：

$$\lg L_p = A_3 + B_3 N_p \tag{3-3-11}$$

将式（3-3-11）两端对时间求导得：

$$L_p = \frac{1}{2.303 B_3 (1 + R_{wo})} \tag{3-3-12}$$

联立以上两式得：

$$N_p = \frac{1}{B_3} \left(\lg \frac{1 + R_{wo}}{2.303 B_3} - A_3 \right) \tag{3-3-13}$$

或

$$\lg \frac{1}{2.303 B_3 (1 - f_w)} = A_3 + B_3 N_p \tag{3-3-14}$$

式中　L_p——累积产液量，10^4 t；

N_p——累积产油量，10^4 t；

A_3，B_3——常数；

R_{wo}——水油比；

f_w——含水率。

式（3-3-13）和式（3-3-14）中，R_{wo} 取极限水油比或 f_w 取极限含水率时可以得到最大产油量 N_{pm}。图 3-3-4 为辽河油区典型蒸汽驱先导及扩大试验区 $\lg L_p$-N_p 特征曲线。

注蒸汽热力采油中一般采用油汽比作为界限评价或求取可采储量。在注蒸汽的稳定阶段，虽然极限汽油比近似转化为极限水油比，可利用 $\lg L_p$-N_p 特征曲线预测可采储量，但是与注采驱替特征方法相比已没有太大的实用价值。

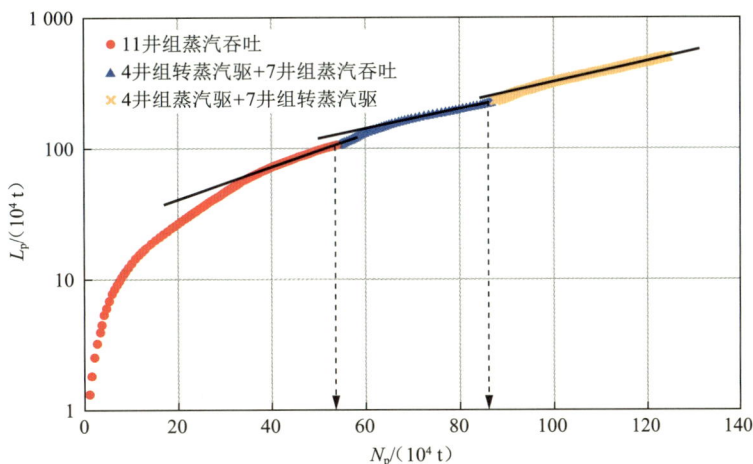

图 3-3-4　辽河油区典型蒸汽驱 $\lg L_p\text{-}N_p$ 特征曲线

3.3.3　边底水稠油油藏注蒸汽水窜量预测

边底水稠油油藏蒸汽吞吐或蒸汽驱生产过程中出现水窜时,同样可以依据累积注汽量、累积产水量、累积产油量的变化特征预测水窜量。对于具有边底水水窜的油藏,累积产水量/累积产油量曲线的斜率变化表明了水窜速度的强弱。矿场资料统计表明,累积产水量和累积注入蒸汽量与累积产油量具有相似的半对数直线特征。累积产水量与累积产油量的半对数模型为:

$$\lg W_p = A_4 + B_4 N_p \tag{3-3-15}$$

式中　W_p——累积产水量,10^4 t;

　　A_4,B_4——常数。

如果将注汽量理解为凝析水的热和弹性效应,若回采水率为1,且油藏没有边底水,则注汽量(冷水当量)与产水量应该完全一致;若回采水率小于1,则 $\lg W_p\text{-}N_p$ 曲线的斜率基本与 $\lg Z_s\text{-}N_p$ 曲线的斜率一致。如果油藏存在边底水,生产过程中 $\lg L_p\text{-}N_p$ 曲线的斜率若逐渐增加,则表明存在边底水的窜流驱替。典型边底水侵入时的驱替特征曲线如图 3-3-5 和图 3-3-6 所示。

根据油藏工程驱替理论,可以得到累积产油量 N_p 和含水率 f_w 的关系:

$$N_p = \frac{1}{B_4}\left[\lg\frac{f_w}{1-f_w} - A_4 - \lg(2.303B_4)\right] \tag{3-3-16}$$

当 f_w 取极限含水率时,由式(3-3-16)可得到可采储量。由式(3-3-15)和式(3-3-1)可以预测边底水的水窜量 W_e:

$$W_e = W_p - Z_s = 10^{A_4 + B_4 N_p} - 10^{A_2 + B_2 N_p} \tag{3-3-17}$$

预测边底水的阶段水窜量时,应先将前期的累积产水量扣除,只需本阶段的累积产水

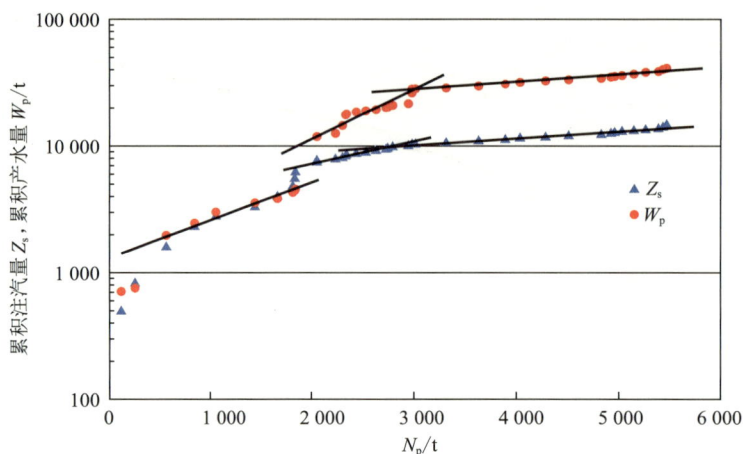

图 3-3-5　典型吞吐井 A 井注蒸汽驱替与水侵特征曲线

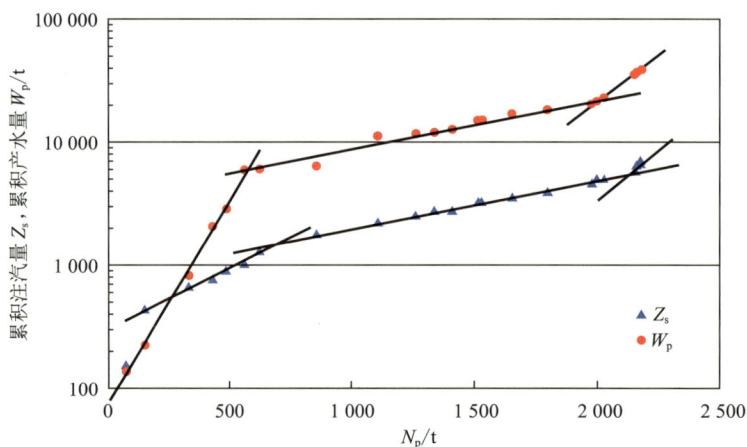

图 3-3-6　典型吞吐井 B 井注蒸汽驱替与水侵特征曲线

量趋势预测;如果吞吐生产已经结束,若需要估算边底水窜流量,则可以将周期实际累积产水量与累积注水量数值之差作为水窜量的估算值。

3.4　稠油注蒸汽后剩余油分布与流场

无论是采用蒸汽吞吐还是采用蒸汽驱方式开发的稠油油藏,油层均受到注入蒸汽长期激励,由于蒸汽指进、超覆等的影响,油藏内窜流通道发育,蒸汽热效率及油汽比等大幅度降低,导致开发效果变差。因此,弄清楚高吞吐周期和蒸汽驱后的剩余油分布对于转换开发方式及进一步改善稠油油藏的开发效果具有非常重要的意义。

3.4.1　高吞吐周期后剩余油分布特征

1）直井蒸汽吞吐剩余油分布

利用三维模型模拟纯蒸汽吞吐采出程度为 15.26％时的温度分布。温度分布直接影响剩余油分布状况。蒸汽吞吐中期（吞吐过程所有周期进行至一半）及末期模型顶、中、底部温度分布如图 3-4-1 所示。

随着吞吐轮次的增加，在重力影响下，蒸汽超覆现象十分明显，大量注入蒸汽向模拟层顶部运移，使得顶部温度最高，加热范围最大；在模拟层中部，加热区域集中在注入井周围并近似呈圆形向外扩展，但与顶层相比，蒸汽在模拟层中部向外扩展的程度有限；在模拟层底部，其温度上升幅度最低，加热范围最小。纯蒸汽吞吐中期模拟层顶、中、底部平均

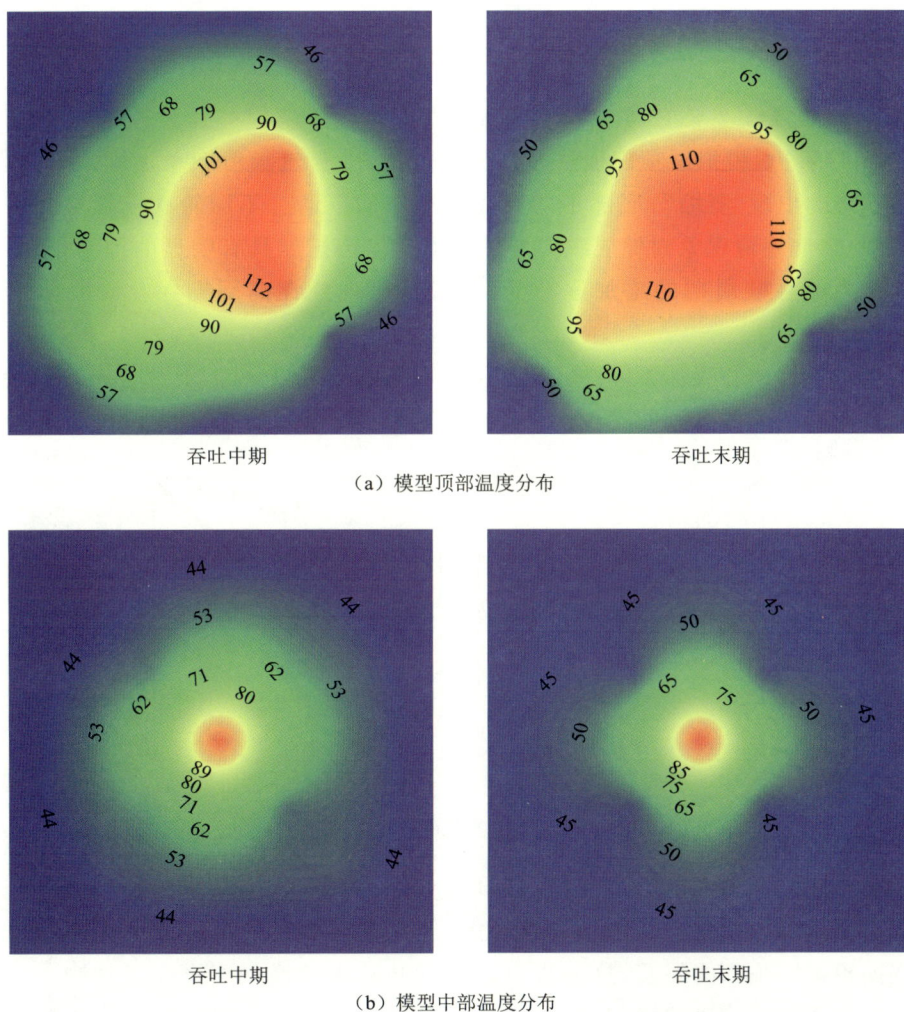

吞吐中期　　　　　　　　　　　　　　吞吐末期

（a）模型顶部温度分布

吞吐中期　　　　　　　　　　　　　　吞吐末期

（b）模型中部温度分布

图 3-4-1　纯蒸汽吞吐不同阶段注汽结束时模型温度分布平面图（单位为℃）

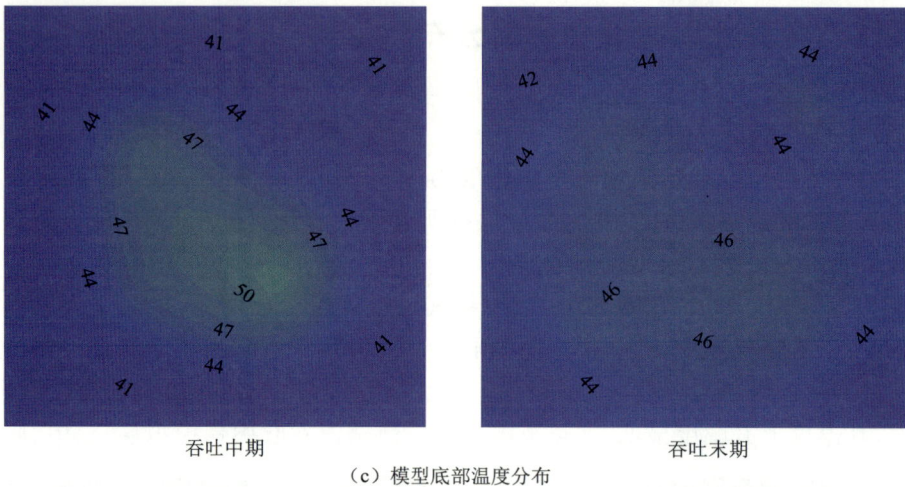

（c）模型底部温度分布

图 3-4-1(续)　纯蒸汽吞吐不同阶段注汽结束时模型温度分布平面图（单位为℃）

温度分别为 64.1 ℃,52.8 ℃和 43.8 ℃,吞吐末期对应层温度分别为 68.1 ℃,50.5 ℃和 44.5 ℃。可以看出,模拟层顶部加热温度进一步提升,蒸汽超覆现象加剧;中部加热范围受超覆现象影响出现"萎缩";底部平均温度略有增加。通过不同轮次模拟层各层温度对比可以发现,蒸汽超覆现象对储层纵向加热范围的均匀扩展具有明显的抑制作用,蒸汽加热油层的能力随吞吐周期的增加逐渐受到限制,该现象在高周期吞吐阶段体现得尤为明显。

　　为了进一步描述和表征不同吞吐轮次温度在模型纵向上的扩展和分布,按照图 3-4-2 中示意的方向绘制纯蒸汽吞吐中期及末期模拟层温度分布剖面图,如图 3-4-3 所示。

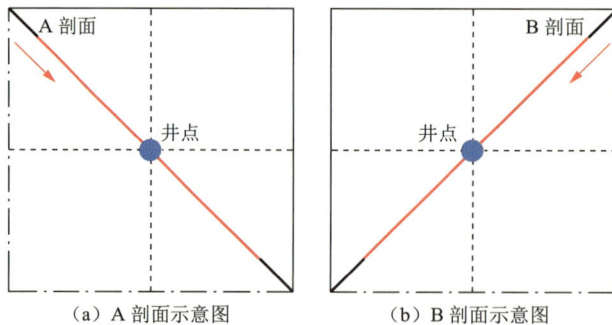

（a）A 剖面示意图　　　　　　（b）B 剖面示意图

图 3-4-2　模型剖面示意图

　　由于模型填制过程中不能保证模拟油层的各向均质性,因此不同剖面的温度分布可能出现不完全对称的现象。从图中可以看出,温度在纵向上的扩展和分布进一步显现出注入蒸汽向模拟层顶部的超覆,这一现象随着吞吐轮次的增加而进一步加剧。井周围同一位置处温度随吞吐轮次的增加逐渐升高,蒸汽沿纵向上的加热范围虽有所扩大但明显受到限制。

（a）吞吐中期

（b）吞吐末期

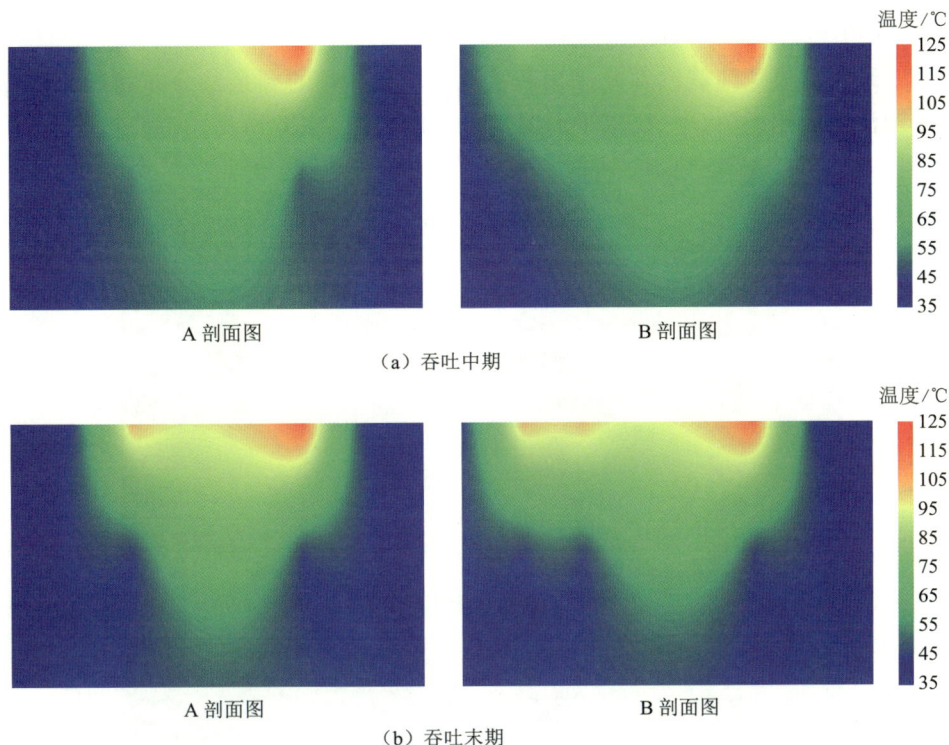

图 3-4-3　纯蒸汽吞吐不同阶段注汽结束时模型纵向温度分布剖面图

图 3-4-4 所示为蒸汽吞吐过程中产油速度和油汽比曲线。

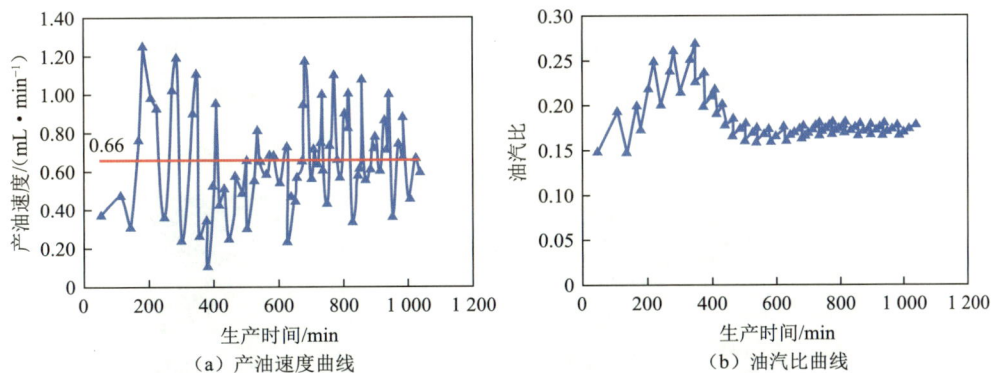

（a）产油速度曲线

（b）油汽比曲线

图 3-4-4　蒸汽吞吐过程特征参数曲线

在吞吐初始阶段，由于井筒附近含油饱和度较高，在高温蒸汽注入条件下，稠油受热膨胀，黏度降低，产油速度较高，油汽比可升高到 0.20 以上；随着吞吐轮次的增加，产油速度先逐渐降低，后降低趋势变缓，油汽比降至 0.16 左右后基本保持不变。

可以看到，蒸汽吞吐开发过程中，蒸汽超覆对油层内的饱和度具有较大影响。多轮次吞吐后期，油层顶部由于受到蒸汽超覆的影响，动用程度较高，而油层底部温度低，加热程度较差，动用程度不高，油层仍具有较大的提高采收率潜力。

2）水平井蒸汽吞吐剩余油分布

利用三维模型模拟纯蒸汽吞吐采出程度为 17.28% 时的剩余油分布状况。蒸汽吞吐中期及末期注汽后模型顶、中、底层平面温度分布图如图 3-4-5 所示。

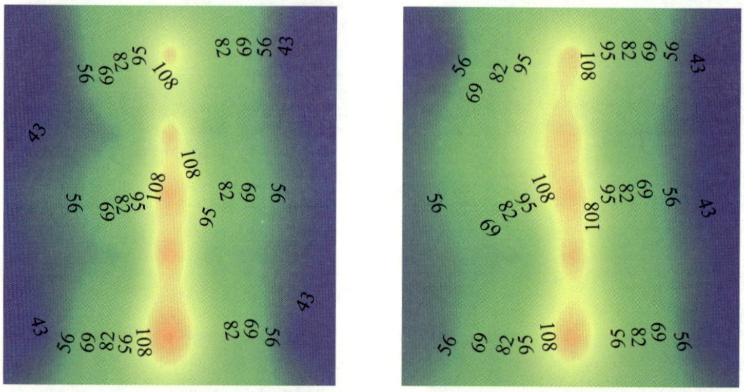

吞吐中期　　　　　　　吞吐末期

（a）模型顶部温度分布

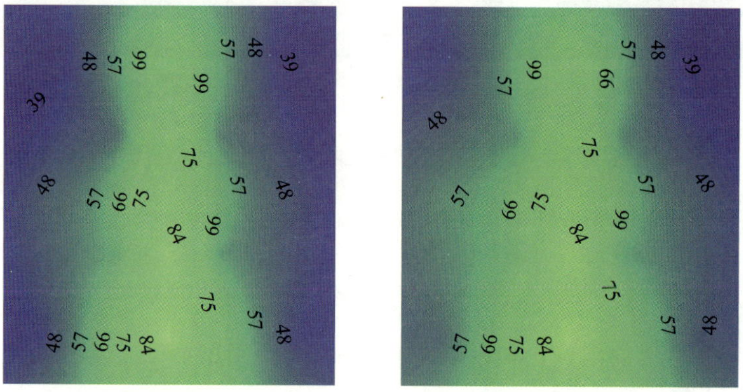

吞吐中期　　　　　　　吞吐末期

（b）模型中部温度分布

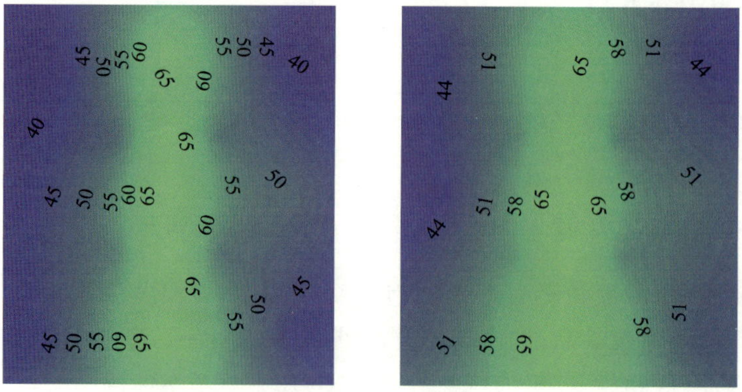

吞吐中期　　　　　　　吞吐末期

（c）模型底部温度分布

图 3-4-5　纯蒸汽吞吐不同阶段注汽结束时模型平面温度分布图(单位为℃)

　　由图可以看出,对于超稠油水平井蒸汽吞吐过程而言,蒸汽超覆作用十分明显,模拟层顶部温度明显高于模拟层中部和底部温度。此外,在水平井注蒸汽沿程变质量流和热损失差异的影响下,与趾端相比,模拟水平井跟端蒸汽注入量大,热损失小,附近模拟层温度高,受热范围大。沿水平井筒流体注入方向温度逐渐降低,呈"锥形"分布,这一现象在模拟层中、底部体现得尤为明显。在蒸汽吞吐末期,顶部超覆现象进一步加剧,温度在各层均有一定程度的扩展。

　　为进一步分析注入蒸汽在纵向上的扩展差异,按照图 3-4-6 所示模型剖面进行顶、中、底部纵向温度分布剖面分析。图 3-4-7 为纯蒸汽吞吐不同阶段注汽结束时模型纵向上的温度分布剖面图。

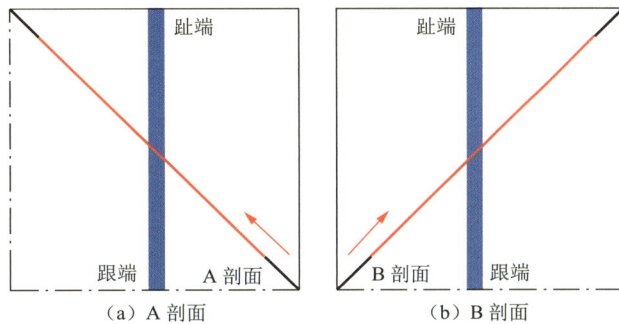

图 3-4-6　模型剖面示意图

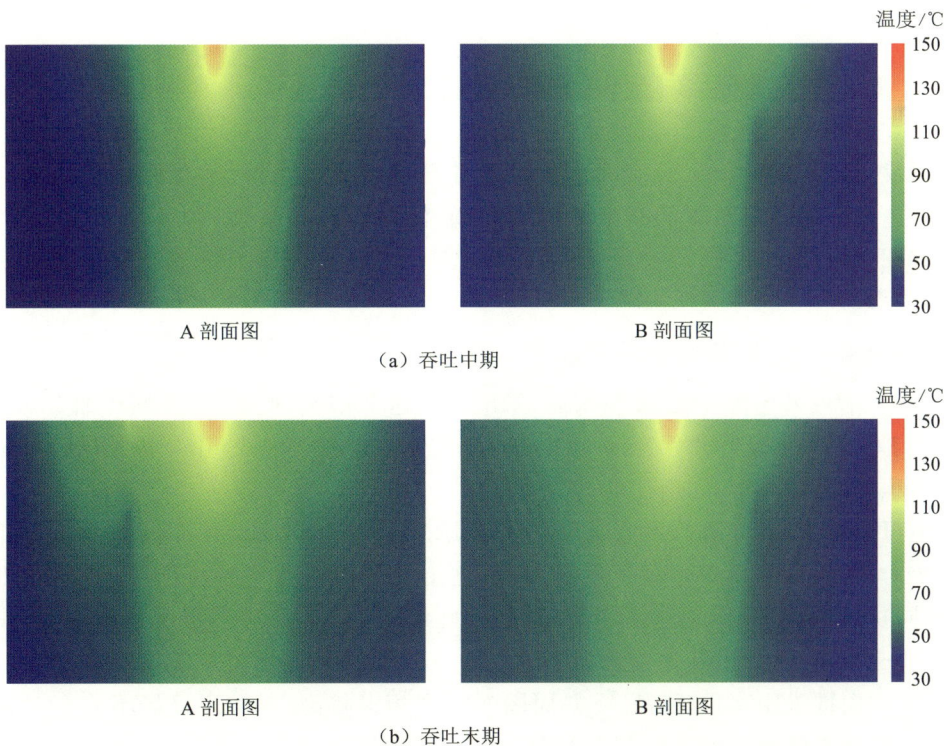

图 3-4-7　纯蒸汽吞吐不同阶段注汽结束时模型纵向温度分布剖面图

从图中可以看出,注入蒸汽沿模拟层顶部扩展较为明显。由于水平井跟端蒸汽注入量及注入温度均高于趾端,因此 A 剖面图右侧区域以及 B 剖面图左侧区域加热范围较为均匀。

图 3-4-8 所示为纯蒸汽吞吐阶段产油速度和油汽比曲线。

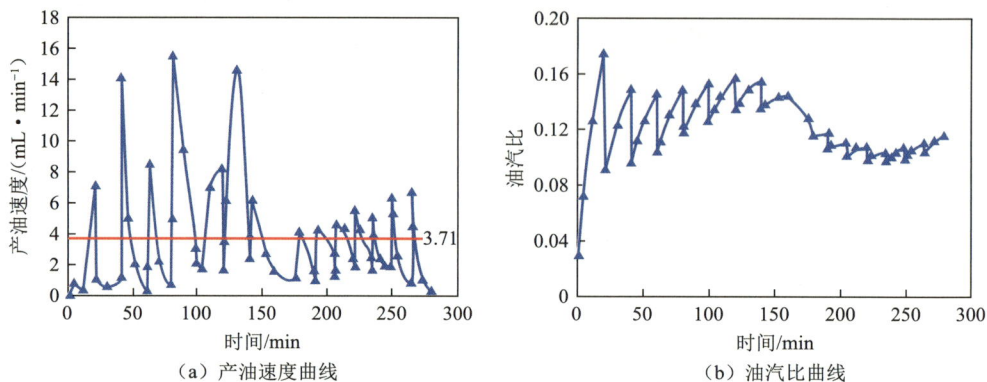

（a）产油速度曲线　　　　　　　（b）油汽比曲线

图 3-4-8　蒸汽吞吐过程特征参数曲线

在吞吐初期,模拟层含油饱和度较高,井附近存水量较少,注入热效率较高,因此该阶段的产油速度较大,油汽比较高;进入吞吐后期,井筒附近存水量增加,注入热效率降低,稠油黏度得不到有效降低,致使产油速度下降,油汽比降低。

与直井实验结果类似,蒸汽超覆现象对水平井蒸汽吞吐后的油藏温度分布、饱和度动用及剩余油分布等均具有非常重要的影响。

3.4.2　蒸汽驱后剩余油分布特征

选取反九点井网的 1/4 对实际均质油藏进行物理模拟。首先,轮流对各井进行蒸汽吞吐来构造吞吐后转蒸汽驱的剩余油饱和度场、温度场分布条件;然后,根据井周围剩余油分布特征选取注采井,进行蒸汽驱;当发生汽窜后,通过调节工作制度及改变注采井网来改善开发效果。

1）蒸汽吞吐油层温度和压力分布

4 口蒸汽吞吐井轮流吞吐 12 轮次后,采出程度达 19.1%,此时 1# 井累产油 218.3 mL,2# 井累产油 93.9 mL,3# 井累产油 180.3 mL,4# 井累产油 174.8 mL。各井最后一轮次吞吐结束后顶、底温度场分布如图 3-4-9 所示。

由图可以看出,各井蒸汽吞吐结束后井周围的温度较高,模型顶部温度场与底部温度场分布相对应,且顶部温度略高于底部温度,这主要是由于蒸汽超覆作用,顶部加热范围较大,相同位置的顶部温度比底部高。1# 井吞吐结束后,4# 井周围温度略高于 2# 井周围温度,主要是由于 1# 井吞吐之前是上个轮次 4# 井吞吐,并且 4# 井采出程度高于 2# 井,蒸汽向 4# 井方向推进距离稍远,故 4# 井周围的温度相对较高,导致温度场不完全对称。同样地,每口井吞吐结束后温度场都会偏向上一口吞吐井。

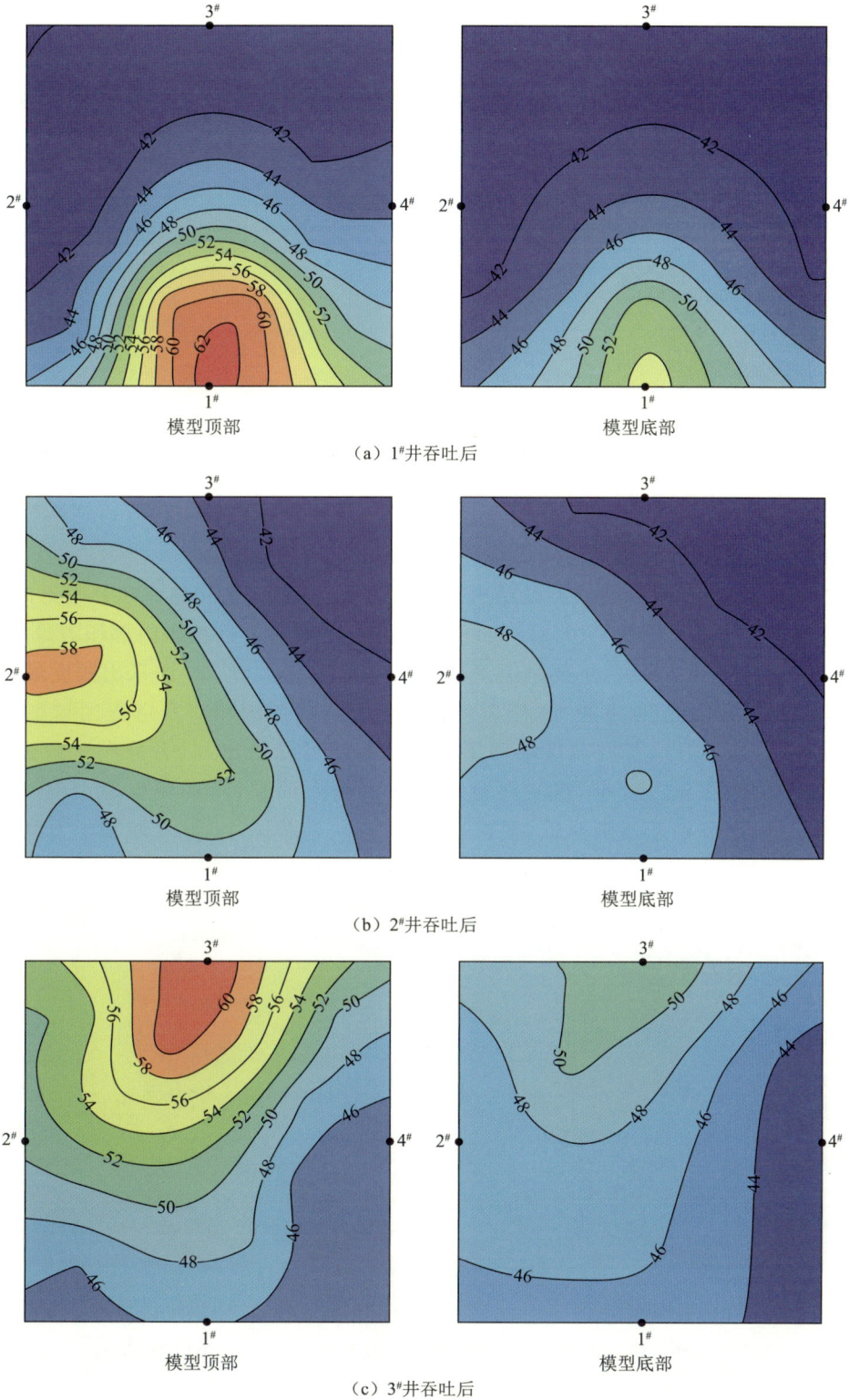

（a）1#井吞吐后

（b）2#井吞吐后

（c）3#井吞吐后

图 3-4-9　各井最后一轮次吞吐结束后模型顶、底温度场分布（单位为℃）

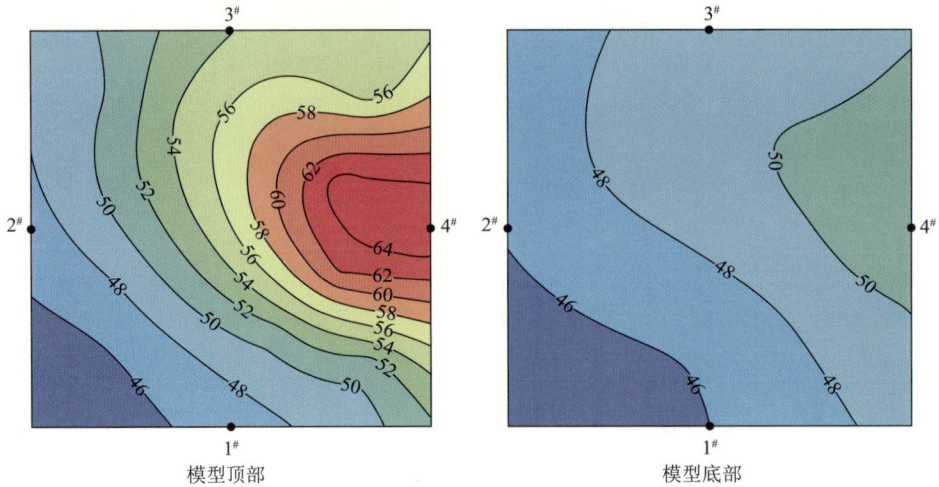

模型顶部　　　　　　　　　　　　　　　模型底部

（d）4#井吞吐后

图 3-4-9(续)　各井最后一轮次吞吐结束后模型顶底温度场分布(单位为℃)

各井最后一轮次吞吐结束后压力场分布如图 3-4-10 所示。

由图 3-4-10 可以看出,蒸汽吞吐结束后模型内压力较低,尤其是吞吐井附近的压力明显低于其他位置。对比图 3-4-10(a)～(d)可以发现,1#井吞吐后模型内部压力最小,而 2#井吞吐后模型内部压力最大,主要是由于 1#井采出程度最大,而 2#井采出程度最小,且采的越多,井周围相对亏空程度越大,压力就越小;反之,井周围相对亏空程度越小,压力就越大。另外,对比吞吐后各井温度场和压力场分布图可以看出,二者分布有较强的相关性,蒸汽波及的地方压力较小,这主要是由于蒸汽进入油层,将油驱出后会有一部分蒸汽留在油层内,随着温度逐渐降低,蒸汽会慢慢冷凝,体积减小,导致油层压力降低。

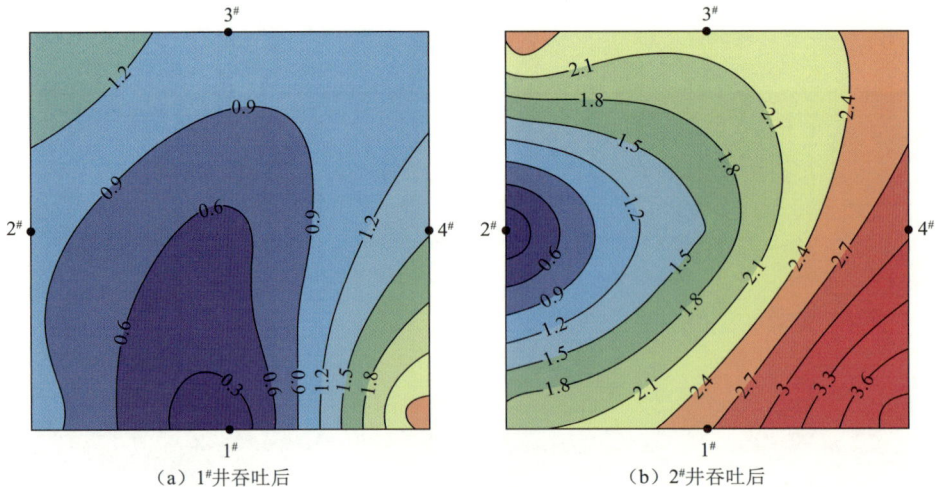

（a）1#井吞吐后　　　　　　　　　　　　（b）2#井吞吐后

图 3-4-10　各井最后一轮次吞吐结束后模型压力场分布(单位为 MPa)

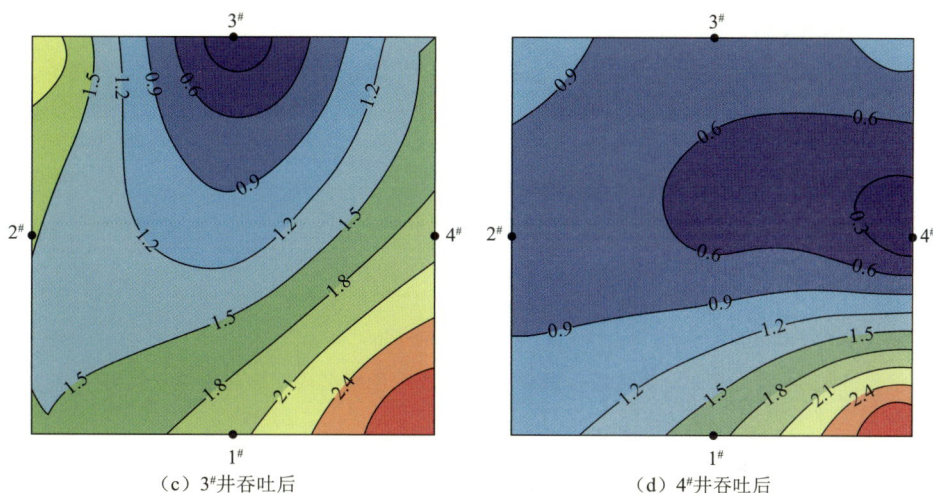

（c）3#井吞吐后　　　　　　　　　　　　（d）4#井吞吐后

图 3-4-10(续)　各井最后一轮次吞吐结束后模型压力场分布(单位为 MPa)

2）转蒸汽驱油层温度和压力分布特征

较高的温度和较低的压力有利于蒸汽驱的实施。由于吞吐后 1# 井周围采出程度较高，且压力较小，故选 1# 井为注汽井，其余 3 口为生产井，在此基础上进行蒸汽驱。纯蒸汽驱阶段共分为 6 个小阶段，包括 1# 井 3 次蒸汽驱(从开始注汽到所有井汽窜而停止注汽为一次完整的蒸汽驱)和 3# 井 3 次蒸汽驱，每次蒸汽驱时间间隔为 24 h。

纯蒸汽驱阶段累产油 1 352.6 mL，此时模型采出程度为 57.7%。各阶段产油量统计见表 3-4-1。第一次蒸汽驱过程中及停止注汽后模型内平均温度和平均压力变化分别如图 3-4-11 和图 3-4-12 所示。

表 3-4-1　蒸汽驱阶段产油量统计　　　　　　　　　　　　　单位:mL

阶　段	1#井	2#井	3#井	4#井	累　计
第一次蒸汽驱(1#井注)	—	41.0	252.5	127.0	420.5
第二次蒸汽驱(1#井注)	—	32.0	167.5	32.5	232.0
第三次蒸汽驱(1#井注)	—	17.0	148.9	48.5	214.4
第四次蒸汽驱(3#井注)	65.5	35.4	—	55.3	156.2
第五次蒸汽驱(3#井注)	86.0	31.9	—	46.8	164.7
第六次蒸汽驱(3#井注)	83.9	32.6	—	48.3	164.8
累　计	235.4	189.9	568.9	358.4	1 352.6

由表 3-4-1 可以看出，汽窜后放置一段时间，由于汽窜通道中流体重新分布，继续进行蒸汽驱仍会有油产出；随着采出程度的增加，产油量逐渐减少。这主要是因为当蒸汽驱发生汽窜时，由于蒸汽超覆作用，均质模型汽窜通道往往分布在模型顶部，并且通道内的流体主要为蒸汽，蒸汽驱停止后，随着热量的扩散，模型温度逐渐降低，蒸汽冷凝成水，一方

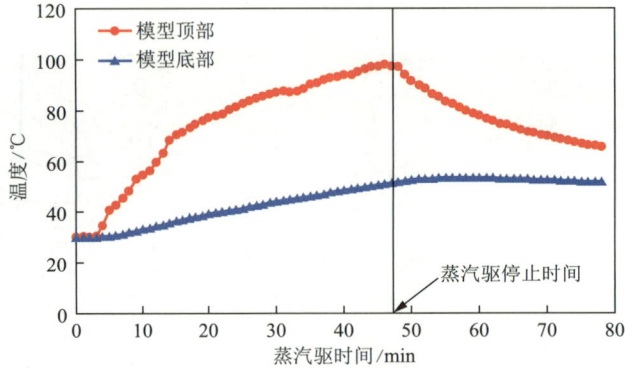

图 3-4-11　第一次蒸汽驱过程中及停止注汽后模型内平均温度变化曲线

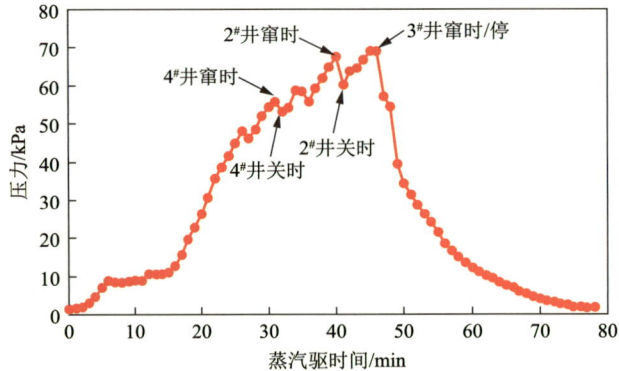

图 3-4-12　第一次蒸汽驱过程中及停止注汽后模型内平均压力变化曲线

面,油水密度差会导致油水重新分布,油流向模型顶部,水流向模型底部,从而使得通道内流体发生变化;另一方面,蒸汽冷凝成水会导致通道内压力下降,从而导致模型内压力分布不平衡,此时通道周围流体向通道聚集,实现压力的平衡分布,模型的整体压力也随之下降,如图 3-4-12 所示。另外,1#井注蒸汽汽窜后转 3#井注蒸汽,2#井和 4#井产油量回升。这主要是由于 1#井注蒸汽时,1#井与 2#井、1#井与 4#井之间蒸汽波及程度相对较大,而 3#井与 2#井、3#井与 4#井之间蒸汽波及程度相对较小;转 3#井注汽后,蒸汽能提高 3#井与 2#井、3#井与 4#井之间的波及体积,有效地将其中的原油驱替出来。

由图 3-4-12 可以看出,蒸汽驱阶段模型内平均压力呈上升趋势,在生产井发生汽窜之前,模型平均压力会出现小幅度的下降,随后急剧上升,主要是由于蒸汽到达生产井时,井周围原油受热降黏,导致渗流阻力减小,模型压力突然下降,而随后井周围原油由于受热会向井筒聚集,从而使渗流阻力再次回升,进而导致模型压力急剧上升。当 4#井发生汽窜时,压力突然下降,关掉 4#井后,压力开始逐渐上升;当 2#井发生汽窜时,压力突然降低,关掉 2#井后,压力又开始逐渐上升。由于整个蒸汽驱阶段注汽量保持不变,生产井逐渐减少,故 3#井窜时压力>2#井窜时压力>4#井窜时压力。当蒸汽驱结束后,关掉所有注采井,由于温度逐渐降低,蒸汽的冷凝导致模型压力也逐渐下降,最后恢复到蒸汽驱前压力。

第一次蒸汽驱各井汽窜时模型顶、底温度场分布如图 3-4-13 所示。

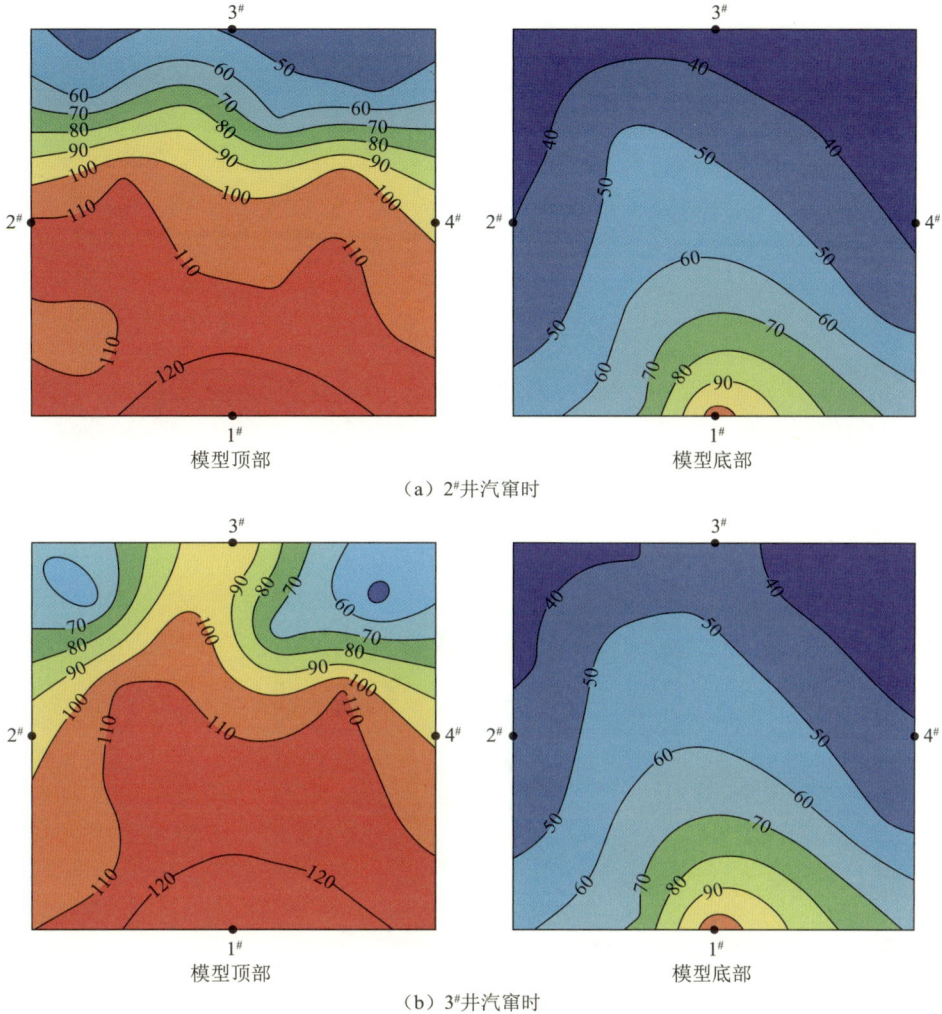

（a）2#井汽窜时

（b）3#井汽窜时

图 3-4-13　第一次蒸汽驱各井汽窜时模型顶、底温度场分布（单位为℃）

由图 3-4-13 可以看出,蒸汽驱温度波及范围较广,生产井汽窜时井底周围温度较高,由于蒸汽超覆作用,模型顶部温度远高于底部温度,并且模型底部温度随着顶部温度的升高而增大。由于蒸汽吞吐阶段各井采出程度不同且井距不同,所以各井汽窜时间不同。注汽 32 min 左右时,4#井发生汽窜,此时 4#井周围温度最高,3#井周围温度最低,顶、底温度场分布明显偏向 4#井;关掉 4#井后,蒸汽向 2#井方向的推进速度加快,注汽 41 min 左右时,2#井发生汽窜,此时温度场偏向 2#井方向,并且由于 4#井停止生产,其周围温度有所下降,而 3#井温度有所增加;关掉 2#井后,蒸汽向 3#井方向的推进速度加快,注汽 47 min 左右时,3#井发生汽窜,由于 2#井停止生产,其周围温度有所下降。在此过程中,3#井与 2#井之间、3#井与 4#井之间的直角处温度一直较低,可见这两处蒸汽温度波及程度较小,整个注蒸汽过程模型温度一直上升,并且蒸汽驱结束后,模型顶底温度同时减小,且顶部温度减小速度比底部快,整个模型温度趋于平衡。

第一次蒸汽驱各井汽窜时模型压力场分布如图 3-4-14 所示。

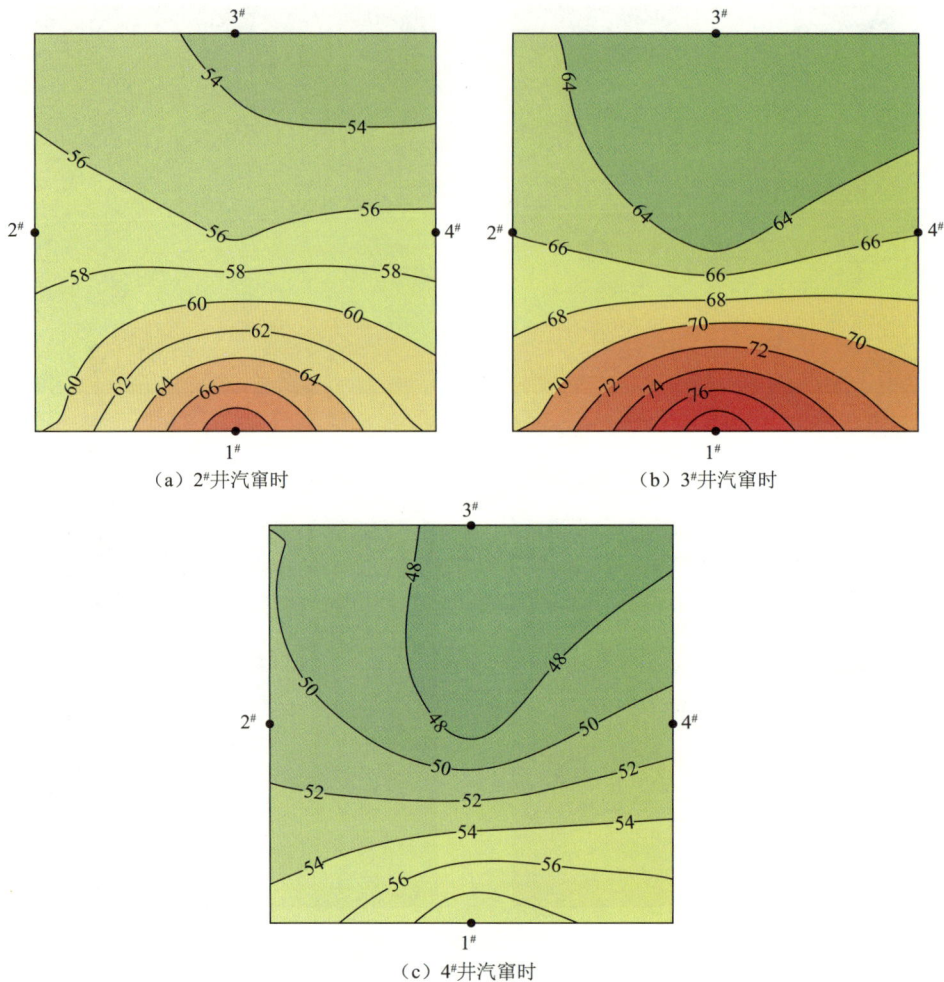

（a）2#井汽窜时

（b）3#井汽窜时

（c）4#井汽窜时

图 3-4-14　第一次蒸汽驱各井汽窜时模型压力场分布（单位为 kPa）

由图 3-4-14 可以看出,蒸汽驱阶段注汽井周围压力最大,并且压力场分布和温度场分布有一定的相关性,在生产井发生汽窜之前,其周围由于温度较高,原油会向井筒聚集,使驱替压力增加,从而导致井附近压力相对较大。另外,随着生产井逐渐减少,模型内部压力逐渐升高,这也和图 3-4-12 相互对应。模型静置 24 h 后进行第二次蒸汽驱,注汽 15 min 左右 4#井发生汽窜,注汽 33 min 左右 2#井发生汽窜,注汽 44 min 左右 3#井发生汽窜。由此可见,较第一次蒸汽驱而言,生产井的汽窜顺序没有变化,而汽窜时间提前。第二次蒸汽驱各井汽窜时模型顶、底温度场分布如图 3-4-15 所示,模型内平均温度变化如图 3-4-16 所示。

对比两次蒸汽驱,各井汽窜时温度场分布有所变化,尤其是 4#井汽窜时模型顶部温度变化最大,这主要是由于油水重新分布后原汽窜通道内油水量与第一次蒸汽驱前不一样,重新进行蒸汽驱导致渗流阻力发生变化,或者通道位置发生变化。1#井和 4#井之间原油采出程度较大,蒸汽更容易向 4#井推进,使得温度场分布偏向 4#井。由图 3-4-16 可以看出,第二次蒸汽驱模型内平均温度略低于第一次蒸汽驱。

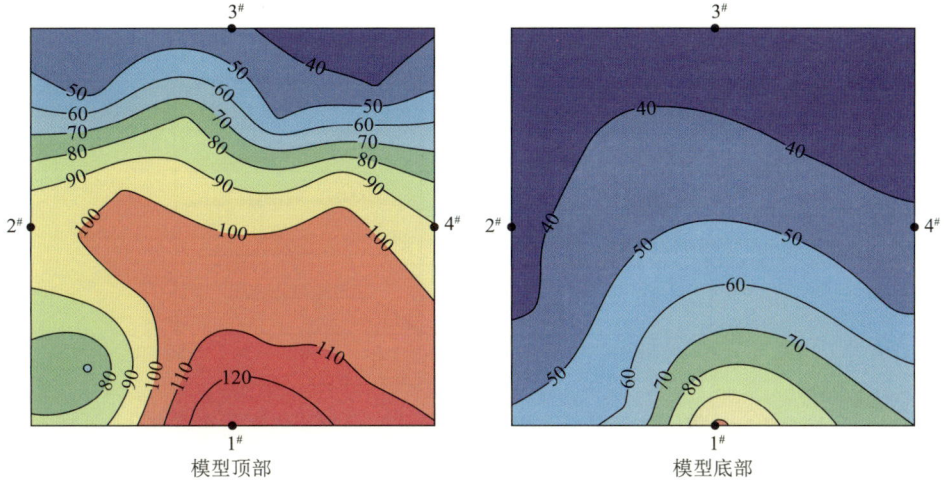

（a）2#井汽窜时

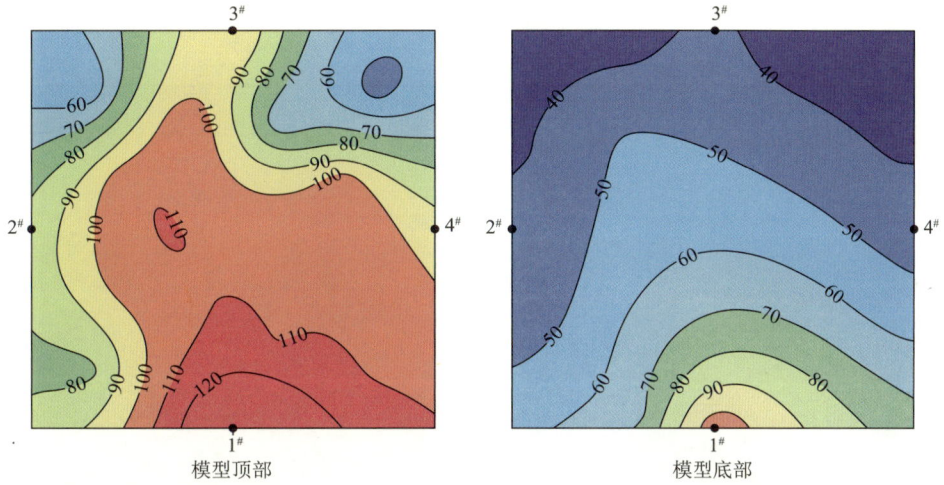

（b）3#井汽窜时

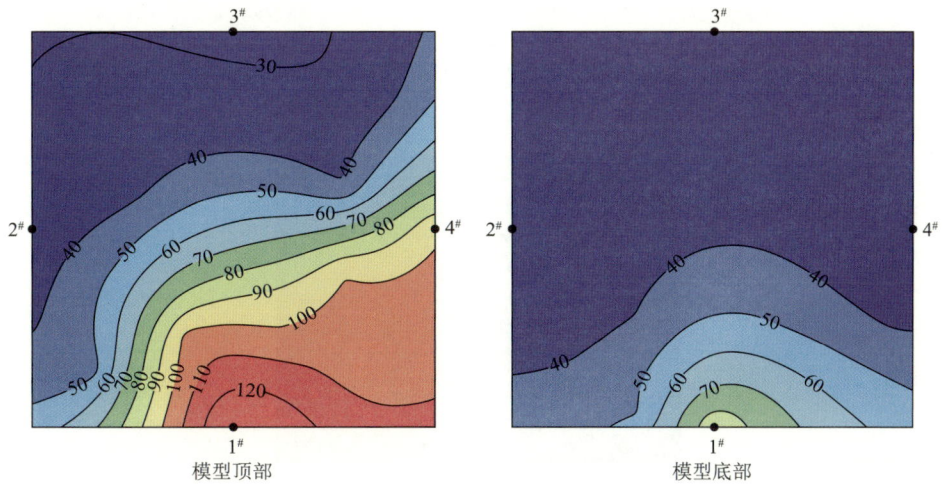

（c）4#井汽窜时

图 3-4-15　第二次蒸汽驱各井汽窜时模型顶、底温度场分布（单位为℃）

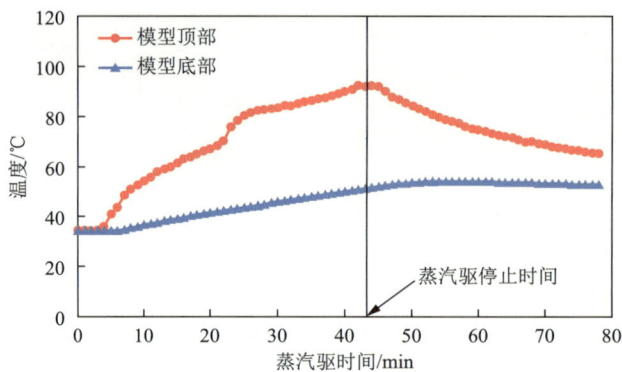

图 3-4-16　第二次蒸汽驱过程中及停止注汽后模型内平均温度变化

第二次蒸汽驱各井汽窜时模型压力场分布如图 3-4-17 所示,模型内平均压力变化如图 3-4-18 所示。

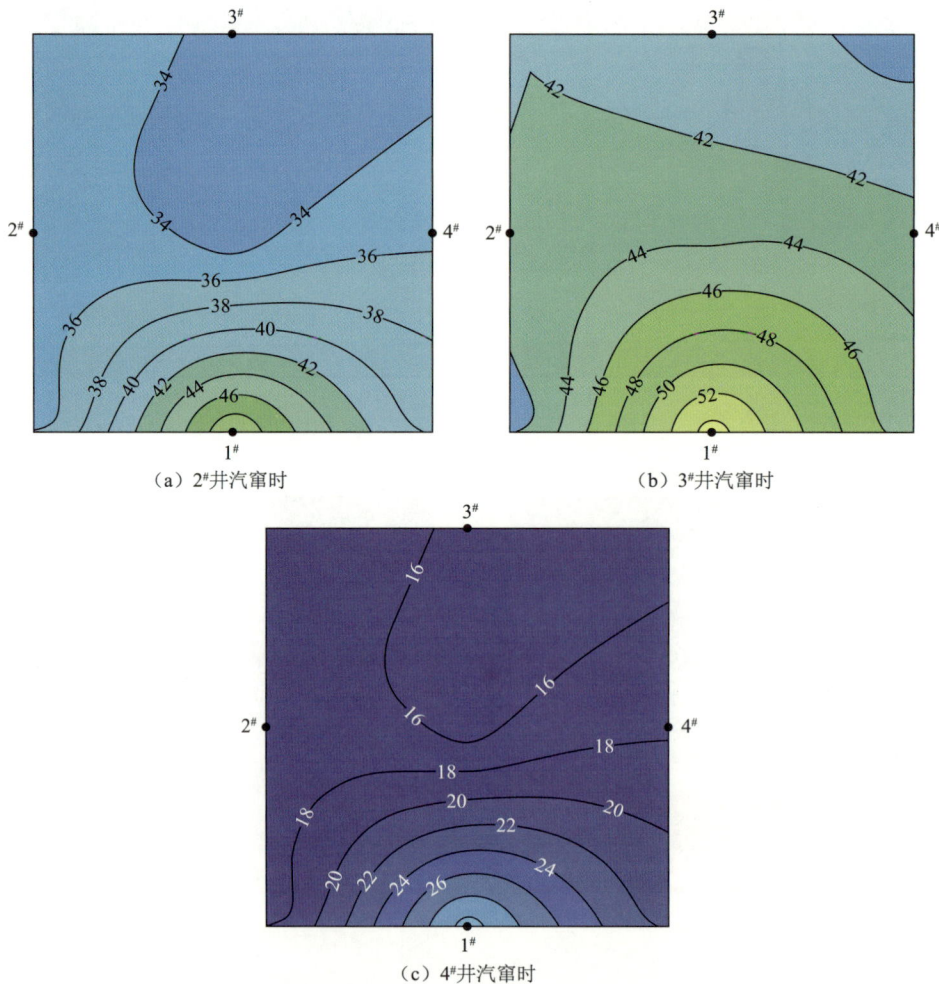

（a）2#井汽窜时

（b）3#井汽窜时

（c）4#井汽窜时

图 3-4-17　第二次蒸汽驱各井汽窜时模型压力场分布(单位为 kPa)

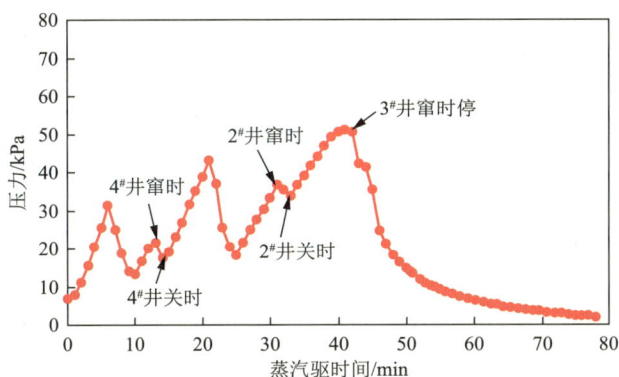

图 3-4-18　第二次蒸汽驱过程中及停止注汽后模型内平均压力变化

第二次蒸汽驱过程中模型内压力变化情况与第一次相似,但平均压力比第一次低,并且在生产井发生汽窜之前,模型平均压力出现下降,随后急剧上升,蒸汽驱停止后模型内压力逐渐减小并恢复至初始值。

1#井进行 3 次蒸汽驱后,模型静置 24 h,转 3#井注汽,1#井、2#井和 4#井生产,目的是提高蒸汽驱井组的波及体积。注汽 37 min 左右 1#井发生汽窜,注汽 49 min 左右 4#井发生汽窜,注汽 56 min 左右 2#井发生汽窜。由于 1#井注汽时,1#井与 3#井之间汽窜通道已经形成,虽然经过油水重新分布,但通道内渗流阻力依然小于波及程度较低的 3#井与2#井之间、3#井与 4#井之间的渗流阻力,故 1#井发生汽窜的时间较早。

图 3-4-19 为第四次蒸汽驱各井汽窜时模型顶底温度场分布。

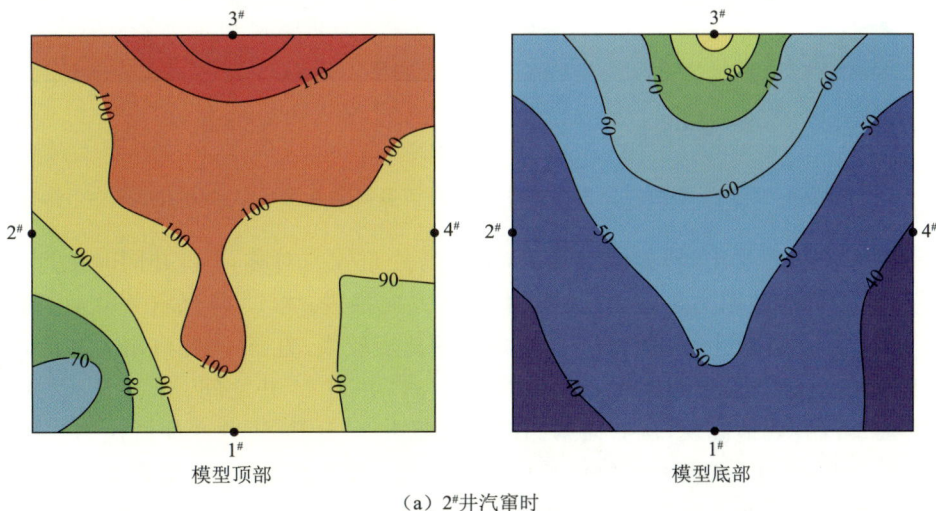

（a）2#井汽窜时

图 3-4-19　第四次蒸汽驱各井汽窜时模型顶底温度场分布(单位为℃)

（b）3#井汽窜时

（c）4#井汽窜时

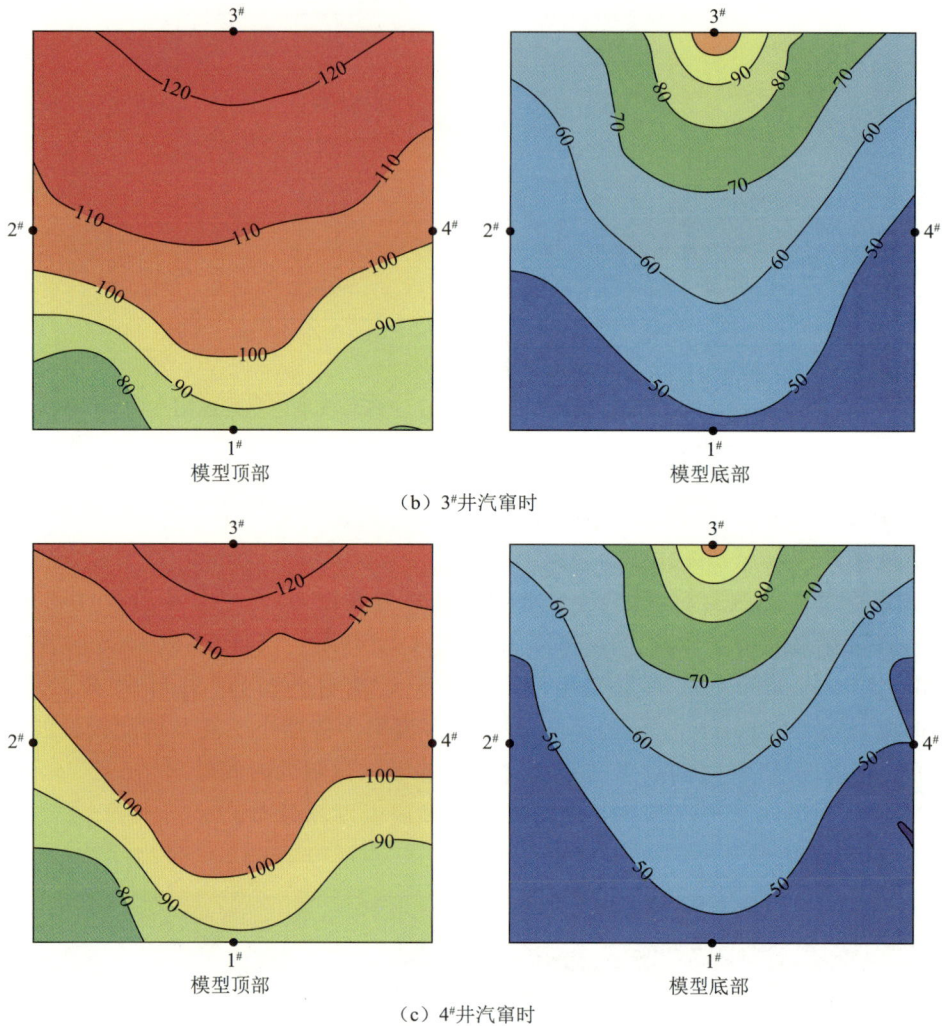

图 3-4-19(续) 第四次蒸汽驱各井汽窜时模型顶底温度场分布(单位为℃)

由图 3-4-19 可以看出,转换注汽井后,温度场分布较为对称,3 口井同时生产时,由于 3#井与 1#井之间渗流阻力小,蒸汽主要向 1#井方向推进;当 1#井汽窜关井后,蒸汽开始 向 2#井和 4#井方向推进,且向 4#井方向推进的速度较快,直至 4#井汽窜关井后,2#井也 很快发生汽窜。可以看出,第四次蒸汽驱过程中,3#井与 2#井之间、3#井与 4#井之间的 油层能够被蒸汽有效地波及,从而使第四次蒸汽驱中 2#井和 4#井产油量比第二次和第三 次多。另外,注蒸汽渗流阻力大,使得油层平均温度比第二次高很多,如图 3-4-20 所示。

第四次蒸汽驱各井汽窜时模型压力场分布如图 3-4-21 所示,模型内平均压力变化如 图 3-4-22 所示。从图中可以看出,至 1#井发生汽窜之前,模型内压力一直很小,主要是 3 口井同时生产时,由于 3#井与 1#井之间的渗流阻力小,蒸汽主要向 1#井方向推进,蒸汽 驱油所需压力较小;当 1#井汽窜关井之后,由于 3#井与 2#井之间、3#井与 4#井之间的渗 流阻力较大,所需驱替压力较大,故模型内压力急剧上升。

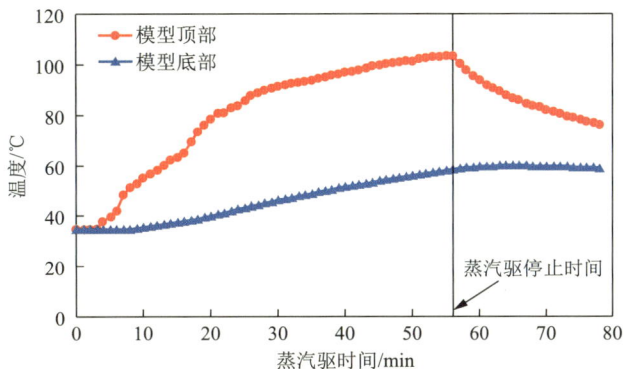

图 3-4-20　第四次蒸汽驱过程中及停止注汽后模型内平均温度变化

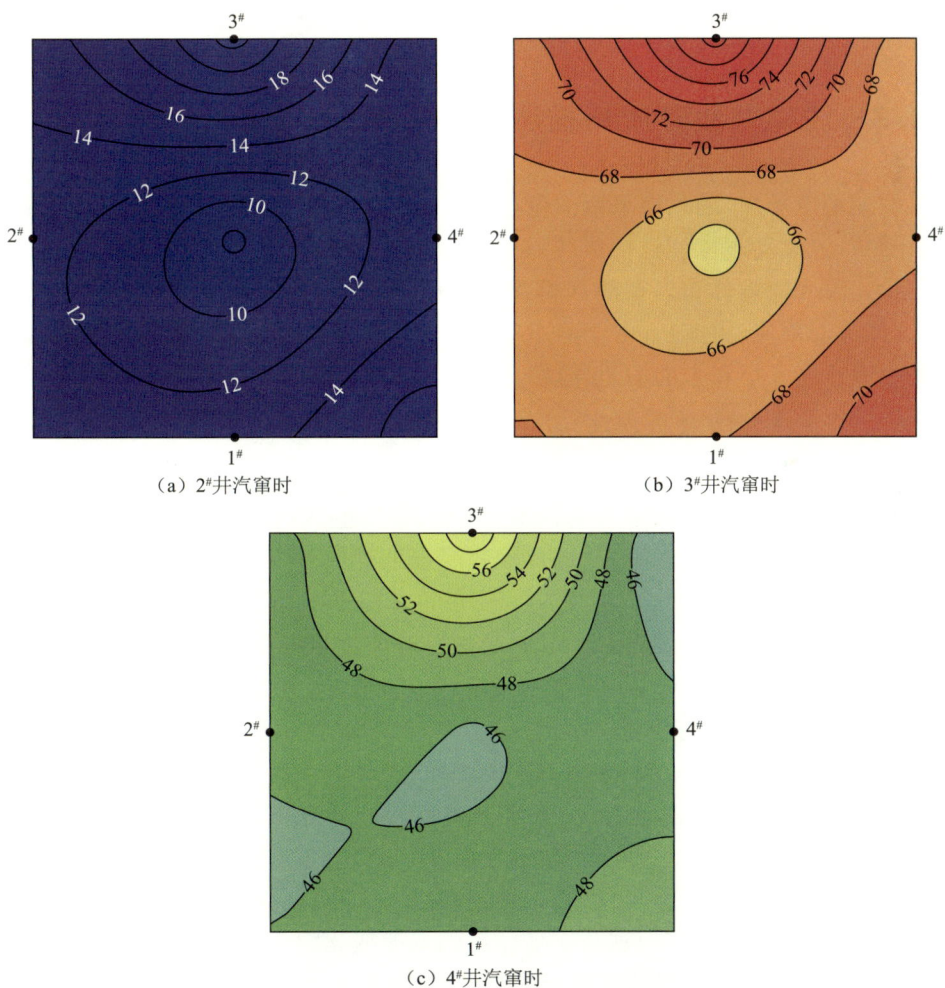

（a）2#井汽窜时

（b）3#井汽窜时

（c）4#井汽窜时

图 3-4-21　第四次蒸汽驱各井汽窜时模型压力场分布

　　通过对比第一次蒸汽驱、第二次蒸汽驱和第四次蒸汽驱可以看出,蒸汽驱汽窜后,关井一段时间可使油水重新分布;合理关闭汽窜井、转换注采井网可以有效地提高井组波及体积,对蒸汽驱后期提高采收率具有积极的作用。

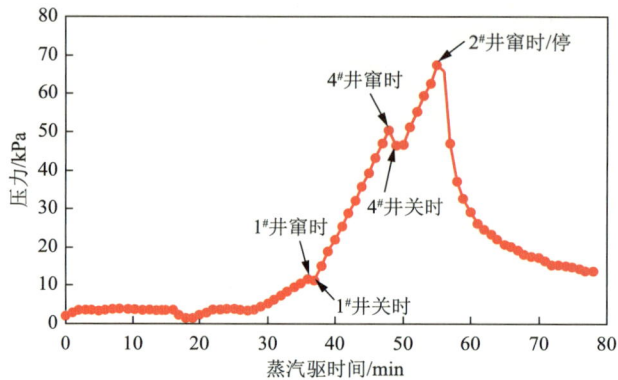

图 3-4-22 第四次蒸汽驱过程中及停止注汽后模型内平均压力变化

3.4.3 注蒸汽油藏流场描述

在开发油藏流场中,油藏静态特征包括构造、厚度等几何参数,以及渗透率、孔隙度等储层参数分布;油藏动态特征包括流体饱和度、流体组分、浓度等物质分布(流体分布)参数,以及压力、温度能量分布。在油气田开发过程中,物质和能量在静态参数场中相互作用,产生流体运动效应(渗流)。由于静态参数分布不均衡,所以能量在作用于流体时产生了运动能力或速度大小和方向的差异性。

1)注蒸汽油藏三场分析方法

(1)温度分布。

图 3-4-23 为某典型稠油区块主力层数值模拟计算温度分布。可以看出,多轮次吞吐使得井点附近的地层温度明显提升,局部温度甚至可达 160 ℃。目前区块部分井间达到热连通状态,如工区中部 LJ7413 井与 L7414 井间已经形成热连通。结合生产数据发现,L134 井、LJ7312 井、LJ7413 井和 L7414 井等的日产液量和含水率增加,井口温度升高,说明存在一定的汽窜现象。对于吞吐轮次较低的井,如 L137 井(3 轮次)、L7115 井(6 轮次)和 L7515 井(6 轮次)等,由于蒸汽注入量较少,蒸汽的加热范围较小,地层温度接近原始状态。

由图 3-4-23(d)可以看出,经过约 25 年的蒸汽吞吐开发,Ⅳ2^2 层温度由初始 28.50 ℃升高到 67.95 ℃,增加了 39.45 ℃;Ⅳ2^3 层温度由 28.50 ℃升高到 74.45 ℃,升高了 45.95 ℃;Ⅳ3 层温度由 28.50 ℃升高到 71.85 ℃,增加了 43.35 ℃;区块平均温度由 28.50 ℃升高到 71.75 ℃,升高了 43.25 ℃。这与矿场监测的温度变化吻合。

将数值模拟计算的温度场数据进行统计分析,结果见表 3-4-2。可以看出,若以地层温度 60 ℃为界,工区内温度高于 60 ℃的储层孔隙约为 0.49 PV,较初始地层温度场有明显抬升;随着统计范围的变化,只有近 0.2 PV 工区范围的温度高于 80 ℃,说明高温地层主要集中在 60～80 ℃区间,约为 0.28 PV;而温度高于 120 ℃的不足 0.05 PV,相应的这些高温储层主要集中在刚完成注蒸汽的井点周围。

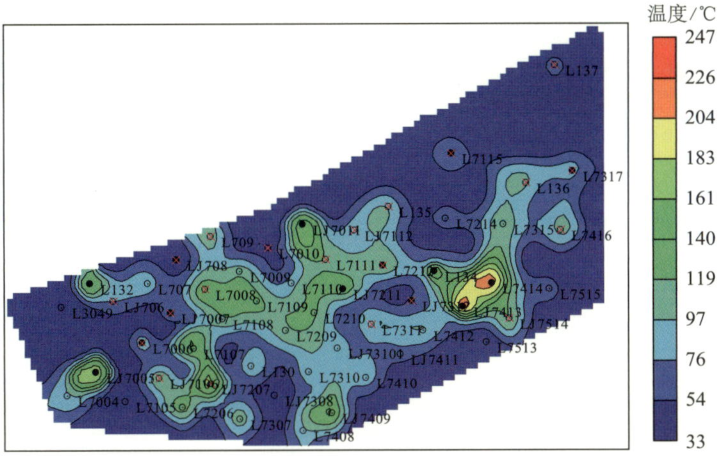

（a）Ⅳ2²层温度场

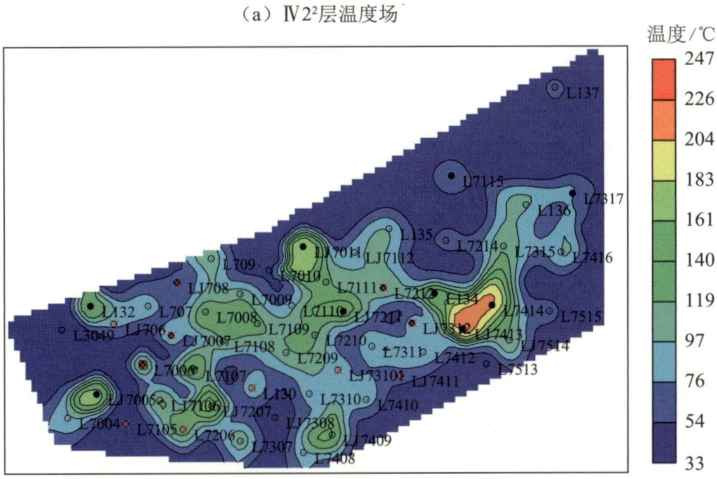

（b）Ⅳ2³层温度场

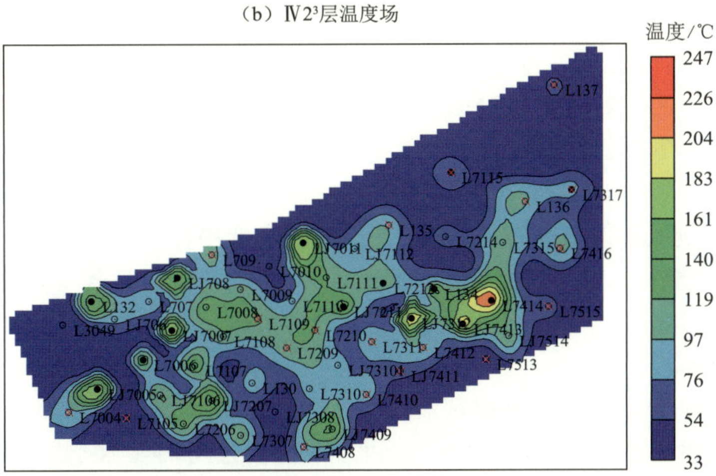

（c）Ⅳ3层温度场

图 3-4-23　典型稠油区块各层当前温度场图

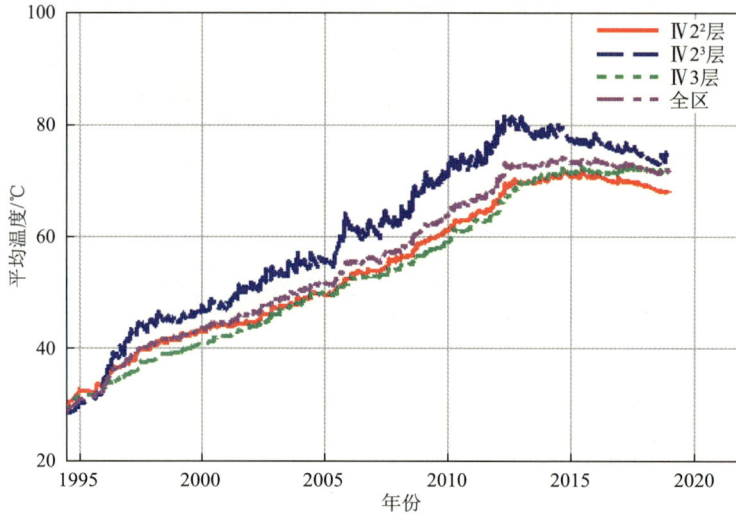

（d）各层温度变化曲线

图 3-4-23(续)　典型稠油区块各层当前温度场图

表 3-4-2　典型稠油区块不同温度范围的变化关系

温度范围/℃	平均饱和度/%	孔隙体积/(10⁴ m³)	孔隙体积倍数/PV
原　始	65.00	62.17	1.00
>40	57.05	47.87	0.77
>60	55.61	30.65	0.49
>80	53.09	13.08	0.21
>100	49.58	6.24	0.10
>120	46.84	3.31	0.04

从表 3-4-2 中还可以看出,随着温度的升高,相应孔隙体积中原油饱和度逐渐降低,符合蒸汽吞吐的开发特征。这是由于随着蒸汽的注入,显著改善了地层原油的流动性,同时温度越高说明该处的蒸汽波及效率越高,蒸汽洗油效果也越好,从而形成局部低饱和度状态。

此外,工区近 50% 以上的孔隙体积温度高于 60 ℃,而温度高于 100 ℃ 的孔隙体积仅为 10%。由于温度具有时变性特征,即原来形成的温度场在无注采条件下由于温差作用不断发生变化,直至达到温度均衡状态。因此,不能单纯依据温度场确定热连通和蒸汽窜流范围,还需要具体分析流体的动用状况。

（2）压力分布。

图 3-4-24～图 3-4-26 为某典型稠油区块主力层数值模拟计算压力分布。可以看出,经过高轮次蒸汽吞吐之后,各层压力场分布很不均匀,且均明显低于原始地层压力,储层压力保持水平较低;渗透率大、连通性好的油层,其压力变化大。也就是说,动用情况好的油层,其吸汽能力强,压力降低幅度大,相应的原油流动能力也强,造成了蒸汽的单层突破。

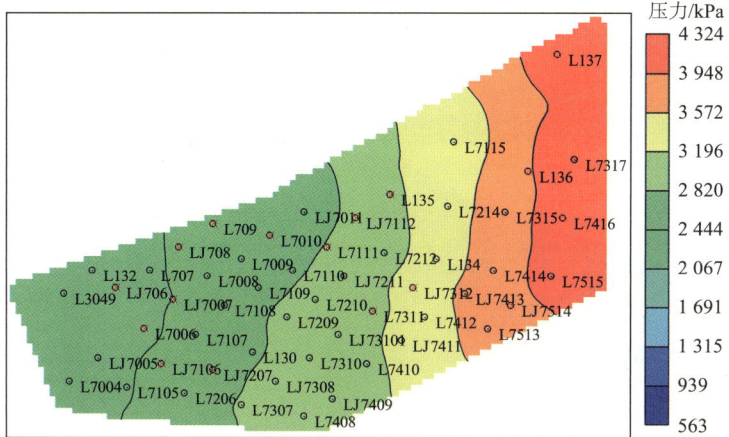

（a）初期

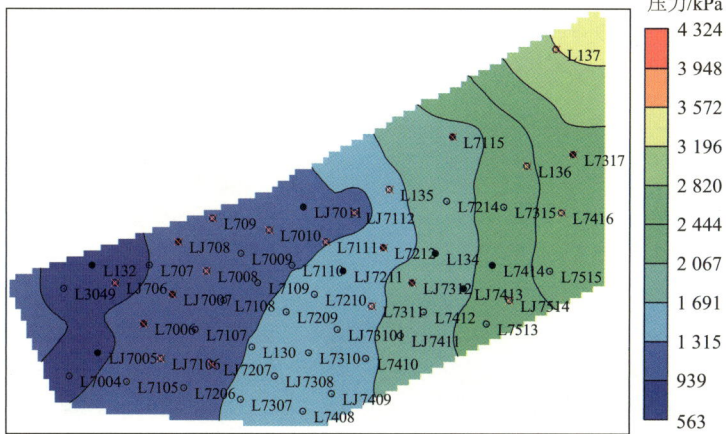

（b）当前

图 3-4-24　某典型稠油区块Ⅳ2^2层压力分布变化

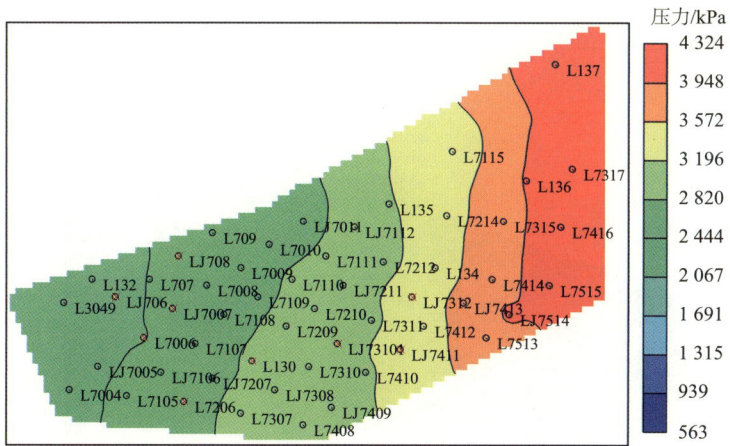

（a）初期

图 3-4-25　某典型稠油区块Ⅳ2^3层压力分布变化

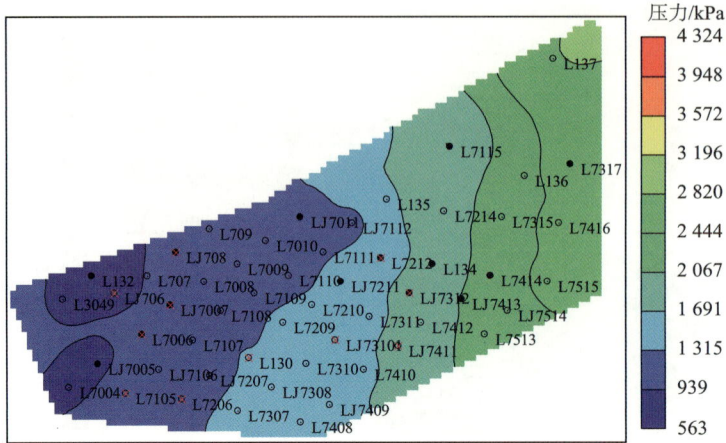

（b）当前

图 3-4-25(续)　某典型稠油区块Ⅳ 2³ 层压力分布变化

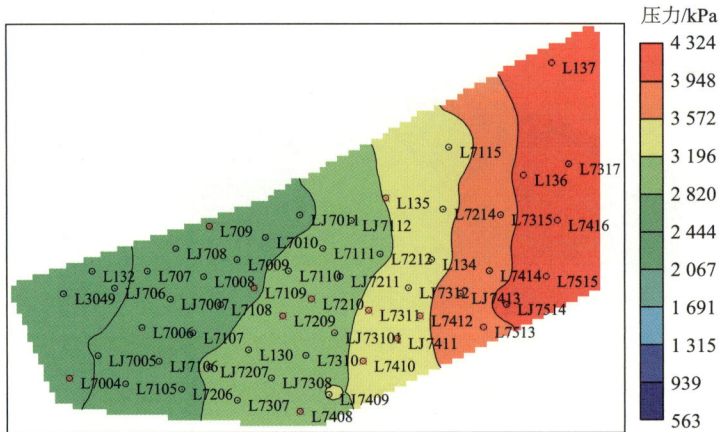

（a）初期

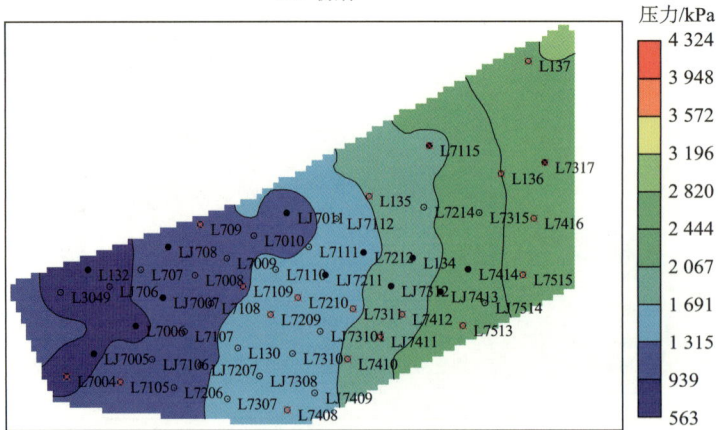

（b）当前

图 3-4-26　某典型稠油区块Ⅳ 3 层压力分布变化

根据该典型稠油区块各小层平均压力变化曲线(图 3-4-27),Ⅳ2² 层平均压力由 3.01 MPa 降为 1.24 MPa,压力保持水平为 41.2%;Ⅳ2³ 层平均压力由 3.28 MPa 降为 1.46 MPa,压力保持水平为 44.5%;Ⅳ3 层平均压力由 2.92 MPa 降为 1.11 MPa,压力保持水平为 38.0%。这说明在油田整个开发过程中累积注采比小于 1,注采不平衡,地层存在亏空,与实际生产压力监测数据相吻合。

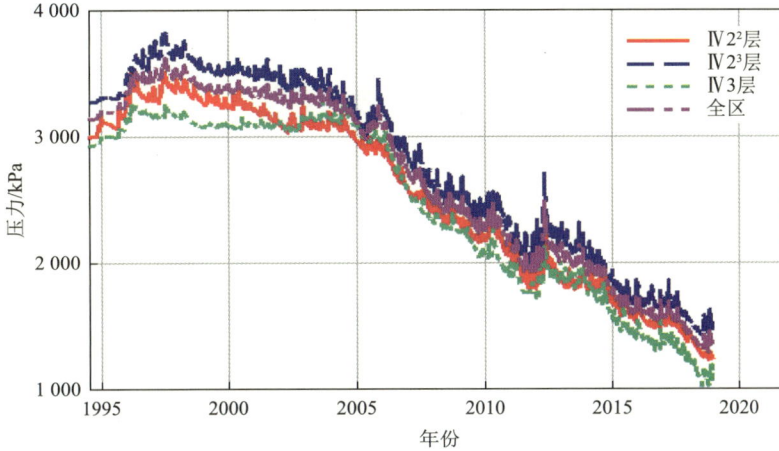

图 3-4-27　某典型稠油区块各小层压力场变化曲线

(3)剩余油饱和度分布。

图 3-4-28 为某典型稠油区块主力层数值模拟计算含油饱和度分布。可以看出,经过长时间的蒸汽吞吐,工区中部大范围达到热连通状态;该位置的井网密度较大,井网较为完善,井点周围的原油饱和度明显降低,开发效果较好。

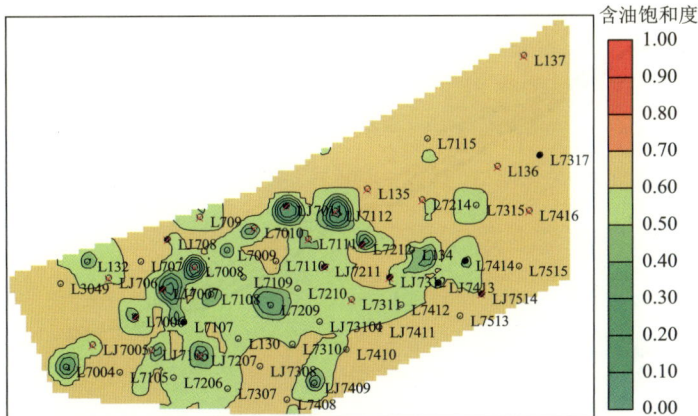

(a)Ⅳ2²层饱和度场

图 3-4-28　某典型稠油区块各层含油饱和度分布场图

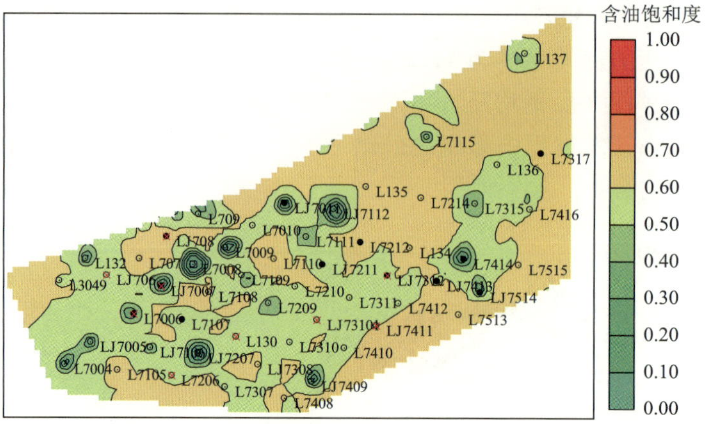

（b）IV2³层饱和度场

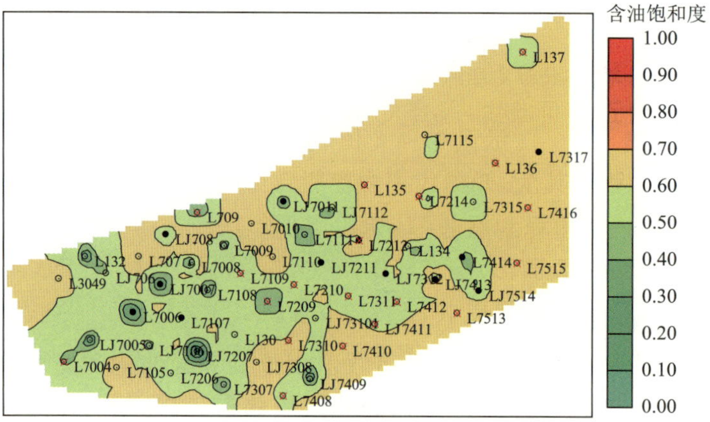

（c）IV3层饱和度场

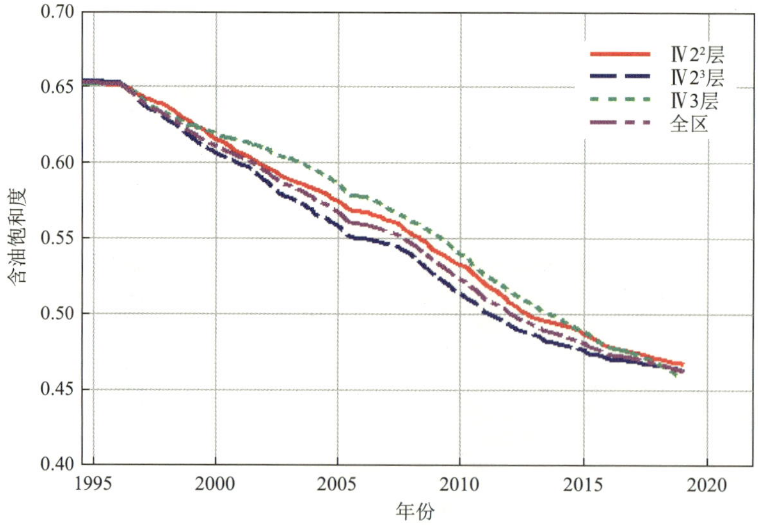

（d）各层含油饱和度变化曲线

图 3-4-28(续)　某典型稠油区块各层含油饱和度分布场图

部分井在井控范围之外,蒸汽吞吐受效差,剩余油饱和度仍然在 0.6 以上,储层中剩余油富集。即使是物性比较好的井区,井间范围内含油饱和度下降也较低,如 L7209 井、L7210 井区间剩余油饱和度约为 0.5,存在大量井间剩余油。此外,在井网密度较低的区域,如工区东北部的 L7115 井、L136 井和 L137 井等,由于井位少、井网密度低、井网控制程度低,大量剩余油滞留在原位而未能有效动用,剩余油连片分布。

由于蒸汽吞吐单井作业自身局限性的影响,油井周围 10～30 m 范围内储量动用程度较高,剩余油饱和度明显低于其他区域。另外,由于七区北 53 口生产井射孔不完善,一部分生产井在 Ⅳ2² 层、Ⅳ3 层并未有效射孔,导致这两层的开发效果较 Ⅳ3 层的差,剩余油饱和度也更高。

由图 3-4-28(d)可知,经过高轮次的蒸汽吞吐开发,Ⅳ2² 层平均饱和度降低至 0.495,下降了 0.155;Ⅳ2³ 层平均饱和度降低至 0.481,下降了 0.169;Ⅳ3 层平均饱和度降低至 0.465,下降了 0.135。

统计分析剩余油饱和度场数据(表 3-4-3),可以看出工区范围内饱和度低于 0.6 的储层孔隙约为 0.65 PV;剩余油饱和度低于 0.50 的储层孔隙为 0.18 PV,说明剩余油饱和度主要集中在 0.5～0.6 之间,约为 0.47 PV;低于蒸汽驱临界饱和度 0.45 的仅为 0.05 PV,以此为界限可确定汽窜孔隙体积范围,为后续调驱提供依据。

表 3-4-3　某典型稠油区块不同饱和度范围的变化关系

饱和度范围	平均温度/℃	孔隙体积/(10^4 m³)	孔隙体积倍数/PV
原　始	28.5	62.17	1.00
＜0.60	60.8	40.64	0.65
＜0.55	72.2	26.66	0.43
＜0.50	75.7	11.38	0.18
＜0.45	82.8	2.88	0.05
＜0.40	88.3	1.73	0.03

从表 3-4-3 中还可以看出,近一半孔隙体积范围的含油饱和度小于 55%,对应温度高于 70 ℃,根据黏温关系,达到了特稠油的启动温度界限,以此为界限可确定热连通孔隙体积范围,作为驱油剂用量的主要设计依据。

2) 注蒸汽后储层余热

(1) 蒸汽吞吐结束油层余热。

蒸汽吞吐井注汽结束后,从焖井开始加热区中持续存在热损失,待蒸汽潜热释放完后加热区温度逐渐降低。产生温度变化的原因主要是加热区导热热损失和产液携带热量。由于蒸汽吞吐的蒸汽注入速度较高,正常情况下油层和加热区温度为一级突变阶梯状分布。

如果注汽压力为 2～4 MPa,注入蒸汽温度为 200～250 ℃,蒸汽吞吐井油层厚度不同,周期注热量不同,注汽压力不同,油层温度不同,生产过程中生产速度不同以及含水等因素不同,则加热区导热热损失和产液携带热量也不相同。不同油层厚度、不同注汽压力下油层温度随时间的变化如图 3-4-29～图 3-4-31 所示。

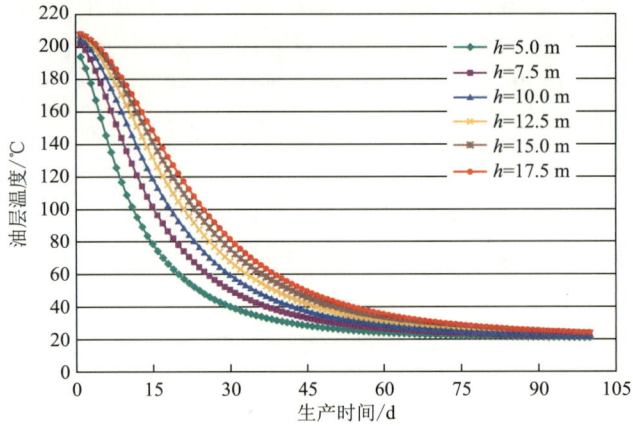

图 3-4-29　注汽压力 2 MPa 时温度变化

h—油层厚度

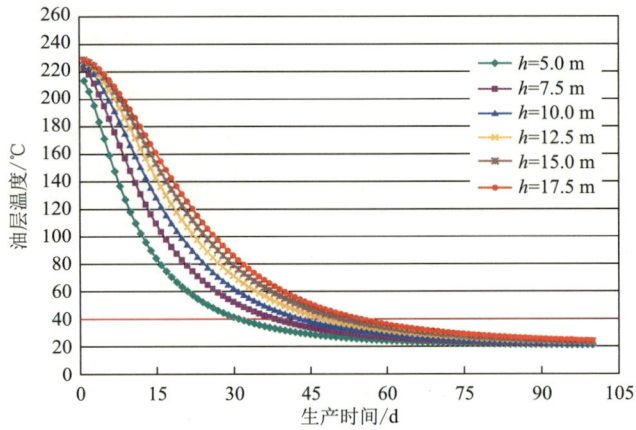

图 3-4-30　注汽压力 3 MPa 时温度变化

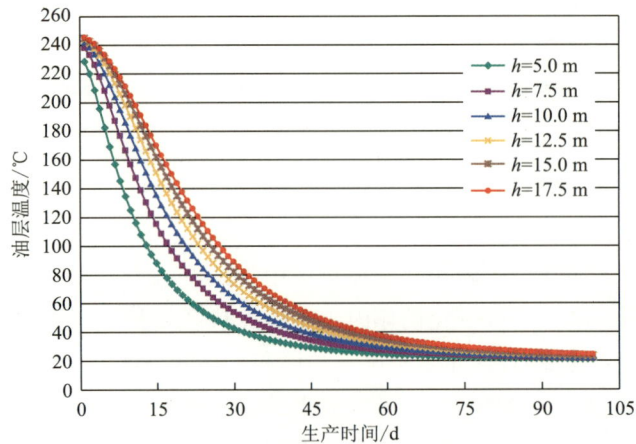

图 3-4-31　注汽压力 4 MPa 时温度变化

在蒸汽吞吐正常生产周期末,油层剩余温度接近稠油流变拐点温度。

(2)蒸汽吞吐余热的定量评价。

余热为蒸汽吞吐后比原始油藏高出的热量,即

$$E_r = \int_0^r 2\pi rh\,(t_r - t_i)\left[\phi\,(c_o S_o \rho_o + c_w S_w \rho_w + c_r\,(1-\phi)\rho_r\,)\right]\mathrm{d}r \qquad (3\text{-}4\text{-}1)$$

式中　　E_r——余热,J;

$\quad\quad$ r——油层某处到井中心的距离,m;

$\quad\quad$ h——油层厚度,m;

$\quad\quad$ t_r——油层中 r 处的温度,℃;

$\quad\quad$ t_i——油层初始温度,℃;

$\quad\quad$ ϕ——孔隙度;

$\quad\quad$ c_o,c_w,c_r——原油、水和岩石的比热容,J/(kg·K);

$\quad\quad$ S_o,S_w——原油和水的饱和度;

$\quad\quad$ ρ_o,ρ_w,ρ_r——原油、水和岩石的密度,kg/m³。

结合油藏数值模拟结果,可以得到温度 t 和距井点距离 r 的关系,如图 3-4-32～图 3-4-34 所示。可以看出,随着渗透率的增加,油层近井地带温度降低,但远离井点的地方温度和热

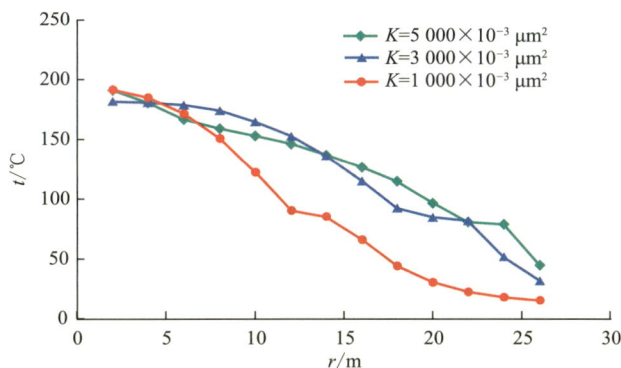

图 3-4-32　不同渗透率下温度与距井点距离之间的关系

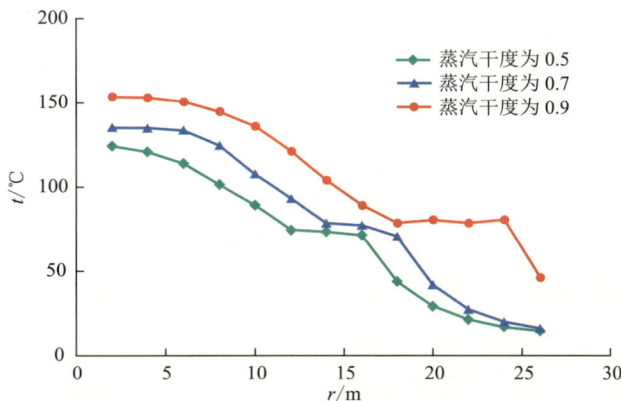

图 3-4-33　不同蒸汽干度下温度与距井点距离之间的关系

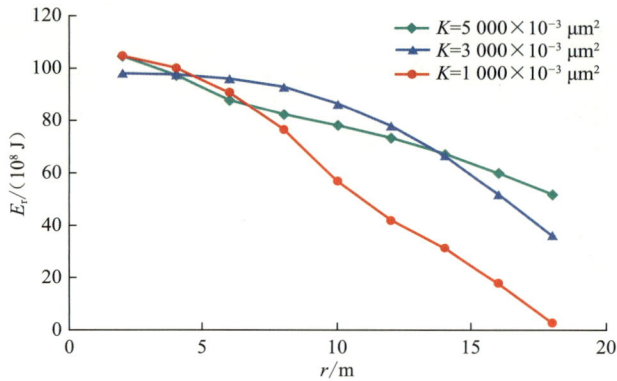

图 3-4-34　多轮次吞吐后的余热焓值与渗透率的关系

焓增加;随着蒸汽干度的增加,油层中任一点的温度都上升,即蒸汽干度与油层的余温有正相关关系。

根据式(3-4-1)可以得到多轮次吞吐后的油层余热,如图 3-4-34、图 3-4-35 所示。可以看出,余热与蒸汽干度正相关。

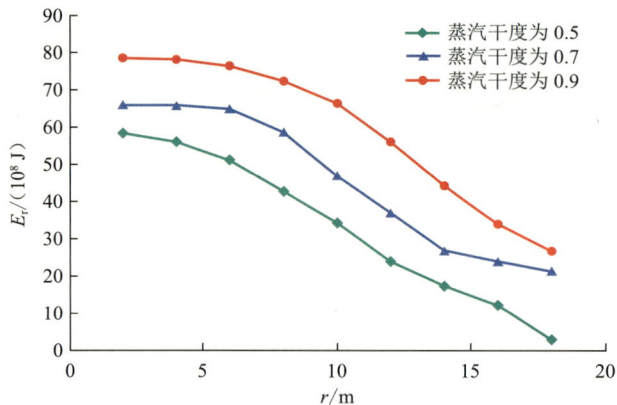

图 3-4-35　多轮次吞吐后的余热焓值与蒸汽干度的关系

3)注蒸汽后油藏流场指标评价

对于注蒸汽开发的非均质储层,其物性参数、流体性质和渗流特征都发生了很大的变化,对于非均质性较强的中高渗透油藏来说这种变化更加明显。因此,研究地下油藏流场的分布和变化规律变得很有必要。研究油藏流场首先要找出描述油藏流场的指标,进而定量描述优势流场的大小,为后续流场调整提高采收率提供方向。

事实上,油藏三场间接反映了储层渗流能力,但由于无注采条件下温度场持续发生变化,达到温度均衡状态,所以油层压力分布也具有均衡化的趋势。为了综合反映流场的特征,引入油水渗流能力函数定量表征油层中流体的流动能力。

(1)油相启动温度。

热采稠油可以是低屈服值的宾汉流体、假塑性流体和塑性流体等非牛顿流体,因此温度较低时稠油渗流呈现存在启动压力梯度的非达西渗流特征。温度升高,稠油可以由非牛顿流体变成牛顿流体。通常情况下,对应温度为 50 ℃时的原油脱气黏度越高,其屈服值和转变成牛顿流体的温度也越高。通过实验测得不同温度下原油渗流曲线,获取不同温度下的油相启动温度 t_c。t_c 不仅与黏度相关,还与渗透率有关:

$$t_c = A \lg \frac{K}{\mu_{od}} - B \qquad (3\text{-}4\text{-}2)$$

式中　t_c——油相启动温度,℃;

　　　K——油层渗透率,10^{-3} μm^2;

　　　μ_{od}——稠油脱气黏度,mPa·s;

　　　A,B——回归系数。

(2) 油水相流动能力函数。

根据不同实验条件测得油相和水相流动指数,再将室内流动能力折算为油田矿场条件下的流动能力。利用数理统计中的多元非线性回归,选取剩余油饱和度、渗透率等为自变量进行回归分析,得到如下适用于矿场实际的流动能力函数。

油相渗流能力模型为:

$$J_o = \frac{Kh_e}{\mu_o(t)} \left\{ \exp\left[-a\left(\frac{S_o}{S_{oi}}\right)^b \right] - c \right\} \qquad (3\text{-}4\text{-}3)$$

式中　J_o——油相流动系数;

　　　h_e——油层有效厚度,m;

　　　μ_o——原油黏度,mPa·s;

　　　S_o——油相饱和度;

　　　S_{oi}——原始含油饱和度;

　　　t——温度,℃;

　　　a,b,c——回归系数。

水相流动能力模型:

$$J_w = \frac{Kh_e}{\mu_w(t)} m \left(1 - \frac{S_o}{S_{oi}}\right)^n \qquad (3\text{-}4\text{-}4)$$

式中　J_w——水相流动系数;

　　　μ_w——水相黏度,mPa·s;

　　　m,n——回归系数。

(3) 典型工区油水相流动能力分布。

① 水(汽)淹程度分布。

含水率(分流量)是油田开发过程中的一个重要指标,它是油水同产时产水量和产液量的比值。根据含水率(分流量)可以判断地下含水情况,根据分流量方程可以确定目标区块的水(汽)淹分布。某典型稠油区块各层的水(汽)淹分布如图 3-4-36 所示。

$$f_w = \frac{K_{rw}/\mu_w}{K_{rw}/\mu_w + K_{ro}/\mu_o} \qquad (3\text{-}4\text{-}5)$$

式中　K_{rw},K_{ro}——水相、油相相对渗透率。

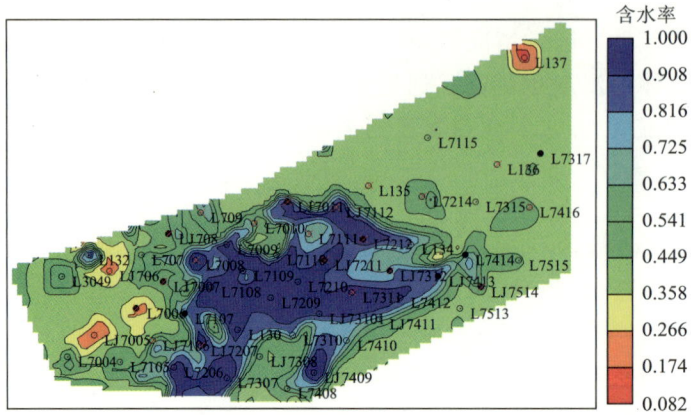

（a）Ⅳ2²层

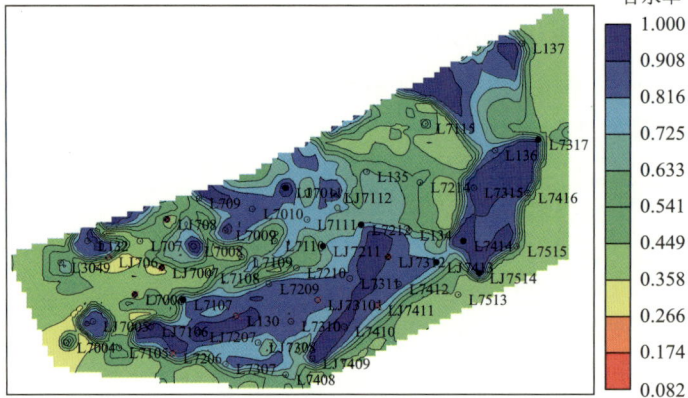

（b）Ⅳ2³层

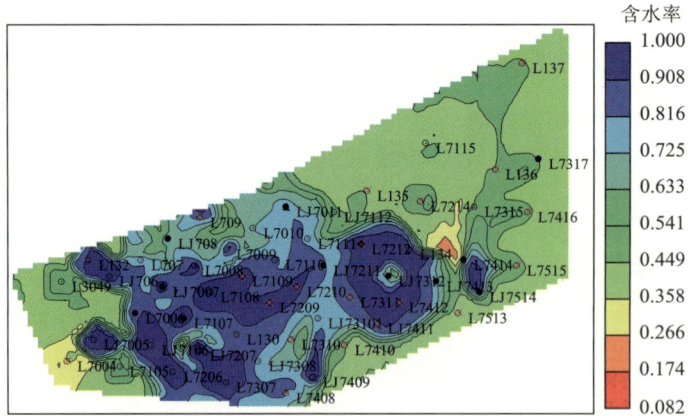

（c）Ⅳ3层

图 3-4-36　某典型稠油区块各层水（汽）淹分布

统计拟合末期的水淹分布数据（表 3-4-4），可以看出该典型稠油油藏经过高周期吞吐，目前已进入高含水开发阶段，约有半数的孔隙水淹程度介于 60%～90% 之间；而含水率高于 90% 范围达 0.21 PV，相应的这些区域主要集中在井周蒸汽有效波及半径内。

表 3-4-4 工区不同含水率范围的变化关系

含水率范围/%	孔隙体积/(10^4 m^3)	孔隙体积倍数/PV
<20	4.45	0.07
20~60	19.19	0.31
60~90	25.75	0.41
90~95	8.48	0.14
>95	4.30	0.07

② 油相渗流能力分布。

某典型稠油区块各层的渗流能力分布如图 3-4-37 所示。可以看出,油藏各小层的渗流能力在平面上变化较大,各小层均存在渗流能力较强的潜力区,且高渗流能力区主要集中在工区中部的井点位置处,这是由于工区中部位置处地层温度抬升明显,使得原油黏度降低,渗流能力增强。

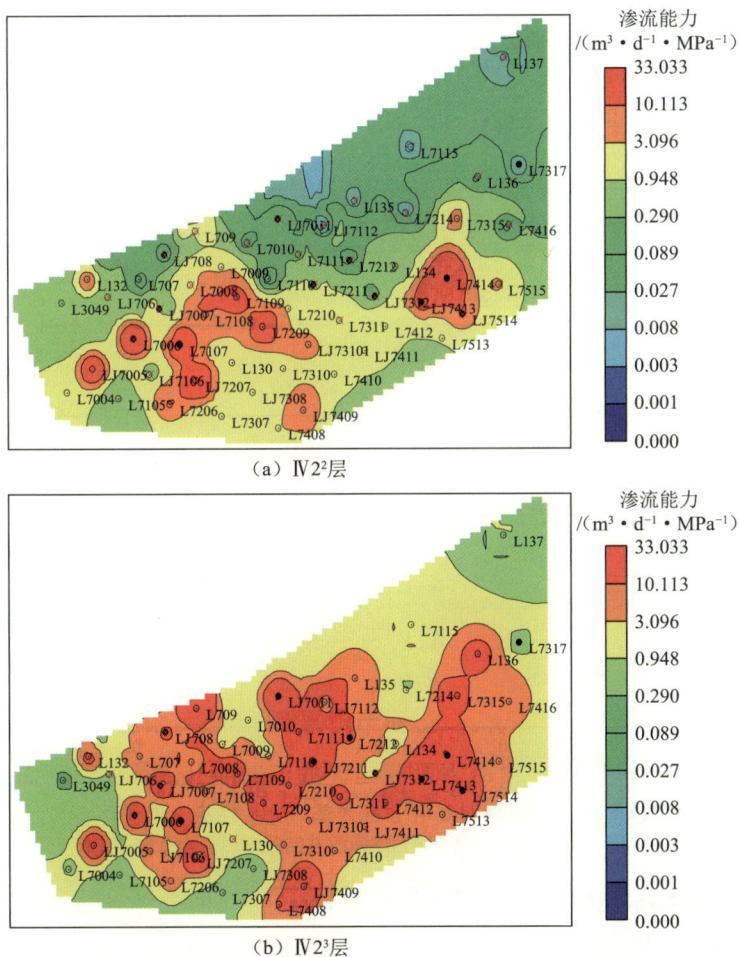

(a) Ⅳ2^{2}层

(b) Ⅳ2^{3}层

图 3-4-37 某典型稠油区块各层原油渗流能力分布

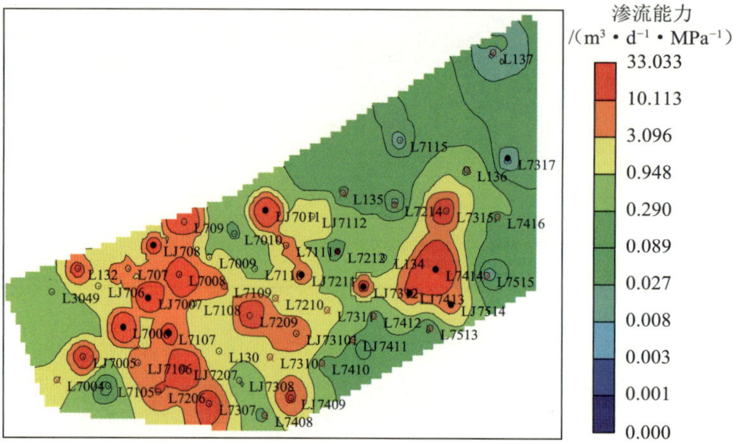

（c）Ⅳ3层

图 3-4-37(续)　某典型稠油区块各层原油渗流能力分布

统计拟合末期的油相流动能力分布数据（表 3-4-5）可以看出，当前储层条件下油藏部分区域具有较强的流动能力，潜力区发育较好；约有 0.37 PV 储层范围的原油流动能力高于该区块的平均值。

表 3-4-5　某典型稠油区块油相流动能力变化关系

渗流能力范围/($m^3 \cdot d^{-1} \cdot MPa^{-1}$)	孔隙体积/(10^4 m^3)	孔隙体积倍数/PV
<2.15	23.78	0.38
2.15~3.94	15.60	0.25
3.94~10.02	10.99	0.18
>10.02	11.80	0.19

3.4.4　稠油注蒸汽后开发潜力方向

根据油田提高采收率的定义式：

$$E_R = \frac{V_w}{V_t} \frac{\overline{S}_{oi} - \overline{S}_{or}}{\overline{S}_{oi}} = \frac{\overline{A}_w \overline{h}_w}{\overline{A}_t \overline{h}_t} \frac{\overline{S}_{oi} - \overline{S}_{or}}{\overline{S}_{oi}} = E_v E_D = E_a E_h E_D \quad (3\text{-}4\text{-}6)$$

式中　E_R——采收率，小数；

V_w，V_t——波及体积和总体积，m^3；

$\overline{S}_{oi}$，$\overline{S}_{or}$——平均原始含油饱和度和平均剩余油饱和度，小数；

$\overline{A}_w$，$\overline{A}_t$——平均水淹面积和油田平均面积，m^2；

$\overline{h}_w$，$\overline{h}_t$——平均水淹厚度和油田平均厚度，m；

E_v——体积波及系数；

E_a——面积波及系数；

E_h——厚度波及系数；

E_D——驱油效率。

可以看出，油田开发的终极目标决定了油藏的任何开发方法或技术都具有波及和驱油两个内涵。现将油田提高采收率问题转换成如何获得采出程度最大值的问题，即

$$\max(R_E) = \frac{\iiint_w d\left[\phi(S_{oi} - S_o)V_w\right]}{\iiint_t d(\phi S_{oi} V_t)} = \iiint_w d\left(\frac{V_w}{V_t}\frac{S_{oi} - S_o}{S_{oi}}\right) = \iiint_w d(E_v E_D) \quad (3\text{-}4\text{-}7)$$

式中　R_E——采出程度；

t——总体；

w——波及部分。

上式为稠油注蒸汽开发的极限采收率模型，即注蒸汽热力采油时空多维度提高波及系数和提高极限驱油效率的优化控制管理模型。将上式写成离散化形式，分别表示提高油田波及系数的区域和提高油田驱油效率的区域，即根据注蒸汽油田内部差异性，将油藏划分为若干单元，分类进行治理：

$$R_{Em} \approx R_{Emv} + R_{EmD} \quad (3\text{-}4\text{-}8)$$

式中　R_{Em}——最大采收率；

R_{Emv}——以扩大波及系数为主要措施的最大采出程度；

R_{EmD}——以提高驱油效率为主要措施的最大采出程度。

1）扩大波及系数

R_{Emv}可按下式计算：

$$R_{Emv} = E_D \iiint_w dE_v \approx E_D \sum_i (\Delta E_{vp} + \Delta E_{vc} + \cdots)_i \quad (3\text{-}4\text{-}9)$$

式中　$\Delta E_{vp}, \Delta E_{vc}$——多种措施的波及系数。

注蒸汽扩大波及系数即提高波及范围的控制，方法包括层系和井网管理、窜流通道管理等，单项技术包括：① 立体井网开发技术，如多分支井、直井驱泄复合等适应隔夹层分布的油藏的技术，可以提高纵向波及范围；② 窜流通道利用与调控理论及技术，如井网转向、组合吞吐、封堵等，可以提高平面波及范围。

2）提高驱油效率

R_{EmD}可按下式计算：

$$R_{EmD} = E_v \iiint_w dE_D \approx E_v \sum_j (\Delta E_{DT} + \Delta E_{DO} + \cdots)_j \quad (3\text{-}4\text{-}10)$$

式中　$\Delta E_{DT}, \Delta E_{DO}$——多种措施的驱油效率。

注蒸汽提高极限驱油效率即提高可动油的控制，方法包括温度和汽腔管理、剩余油转化管理等；单项技术包括研制与稠油构效相关的多功能剂、添加多气剂介质技术，例如利用非凝析气增能、物化增效及剩余油转化等，优化复合工艺流程、参数等，以提高驱油效率。

第 4 章
稠油注蒸汽后期提高采收率原理

注蒸汽后期,窜流通道发育,流场发生了较大的变化,如何有效封堵并限制窜流通道的扩展与加剧对于提高稠油油藏的热采开发效果极为重要。基于这个目的,本章主要从非均相调驱体系出发,研究适用于不同窜流条件的颗粒堵剂体系、耐高温凝胶堵剂体系、泡沫封堵体系以及多元热复合化学体系等(依次可用于窜流程度从强到弱的不同特征的热采稠油油藏),并对其性能进行评价,完善调驱体系的性能评价指标体系,为已窜流稠油油藏的有效开发提供指导。

4.1 氮气增能与隔热辅助注蒸汽原理

目前国内开发稠油油藏的常规方法是蒸汽吞吐,它具有施工简单、经济有效的优点,但该方法存在重力超覆引起的蒸汽在高渗层窜流以及热损失大等问题,导致周期产油量减少、油汽比降低、开采成本上升、经济效益变差。蒸汽吞吐前注入氮气可以提高原油采收率。氮气应用于蒸汽吞吐中不仅可持续地补充地层能量,还能明显降低热损失,增加蒸汽在油藏中的波及面积,但氮气和蒸汽进入地层过程中会产生大量的热损失,因此现场开发前要根据油藏的地质特点和原油物性,采用合适的氮气和蒸汽混注比,从而提高油藏开发效果。

4.1.1 氮气增能辅助注蒸汽原理

1) 氮气辅助注蒸汽增效原理

(1) 提高地层压力,增加弹性能量。

氮气是可压缩气体,体积系数大,1 m³ 液态氮在常温常压下可变为 696.5 m³ 气体。注入氮气时,氮气在高压条件下被压缩存储能量;油井注汽后投入生产时,随着地层压力的降低,被压缩存储在地层中的氮气迅速膨胀,产生较大的附加能量,具有较强的助排作用,从而在生产中提高油井产能和回采水率。同时,氮气由于重力差异可分布在蒸汽腔上部,能够起到维持系统压力、向下驱替原油的作用,从而提高油藏的泄油能力。在吞吐回采过程中,溶解在油中的氮气可降低油的渗流阻力,呈游离状态的氮气形成气驱可增加驱动能量。稠油蒸汽吞吐时注氮气可以有效延长吞吐周期。

假设油藏总体积(泄流体积)为 V_t,原始油藏温度为 t_i,原始油藏压力为 p_i,原始孔隙度为 ϕ_i,不考虑原始溶解气和氮气在稠油中的溶解;累积注入冷水当量 M_{win}(质量)后,累积注入气体 M_{gin}(质量),受热体积为 V_h,受热区温度升高到 T,开井生产后累积产油 M_{osc}(质量)、累积产水 M_{wsc}(质量)、累积产气 M_{gsc}(质量)。气相物质平衡方程为:

$$\rho_{gi}\phi_i S_{gi} V_t + M_{gin} = \rho_g \phi S_g V_t + M_{gsc} \tag{4-1-1}$$

平均含气饱和度如下:

① 当 $S_{gi} \neq 0$ 时,令

$$X_{gin1} = \frac{M_{gin}}{S_{gi}\rho_{gi}\phi_i V_t} \tag{4-1-2}$$

则:

$$X_{gsc1} = \frac{M_{gsc}}{S_{gi}\rho_{gi}\phi_i V_t}$$

$$S_g = S_{gi}\frac{1 + X_{gin1} - X_{gsc1}}{\dfrac{\phi\ \rho_g}{\phi_i\ \rho_{gi}}} \tag{4-1-3}$$

② 当 $S_{gi} = 0$ 时,令

$$X_{gin2} = \frac{M_{gin}}{\rho_{gi}\phi_i V_t} \tag{4-1-4}$$

则:

$$X_{gsc2} = \frac{M_{gsc}}{S_{gi}\rho_{gi}\phi_i V_t}$$

$$S_g = \frac{X_{gin2} - X_{gsc2}}{\dfrac{\phi\ \rho_g}{\phi_i\ \rho_{gi}}} \tag{4-1-5}$$

结合式(4-1-3)和式(4-1-5),由 $S_o + S_w + S_g = 1$,可得与式(1-3-38)相同的形式,其中 A, C, B 和 D 的计算式与式(1-3-39)~式(1-3-42)相同,但 B 和 D 计算式中的参数 V_{og} 不同:

$$V_{og} = S_{gi}(1 + X_{gin1} - X_{gsc1}) \quad (S_{gi} \neq 0) \tag{4-1-6}$$

$$V_{og} = X_{gin2} - X_{gsc2} \quad (S_{gi} = 0) \tag{4-1-7}$$

计算出不同氮气辅助用量下油藏平均压力的变化,即氮气辅助增能的大小。

(2)增大蒸汽波及面积和剖面动用程度。

氮气辅助注蒸汽中,一部分氮气携带热量迅速进入油藏深部和上部,可增大蒸汽的纵向波及体积,使井间油层内的剩余油区得到动用;另一部分氮气可在地层中形成微气泡,推动蒸汽横向运移,增加蒸汽携热能力,增大蒸汽的横向波及体积。氮气辅助蒸汽吞吐时,由于氮气与蒸汽间存在密度差,所以氮气会将超覆的蒸汽与油层顶部的页岩盖层隔离开,从而减少向上覆盖层的热损失,提高注入热量利用率。

氮气具有黏滞性,在地层条件下会产生一定数量的泡沫。高渗透带阻力小,氮气会优先进入并占据孔隙的大部分空间,迫使后续蒸汽更多地进入含油饱和度高的低渗透地层,

从而增加波及体积,提高剖面的动用程度,使油藏开发效果得到改善。

2)氮气辅助注蒸汽氮气用量设计

设蒸汽吞吐井累积产油量为 N_p,根据物质守恒原理,加热半径 r_{oh} 为:

$$r_{oh}^2 = \frac{N_p B_o}{\pi h \phi (S_{oi} - S_{ors}) \rho_{osc}} \tag{4-1-8}$$

式中　B_o——原油体积系数;

　　　h——油层厚度,m;

　　　ϕ——孔隙度,小数;

　　　S_{oi},S_{ors}——原始含油饱和度和注蒸汽残余油饱和度;

　　　ρ_{osc}——原油密度,kg/m³。

若设计蒸汽吞吐加热半径增加量为 c(c 一般取 10%),则所需要的周期注蒸汽量 G_s 为:

$$\begin{aligned} G_s &= \frac{M_r (t_s - t_i)}{E_{hs} H_m} \pi (1+c)^2 r_{oh}^2 h_t \\ &= \frac{M_r (t_s - t_i)}{H_m} (h_t + 1.7\sqrt{\alpha_e t}) \pi (1+c)^2 r_{oh}^2 \end{aligned} \tag{4-1-9}$$

式中　G_s——周期注汽量,kg;

　　　M_r——体积比热容,kJ/(m³·K);

　　　t_s,t_i——蒸汽温度、原始地层温度,℃;

　　　E_{hs}——注蒸汽油层热效率,小数;

　　　H_m——蒸汽热焓,kJ/kg。

以加热半径为依据对辅助注蒸汽氮气用量进行设计:

$$(1+c)^2 r_{oh}^2 = \frac{V_s + V_{rN}}{\pi h \phi (1 - S_{ors})} \tag{4-1-10}$$

$$V_{sN} = \frac{V_{rN} p_g T_r}{p_r T_g} = \left[\frac{(1+c)^2 N_p B_o (1 - S_{ors})}{(S_{oi} - S_{ors}) \rho_{osc}} - G_s V_s \right] \frac{p_g T_r}{p_r T_g} \tag{4-1-11}$$

式中　V_{rN}——地下氮气用量,10⁴ m³;

　　　V_{sN}——地面氮气用量,10⁴ m³;

　　　p_g——地面注氮气压力,MPa;

　　　p_r——油层压力,MPa;

　　　T_r——油层热力学温度,K;

　　　T_g——地面注氮气热力学温度,K;

　　　G_s——本周期注汽量(冷水当量);

　　　V_s——水蒸汽比体积,m³/kg。

3)氮气辅助注蒸汽介入和退出时机

(1)氮气辅助注蒸汽介入时机。

利用注蒸汽油藏平均压力与累积注汽量、累积产油量和累积产水量的关系,建立典型蒸汽吞吐井油藏平均压力随采出程度变化图版,如图 4-1-1 所示。

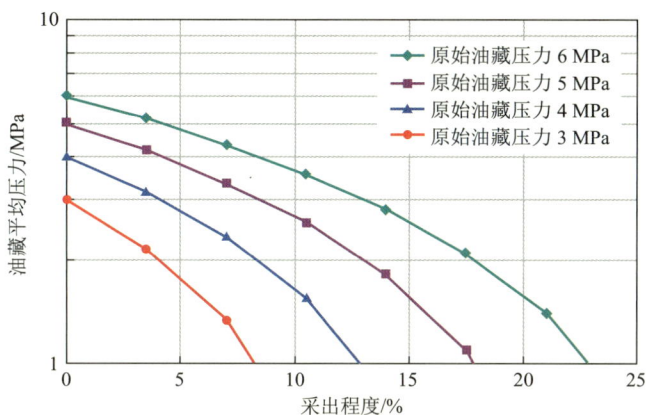

图 4-1-1 典型蒸汽吞吐井平均压力随采出程度变化

从图中可以看出,蒸汽吞吐井油藏平均压力随采出程度的增大而递减,且原始油藏压力越低,递减到一定压力(满足生产压差)时的采出程度越小。如图所示的典型井,若满足极限生产压差时所需油藏压力为 1 MPa,则当原始油藏压力为 4 MPa、采出程度为 8% 时,需要氮气增能介入,而当原始油藏压力为 2 MPa 时,采出程度为 2% 左右即需要采取氮气增能措施。

(2)氮气辅助注蒸汽退出时机。

利用油藏数值模拟方法,研究不同厚度(2 m,4 m,6 m,8 m,10 m)油层的氮气辅助注蒸汽效果。在采出程度大于 20% 后开始进行氮气助排周期,以井底流压小于 500 kPa 作为各个周期的结束条件,预测助排阶段的油汽比,确定氮气辅助注蒸汽的退出时机。根据油藏数值模拟预测结果,统计不同油层厚度下的周期油汽比,分别以采出程度和油层厚度为横、纵坐标,绘制周期油汽比等值线图版,周期油汽比小于极限油汽比的范围即不同条件下蒸汽吞吐井的氮气辅助注蒸汽退出时机。氮气辅助注蒸汽退出时机图版如图 4-1-2所示。

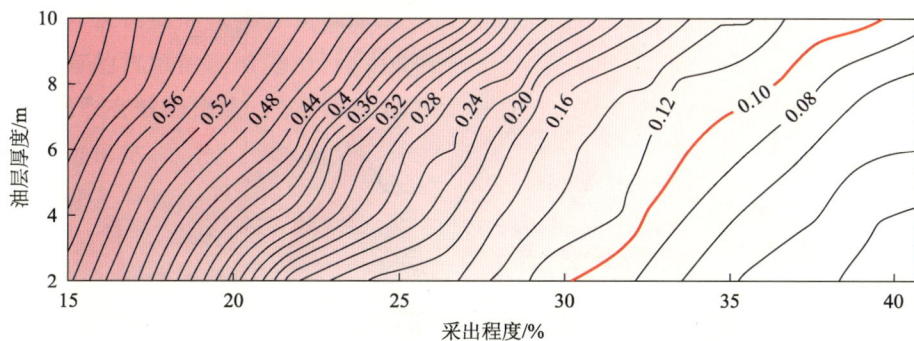

图 4-1-2 典型氮气辅助注蒸汽退出时机图版

4.1.2　氮气压水辅助注蒸汽原理

氮气压水措施适用于油井因边底水或与下部水层窜引起的油井高含水。氮气由于其特征,以及易获取、无腐蚀、为惰性气体等,广泛应用于油田矿场的堵水、调剖等增产作业中。氮气的黏度比水低很多,在油层条件下黏度为 2×10^{-2} mPa·s,约为普Ⅱ类稠油下限原油黏度的 1/10 000,约为水的黏度的 1/50。当油井中注入氮气时,由于油水流度比不同,优先驱替近井地带的地层水,将边底水侵入的水推至油井远处,从而提高后续蒸汽的加热范围和加热效率。

1)氮气压边水原理

(1)气液分离活塞推动效应。

对于边水活跃的油藏,注入的氮气可以抑制边水锥进,降低油井综合含水率。其机理是:地层中的油水黏度差异大,同时气液流度比大,因此注入的氮气优先进入水体,并利用氮气密度较小产生的超覆作用,在注入压力的作用下迫使水体向构造低部位或油层下部运移,从而降低油水界面高度。

(2)气液贾敏效应。

氮气与地层水中的某些成分混合后产生微小的气泡,由此产生贾敏效应,在地层渗流状态下,注入氮气后单相流动变为多相流动。

(3)气水两相渗流特征。

图 4-1-3 为残余油条件下气水相对渗透率曲线。由图可知,气水相对渗透率曲线可分为 3 部分:仅气相流动区域(残余油饱和度点至束缚液饱和度点)、气相流动能力大幅降低而水相流动能力缓慢增加区域(束缚液饱和度点至等渗点)、水相流动能力大幅度增加而气相流动能力缓慢降低区域(等渗点至残余气饱和度点)。气水相渗端点值见表 4-1-1。

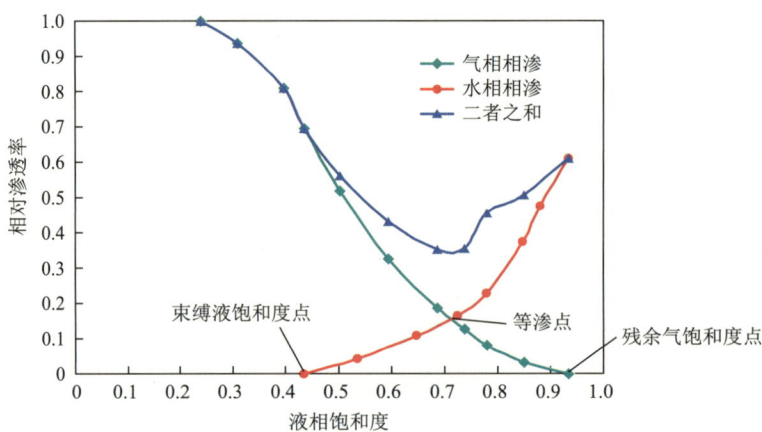

图 4-1-3　残余油条件下气水相对渗透率曲线

表 4-1-1　气水相渗端点值

渗透率/μm^2	孔隙度	残余油饱和度	束缚水饱和度	束缚液饱和度	残余气饱和度	束缚液时气相相对渗透率	残余气时水相相对渗透率	等渗点	等渗点相对渗透率
1.82	0.34	0.26	0.18	0.44	0.065	0.697	0.612	0.72	0.354

图 4-1-4 为氮气与地层水按一定比例注入填砂管时填砂管两端的压差变化曲线。可以看出,当氮气与地层水注入填砂管内后,两端的压差较单纯注水时的高,且随着液相饱和度的提高,多孔介质中含气饱和度逐渐降低,当到达气水两相渗流的等渗点时,氮气封堵的能力达到最高,其阻力系数最大,约为 3.5(相比较氮气泡沫而言,要低一些),之后封堵能力逐渐减弱,阻力系数逐渐降低。

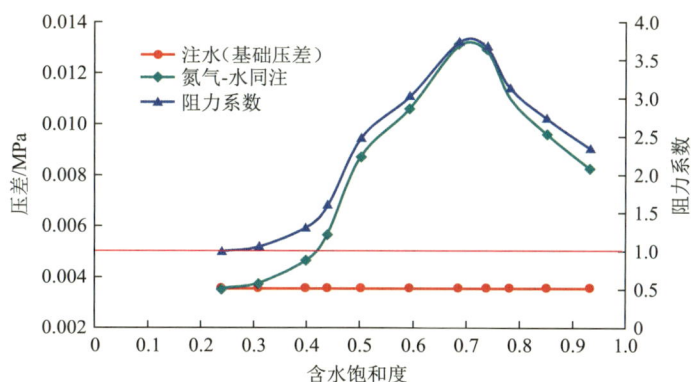

图 4-1-4　实验过程中的压差及阻力系数变化曲线

① 气相流动区域。当水相饱和度很低时,水相滞留于颗粒的间隙内,呈不连续状态,或黏附于颗粒表面,呈薄膜状,水相不流动,其相对渗透率为 0。气相为非润湿相,主要占据孔隙的中间,流动能力随含水饱和度的增加而降低。

② 水气同渗区域一。随水相饱和度增加,水相逐渐变得连续,流动能力增大,相对渗透率增加。气相为非润湿相,主要占据大孔隙的中间,流动能力随水饱和度的增加而降低。

③ 水气同渗区域二。当气相饱和度小于束缚气饱和度时,气相变得不连续,分散于水相中,部分滞留于孔隙内,失去流动性。水相作为润湿相,占据主要流动通道,流动能力大幅度增加。

(3) 氮气助排效应。

在油井开抽时,地层中存在氮气的非混相驱替作用,分散气相有利于降低水相相对渗透率;地层中的氮气陆续产出,井筒液体混气,混气后液体密度降低,液柱重力也降低,生产压差加大,对原油产生抽提或携带作用,从而提高油井产量,改善油井生产效果。

2）氮气压水氮气用量设计

若上周期累积产水量为 W_p，周期注汽量为 G_s，则压水所需氮气用量为：

$$V_{rN} = W_p - G_s \qquad (4\text{-}1\text{-}12)$$

$$V_{sN} = \frac{V_{rN} p_g T_r}{p_r T_g} = \frac{(W_p - G_s) p_g T_r}{p_r T_g} \qquad (4\text{-}1\text{-}13)$$

若将氮气压水用于蒸汽吞吐井，设计蒸汽吞吐加热半径增加量为 c（c 一般取 10%），则所需要的周期注蒸汽量 G_s 的计算式与式(4-1-9)相同。

若将氮气压水用于蒸汽驱井，设计蒸汽驱热波及范围增加量为 c（c 一般取 10%），则需进一步设计蒸汽驱注汽量。

3）氮气注入速度和段塞设计

氮气注入速度同样会影响氮气抑水效果：若氮气注入速度过大，则氮气向远井处运移过快，压水锥效果相对较差；若氮气注入速度过小，则地层温度下降较多，产油量降低。

对于稠油热采高含水水平井，可通过注入氮气进行抑水增油。该措施的段塞设计有 3种：一是只注氮气，适用于油井产出液在高温期出现高含水的情况，产出液温度大于 $70\ ℃$；二是先注蒸汽再注氮气，适用于蒸汽吞吐轮次末期，此时油井产液量下降，低于效益产量，需要转下周期注汽，但此时出现高含水，而且含水率呈逐渐升高的趋势；三是先注氮气再注蒸汽，适用于蒸汽吞吐轮次末期，此时油井产液量下降，低于效益产量，需要转轮注汽，但出现高含水，而且含水率呈突然升高的趋势。

4）氮气压水介入和退出时机

（1）氮气压水介入时机。

随着含水率的增大，注入氮气压水锥时的注入压力逐渐增高。这主要是因为在含水率较高时压水锥，油井底部注入氮气波及区域的含水饱和度高，渗流阻力大。随着含水率的增加，氮气压水锥提高采收率的幅度先升高后降低：在含水率较低时注入氮气，由于含油饱和度较高，氮气在近井地带形成封堵，减小了生产压差；在含水率很高时注入氮气，由于底水已完全突破，压水锥提高采收率幅度下降。矿场应用表明，含水率 75% 左右或周期回采水率大于 1 可作为合理的氮气压水时机。

（2）氮气压水退出时机。

利用油藏数值模拟方法，研究不同厚度（$4\ m$，$7\ m$，$10\ m$，$13\ m$，$16\ m$）油层在不同水体倍数（5 倍，10 倍，20 倍，30 倍）下的氮气压水效果，当回采水率大于 1 后开始进行氮气压水，以含水率大于 95% 作为各周期的结束条件，预测压水周期的油汽比，确定氮气压水的退出时机。根据油藏数值模拟预测结果，统计不同厚度模型在不同水体倍数下的周期油汽比，分别以采出程度和油层厚度为横、纵坐标，绘制周期油汽比的等值线图版（图 4-1-5），周期油汽比小于极限油汽比的范围即不同条件下蒸汽吞吐井的氮气压水退出时机。

（a）5 倍　　　　　　　　　（b）10 倍

（c）20 倍　　　　　　　　　（d）30 倍

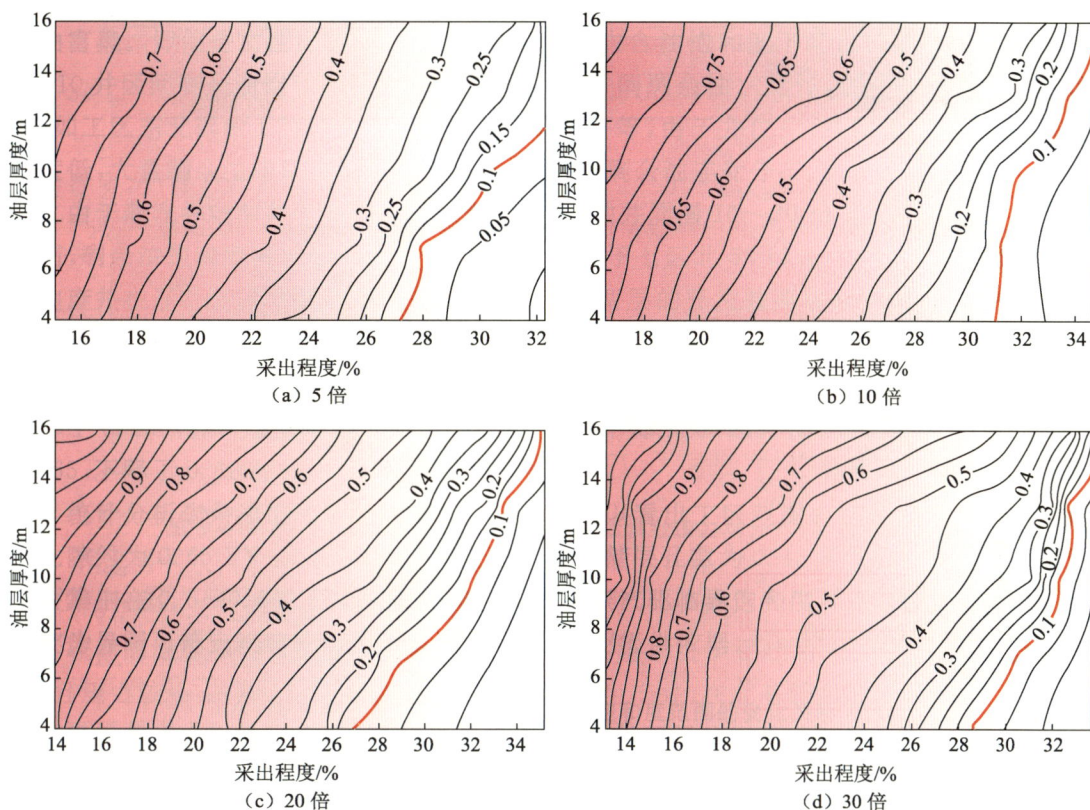

图 4-1-5　典型油井氮气压水退出时机图版

4.1.3　氮气隔热辅助注蒸汽原理

对于蒸汽吞吐过程,特别是浅层稠油的蒸汽吞吐,在注蒸汽前注入一定量的氮气(非环空隔热用量),不仅可以在稠油储层中形成一定范围的油气两相区,从而形成后续注入蒸汽的较大加热范围,而且前置注入氮气的上浮效应有利于隔离或降低后续蒸汽与盖层的接触程度,从而降低热损失。

1)饱和氮气岩石导热系数

由于固-气之间的传热机理与固-液不同,所以通常以干燥岩石的导热系数作为饱和气体的岩石导热系数。在储层条件下,采用注入氮气的方法构造岩石含气状态。由氮气在不同温度和压力下的导热系数可知,氮气属于隔热材料,能够起到很好的隔热作用。注入的氮气分布在蒸汽腔上部,形成隔热层,可降低蒸汽向上覆岩层的传热速度,提高热效率。由表 4-1-2 可知,岩石导热系数随着氮气的加入逐渐降低,当氮气饱和度达到 0.36 时,岩石导热系数下降 16%。

表 4-1-2 不同氮气饱和度条件下的岩石导热系数(4.6 MPa)

氮气饱和度	0	0.18	0.29	0.36
岩石导热系数/(W·m^{-1}·K^{-1})	1.92	1.75	1.66	1.61

氮气的导热系数较低,其进入地层后可以减少传入上下围岩的蒸汽热量,减少热量损失。氮气在高压条件下可产生一定数量的泡沫,辅助热载体缓慢扫驱油层,使热能得到充分利用。

2)氮气隔热导热量

根据气液超覆原理,注蒸汽前注入的氮气趋于向油层上部流动,并聚集在油层顶部,降低后续注入蒸汽在上部盖层的热损失,提高蒸汽的加热范围和温度场均匀分布的程度。

根据不稳定导热原理,单面饱和油岩层导热损失模型为:

$$q_{Lr} = \frac{\lambda_r (t_s - t_i)}{\sqrt{\pi \alpha_r \tau}} = \frac{\sqrt{\lambda_r \rho_r c_r} (t_s - t_i)}{\sqrt{\pi \tau}} \tag{4-1-14}$$

单面含气岩层导热损失模型为:

$$q_{Lgr} = \frac{\lambda_{gr} (t_s - t_i)}{\sqrt{\pi \alpha_{gr} \tau}} = \frac{\sqrt{\lambda_{gr} \rho_{gr} c_{gr}} (t_s - t_i)}{\sqrt{\pi \tau}} \tag{4-1-15}$$

式中 q_{Lr}, q_{Lgr}——饱和油和含气岩层导热损失(热流密度);

λ_r, λ_{gr}——饱和油和含气岩层导热系数,kJ/(m·h·K);

ρ_r, ρ_{gr}——饱和油和含气岩层密度,kg/m^3;

t_s, t_i——蒸汽温度和原始地层温度,℃;

c_r, c_{gr}——饱和油和含气岩层比热容,kJ/(kg·K);

α_r, α_{gr}——饱和油和含气岩层热扩散系数,m^2/h;

τ——注气时间,h。

由于含气岩层的导热系数小,蒸汽向上部盖层的热损失降低,加热范围相应增大。

(1)直井氮气隔热辅助注蒸汽加热体积。

根据能量守恒原理,直井注蒸汽加热范围关系为:

$$i_s H_m = M_r (t_s - t_i) \frac{dV_s}{d\tau} + \left(\frac{\lambda_r}{\sqrt{\pi \alpha_r}} + \frac{\lambda_{gr}}{\sqrt{\pi \alpha_{gr}}} \right) (t_s - t_i) \frac{A}{\sqrt{\tau}} \tag{4-1-16}$$

式中 A——油层加热区面积,m^2。

利用 Laplace 变换可以得到:

$$\frac{2M_r (t_s - t_i)}{i_s H_m \tau} V_h(\tau) = \frac{1}{\tau_{Dr}} \left(e^{\tau_{Dr}} \, \mathrm{erfc} \sqrt{\tau_{Dr}} + 2\sqrt{\frac{\tau_{Dr}}{\pi}} - 1 \right) + \frac{1}{\tau_{Dgr}} \left(e^{\tau_{Dgr}} \, \mathrm{erfc} \sqrt{\tau_{Dgr}} + 2\sqrt{\frac{\tau_{Dgr}}{\pi}} - 1 \right)$$

$$\tag{4-1-17}$$

式中 τ_{Dr}, τ_{Dgr}——饱和油和含气岩层的无因次时间。

对上式做近似处理,得到油层加热体积 $V_h(\tau)$ 的表达式:

$$V_h(\tau) = \frac{i_s H_m h_t \left[h_t + 0.85 \left(\sqrt{\alpha_{gr}} + \sqrt{\alpha_r} \right) \right]}{M_r(t_s - t_i)} \frac{\tau \sqrt{\tau}}{\left(h_t + 1.7 \sqrt{\alpha_r \tau} \right) \left(h_t + 1.7 \sqrt{\alpha_{gr} \tau} \right)} \quad (4\text{-}1\text{-}18)$$

（2）水平井氮气隔热辅助注蒸汽加热体积。

鉴于水平井结构特征,考虑后期蒸汽的超覆效应,注入蒸汽近似为只存在油层上部热损失,根据能量守恒原理,水平井注蒸汽加热范围关系为：

$$i_s H_m = M_r(t_s - t_i) \frac{dV_s}{d\tau} + \frac{\lambda_{gr}}{\sqrt{\pi \alpha_{gr}}} (t_s - t_i) \frac{A}{\sqrt{\tau}} \quad (4\text{-}1\text{-}19)$$

利用 Laplace 变换可以得到：

$$\frac{M_r(t_s - t_i)}{2 i_s H_m \tau} V_h(\tau) = \frac{1}{\tau_{Dgr}} \left(e^{\tau_{Dgr}} \mathrm{erfc} \sqrt{\tau_{Dgr}} + 2\sqrt{\frac{\tau_{Dgr}}{\pi}} - 1 \right) \quad (4\text{-}1\text{-}20)$$

对上式做近似处理,得到油层加热体积 $V_h(\tau)$ 的表达式：

$$V_h(\tau) = \frac{2 i_s H_m}{M_r(t_s - t_i)} \frac{h_t}{h_t + 1.7 \sqrt{\alpha_{gr} \tau}} \tau \quad (4\text{-}1\text{-}21)$$

3）氮气隔热辅助注蒸汽注入参数设计

对于蒸汽吞吐直井,根据直井气液超覆速度比模型式(3-1-8),若井距为 d_v,则满足近井超覆隔热气区的最佳注氮气量 q_g 为：

$$q_g \leqslant \pi h d_v \frac{K_{gv}}{\mu_g} \frac{(\rho_l - \rho_g) g}{\rho_g} \quad (4\text{-}1\text{-}22)$$

式中 K_{gv}——气体有效渗透率,μm^2。

对于蒸汽吞吐水平井,根据水平井气液超覆速度比模型式(3-1-9),若井距为 d_h,则满足近井超覆隔热气区的最佳注氮气量 q_g 为：

$$q_g \leqslant 2h \sqrt{\pi d_h L} \frac{K_{gv}}{\mu_g} \frac{(\rho_l - \rho_g) g}{\rho_g} \quad (4\text{-}1\text{-}23)$$

式中 L——水平井长度,m。

可根据所设计超覆隔热气区的厚度计算所需氮气量和施工时间。

4.2 非均相悬浮堵剂提高波及系数原理

深度调剖封堵技术仍是注蒸汽后期油藏扩大波及体积的有效方法。由于受诸多条件限制,常规的机械堵水、弱凝胶、本体凝胶等调驱方法未能大规模推广。弹性颗粒因其特殊的运移封堵特性已经广泛应用于高含水油田动态调驱过程,并在许多油田推广应用,但由于弹性颗粒悬浮体系是典型的高分散、非均相驱油体系,其驱油机理和特点与常规连续相驱油体系存在巨大差异。为实现弹性颗粒悬浮体系的高效封堵,应在高性能弹性颗粒体系合成、渗滤传输理论与调驱机制、调驱数值仿真与优化设计、调驱评价与精细化控制等方面开展研究。

4.2.1 颗粒堵剂体系

固相颗粒堵剂具有价格低廉、封堵强度高、耐温性好且作用有效期长等优点,在高温封堵大孔道方面应用较早。在颗粒堵剂注入过程中,颗粒依据阻力最低原理选择性优先进入优势通道,在大孔道中沉积,并在孔喉处架桥形成堵塞。油田现场使用的颗粒类堵剂种类繁多,大体可分为非体膨性颗粒(果壳、青石灰、木屑等)和矿物类颗粒(黏土、膨润土等)。

在油田矿场,对于颗粒堵剂的研制,常从环保方面考虑。目前国内大多数热采稠油油田采油厂都有大量的粉煤灰与含油污泥需要处置,因此开展粉煤灰及污泥的堵剂体系研制,不仅可以降低堵剂的成本,而且可以变废为宝,实现资源的有效利用。

1)颗粒运移渗滤数学模型

悬浮液在油层中的渗流过程实际上就是其中固相颗粒被多孔介质渗滤的过程。堵塞作用之所以影响悬浮液的流动状态,是因为固相颗粒堵塞导致多孔介质的孔隙性质发生变化,从而使多孔介质的渗透性发生变化。固相颗粒运移和沉淀动态方程为:

$$-\frac{\partial(vC)}{\partial x}=\frac{\partial\delta}{\partial t}+\frac{\partial\left[(\phi_0-\delta)C\right]}{\partial t} \qquad (4-2-1)$$

式中　C——悬浮颗粒浓度,小数;

　　　v——流动速度,m/min;

　　　ϕ_0——初始孔隙度;

　　　δ——固相滞留量,m³/m³。

与通过油层的悬浮液相比,油层内由于固相滞留而产生的孔隙体积变化对悬浮颗粒浓度的影响较小,因此上式等号右端第二项通常可省去,则对于等速渗滤过程有:

$$-v\frac{\partial C}{\partial x}=\frac{\partial\delta}{\partial t} \qquad (4-2-2)$$

当悬浮液在多孔介质中发生渗滤时,固液两相发生梯度分离,固相逐渐被多孔介质固着、滞留,C是时间和渗滤距离的函数,Ives提出如下关系:

$$\frac{\partial C}{\partial x}=-\lambda C \qquad (4-2-3)$$

式中　λ——渗滤系数,1/m。

式(4-2-3)表明,在任意油层深度,分离的固相的量与悬浮液的局部颗粒浓度有关,而且颗粒浓度随着油层深度的增加而减小;渗滤系数λ在实际状态下是变化的,它受颗粒尺寸、渗滤速度、多孔介质的比表面积、介质的初始孔隙度、单位体积介质的滞留量δ等因素的影响。渗滤系数λ的变化与固相滞留量δ的变化有显著的相关性:

$$\lambda=\lambda_0\left(1-\frac{\delta}{\delta_m}\right) \qquad (4-2-4)$$

式中　λ_0——初始渗滤系数，$1/\mathrm{m}$；

　　　δ_m——固相最大滞留量，$\mathrm{m}^3/\mathrm{m}^3$。

最大滞留量是指渗滤时间较长时固相颗粒在多孔介质中的截留量。由于比孔隙尺寸小的颗粒在各种力的综合作用下较均匀地沉积在孔壁表面上，如果注入速度过大，超过某一临界值 v_{sc}，则部分已沉积的颗粒又会被挟带运移，因此当注入速度较小时，多孔介质的孔隙空间将被固相颗粒填充，固相最大滞留量满足 Logistic 函数关系：

$$\delta_\mathrm{m}=\delta_{\mathrm{m}1}+\frac{\delta_{\mathrm{m}2}-\delta_{\mathrm{m}1}}{1+\exp\left(\dfrac{v-\theta}{\overline{\omega}}\right)} \tag{4-2-5}$$

式中　$\delta_{\mathrm{m}1}$——最大滞留量的下限，$\mathrm{m}^3/\mathrm{m}^3$；

　　　$\delta_{\mathrm{m}2}$——最大滞留量的上限，$\mathrm{m}^3/\mathrm{m}^3$；

　　　$\theta,\overline{\omega}$——模型系数。

由于允许悬浮颗粒滞留的最大空间为初始孔隙空间，因此最大滞留量的上限可以取初始孔隙度。根据颗粒堵塞机理可知，堵塞喉道而产生的滞留是不可逆的，而沉积在孔隙表面的颗粒则可被挟带继续参与渗滤，因此最大滞留量的下限可根据岩石孔喉比确定。

2）悬浮颗粒浓度分布

多孔介质中悬浮颗粒浓度分布关系为：

$$C(x,t)=\frac{C_0}{1-\exp\left(-\dfrac{\lambda_0 vC_0 t}{\delta_\mathrm{m}}\right)+\exp\left(-\dfrac{\lambda_0 vC_0 t}{\delta_\mathrm{m}}+\lambda_0 x\right)} \tag{4-2-6}$$

式中　C_0——悬浮液入口颗粒浓度，小数。

颗粒的滞留量分布关系为：

$$\delta(x,t)=\delta_\mathrm{m}\frac{1-\exp\left(-\dfrac{\lambda_0 vC_0 t}{\delta_\mathrm{m}}\right)}{1-\exp\left(-\dfrac{\lambda_0 vC_0 t}{\delta_\mathrm{m}}\right)+\exp\left(-\dfrac{\lambda_0 vC_0 t}{\delta_\mathrm{m}}+\lambda_0 x\right)} \tag{4-2-7}$$

已知悬浮液的初始渗滤系数 $\lambda_0=0.11\ \mathrm{m}^{-1}$，给定悬浮液流动速度 v 为 $0.1\ \mathrm{m/min}$，悬浮液入口颗粒浓度 $C_0=0.2$，由式（4-2-7）计算出固相颗粒最大滞留量 $\delta_\mathrm{m}=0.150\ 6\ \mathrm{m}^3/\mathrm{m}^3$。不同时间固相颗粒浓度和滞留量沿程分布如图 4-2-1 和图 4-2-2 所示。

对于颗粒型堵剂，由于颗粒滞留，堵剂的沿程浓度逐渐降低，且随着注入时间的增加，同一位置上的堵剂浓度逐渐升高。由于悬浮液中的颗粒尺寸比多孔介质的孔道直径小，当颗粒随液体进入油层内细长而弯曲的孔道中时，因分子间力、静电作用力或重力作用，悬浮粒子黏附在孔隙表面，沉积和堵塞喉道而滞留。由于多孔介质对固相颗粒的渗滤作用，颗粒滞留主要集中在近井周围，因此颗粒堵剂主要用于近井调剖。

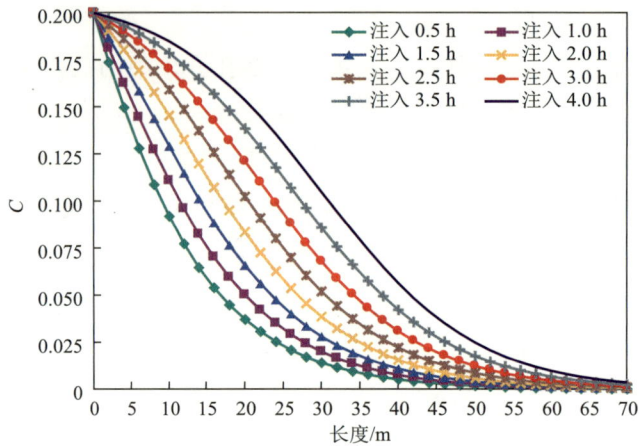

图 4-2-1　不同时间悬浮液固相颗粒浓度分布

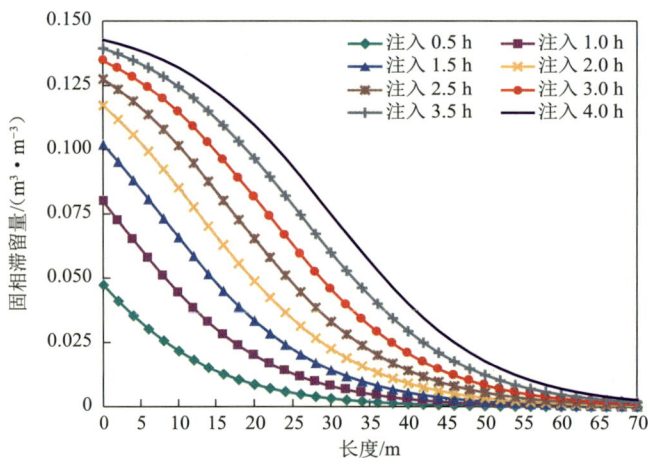

图 4-2-2　不同时间固相滞留量分布

3）颗粒封堵时变渗透率

颗粒在孔隙中滞留后导致油层孔隙体积减小，瞬时孔隙度为：

$$\phi(x,t)=\phi_0-\delta(x,t) \tag{4-2-8}$$

式中　$\phi(x,t)$——瞬时孔隙度，小数。

根据毛管束模型，多孔介质的渗透率主要取决于介质的孔隙度和介质固相的比表面积。若油层内孔隙体积发生变化，而岩石毛管束的迁曲度不发生变化，则固相颗粒滞留后的渗透率 K 与初始状态下的渗透率 K_0 的比值为：

$$\frac{K(x,t)}{K_0}=\left[D(1-f)+f\frac{\phi(x,t)}{\phi_0}\right]^3 \tag{4-2-9}$$

$$f=1-\beta\delta(x,t) \tag{4-2-10}$$

式中　D——堵塞孔隙允许流体通过的流通系数;

　　　f——流动效率因子;

　　　β——系数。

进行岩石物性参数变化模拟计算,结果如图 4-2-3、图 4-2-4 所示。

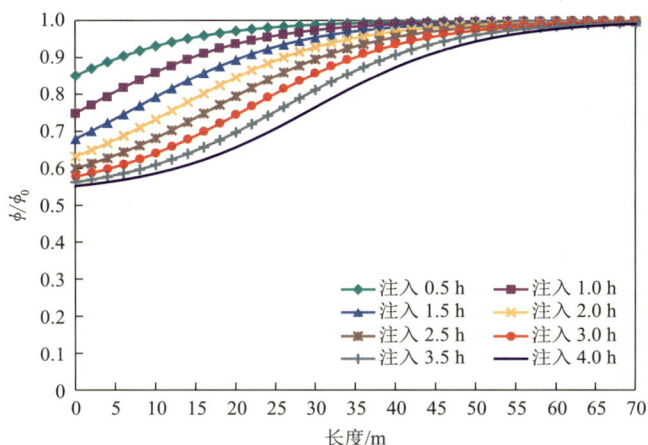

图 4-2-3　不同时间岩石孔隙度变化曲线

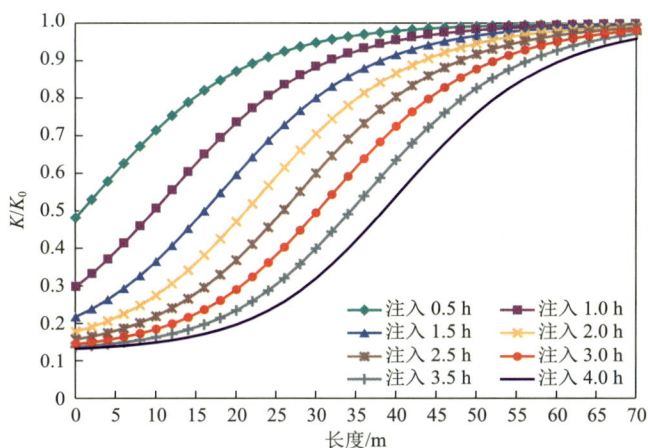

图 4-2-4　不同时间岩石渗透率变化曲线

从图中可以看出,岩石渗透率比其孔隙度的变化幅度大得多,颗粒堵剂少量滞留即可改变岩石渗透率。

图 4-2-5 和图 4-2-6 为不同注入速度下在 20 m 处悬浮液浓度和渗透率降低程度随累积注入量的变化。从图中可以看出,在相同注入量条件下,随注入速度增加,悬浮液浓度增加,同时渗透率降低程度增大,因此提高注入速度有利于将颗粒挤入多孔介质较深部位,达到深部调剖的目的。

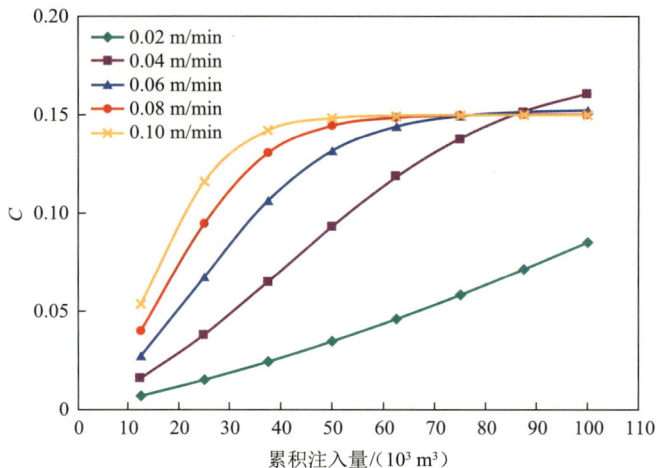

图 4-2-5　不同注入速度下 20 m 处悬浮液浓度变化

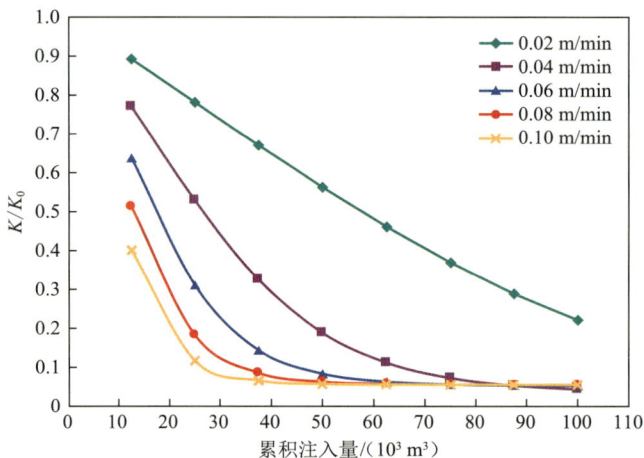

图 4-2-6　不同注入速度下 20 m 处渗透率降低程度

4.2.2　耐温凝胶堵剂体系

　　耐温凝胶堵剂包括地下交联聚合物凝胶和可吸水膨胀交联聚合物凝胶。交联聚合物凝胶强度较低,必须与其他刚性材料配合才能很好地发挥作用。在封堵施工中,交联聚合物凝胶不受通道形状的限制,能够通过挤压变形进入裂缝和孔洞空间,最终达到封堵窜流层的目的。现场应用表明,聚合物凝胶堵剂与其他材料配合使用能很好地解决钻井过程中的恶性漏失,堵漏成功率高,对碳酸盐岩、裂缝发育地层及孔洞漏失特别有效。

　　由于有机堵剂的耐温性差,所以注蒸汽井不常应用这类堵剂。对于注蒸汽高温油藏,常规的静态评价堵剂适应性的两个主要参数为成胶时间和凝胶强度。对于常规聚合物交联体系,由于受温度和矿化度的影响,聚合物分子链断裂且体系遇二价钙镁离子而沉淀,所以堵剂的强度性能很难满足要求。对于适合低温油藏条件的交联凝胶体系,由于交联反应受温度的影响较大,且温度升高,交联反应速度明显增加,所以虽然凝胶体系的强度能得到保证,但是成胶时间太短,导致堵剂的可泵入时间太短,大大限制了其在矿场的应用。

基于国内外现有高温堵剂体系成胶时间的控制问题,对注蒸汽井高温调剖采用段塞注入方式。这是因为当注蒸汽井停注若干时间后,井间温度在 100~150 ℃之间,由于堵剂采用冷水配液,挤注液过程中井底附近温度为 85~95 ℃,因此采用段塞注入方式可在泵入的时间内不成胶,以保证挤注液过程的安全。

4.2.3　耐温体膨堵剂体系

为了控制注蒸汽中的优势通道窜流,矿场采用耐温体膨堵剂进行大孔道封堵。体膨堵剂包括凝胶体膨颗粒、膨胀石墨颗粒等,其中凝胶体膨颗粒通过吸水发生膨胀,而石墨颗粒由于变温而发生膨胀。

1）多级封堵机理

在稠油油藏蒸汽驱过程中,蒸汽优先进入高渗透通道,这会降低注入蒸汽的热利用效率,使大量的剩余油仍在中、低渗透区域。为了增加注入蒸汽的波及面积,选择与高渗透通道尺寸相匹配的大颗粒体系,增加高渗透通道的阻力。大颗粒选择性地进入与尺寸相匹配的通道,并通过沉积和架桥滞留在大通道中。大颗粒在高压下具有柔性,可以变形并运移到储层深部。温度较高的蒸汽通道使颗粒膨胀并逐渐转变为蠕虫状形态,同时重新注入的高温蒸汽使通道中膨胀的颗粒继续膨胀并可以变形,从而达到更好的堵塞效果,直到重新注入的蒸汽将位移方向改变为阻力更大一些的剩余含油通道。在新的蒸汽通道再次形成后,注入中等大小的颗粒体系并封堵与其尺寸匹配的通道。依次类推,通过多级封堵技术封堵稠油油藏中的蒸汽通道。

2）颗粒的膨胀能力

在蒸汽驱过程中使用的蒸汽温度高达 320 ℃。注入的颗粒在高温蒸汽通道中具有优良的耐温性和高膨胀体积是提高蒸汽波及效率的关键。粒径为 100 目的颗粒在不同蒸汽温度下的膨胀量如图 4-2-7 所示。

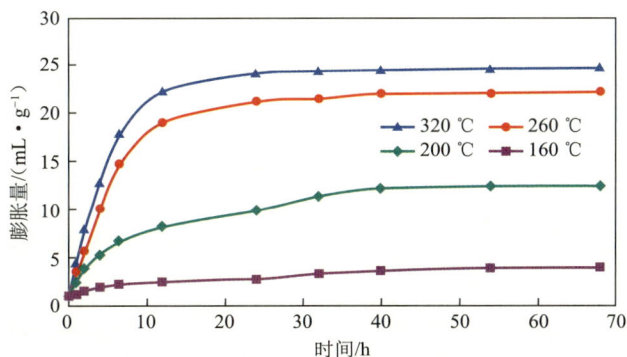

图 4-2-7　不同蒸汽温度下颗粒的膨胀量

从图中可以看出,颗粒膨胀量在初始阶段明显增加,之后越来越平稳,32 h 后保持恒定。当蒸汽温度为 320 ℃时,颗粒在 12 h 前迅速膨胀,在 24 h 内最大膨胀量达到 24.5 mL/g。然而,当蒸汽温度为 160 ℃时,颗粒膨胀速度较慢,膨胀量较小。可见,蒸汽温度越高,颗粒的膨胀量越大,膨胀速度越快。

3）颗粒的注入和封堵能力

图 4-2-8 为颗粒质量浓度对颗粒体系封堵能力和注入性能的影响。

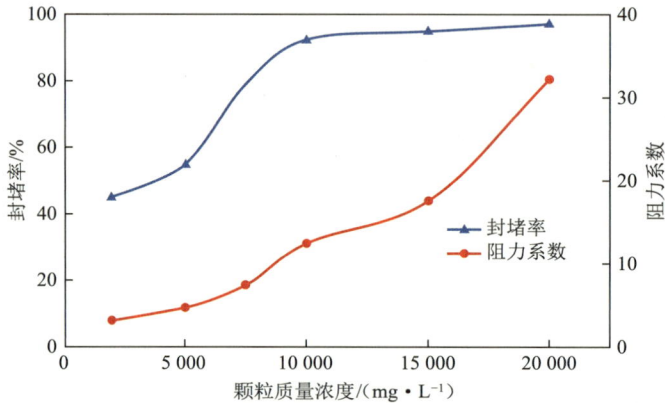

图 4-2-8 颗粒质量浓度对颗粒体系的封堵能力和注入性能的影响曲线

从图中可以看出,随着颗粒质量浓度的增加,颗粒体系的阻力系数逐渐增大,热膨胀后颗粒的封堵率逐渐增加。当颗粒质量浓度较低时,颗粒进入地层后很难形成有效的堵塞,留在孔隙中的颗粒较少,容易被后续蒸汽带走,所以封堵率和阻力系数都很低。当颗粒质量浓度超过 10 000 mg/L 时,残留在孔隙中的颗粒数量增加,模型的封堵率达到 90% 以上,说明该颗粒质量浓度下的堵塞效果很好。

图 4-2-9 为颗粒注入量对颗粒体系封堵能力和注入性能的影响。

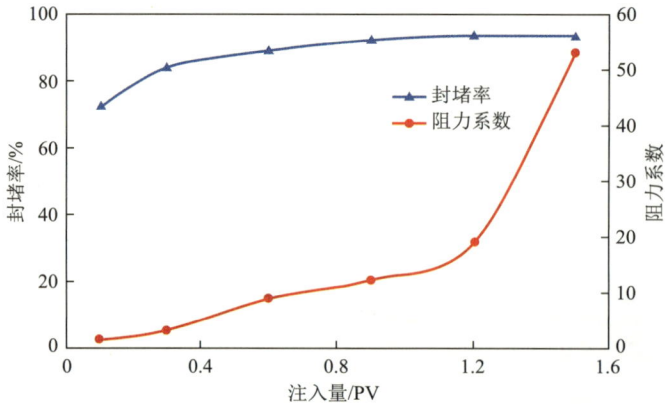

图 4-2-9 颗粒注入量对颗粒体系封堵能力和注入性能的影响曲线

从图中可以看出,颗粒体系的阻力系数及热膨胀后颗粒的封堵率随着颗粒注入量的增加而增大。颗粒悬浮溶液注入量越大,热膨胀后颗粒对高渗透通道的堵塞效果越好,当注入量达到 0.6 PV 后,堵塞率可以保持在 90% 以上。

图 4-2-10 为颗粒注入速度对颗粒体系封堵能力和注入性能的影响。

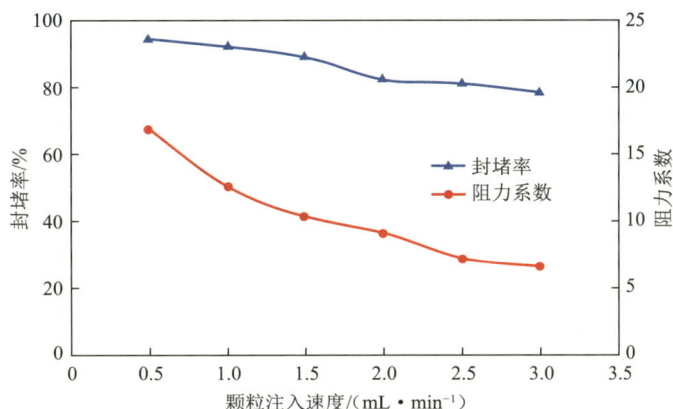

图 4-2-10 颗粒注入速度对颗粒体系封堵能力和注入性能的影响

从图中可以看出,随着颗粒注入速度的增加,阻力系数及热膨胀后颗粒的封堵率逐渐降低。这是因为颗粒注入速度越低,单位时间内含砂段塞中加入的颗粒数量就越少,但颗粒有足够的时间在孔隙中分布并与孔隙接触,积聚在连续的大孔隙中,随后注入的颗粒会进一步压实积累的颗粒,这样颗粒的阻挡能力在热膨胀后就会得到加强;颗粒注入速度越高,单位时间内注入的颗粒数量就越多,但由于颗粒在孔隙中的停留时间短,分散不完全,不能形成有效的堵塞,导致含砂段塞的阻力系数和封堵率下降。

4.3　高效热气剂提高驱油效率原理

国内外学者尝试了向蒸汽中添加多种助剂和气体的提高采收率技术方法,并开展了大量的室内研究和矿场试验。这种化学剂＋非凝析气辅助注蒸汽的复合开发方式(即热剂气多元复合技术)突破了单一注蒸汽开发方式。热剂气多元复合技术包括蒸汽-溶剂/气体复合驱替技术和蒸汽-化学剂复合驱替技术。蒸汽-溶剂/气体复合驱替技术又包括蒸汽-溶剂(CH_4,CO_2)复合驱替/吞吐技术和蒸汽-非凝析气(N_2、空气、烟道气)复合吞吐/驱替技术,蒸汽-化学剂复合驱替技术又包括蒸汽-氮气泡沫复合驱和蒸汽-表面活性剂/降黏剂复合驱。

4.3.1　汽/液多相复合化学体系

1) 热复合 CO_2 添加吞吐机理

(1) 体积膨胀作用。

注入储层的 CO_2 能够溶解于地层原油中,其溶解能力与原油性质、地层压力有关。若原始气油比高、原油密度大、地层压力低,则 CO_2 溶解能力差。根据宋传真等的研究,地层温度(50 ℃)下 CO_2 在稠油中的溶解度非常高,在约 10 MPa 下溶解量达到 83.81(体积比),原油体积系数达到 1.18。根据杨胜来等的研究,不同原油由于性质不同,体积膨胀效果不同,在 20 MPa 下体积系数可从 1.14 变化至 1.29。膨胀后的原油不仅会增加地层的弹性能量,还会使地层中的剩余油膨胀后脱离岩石界面张力的束缚,成为可动油而被采出。

(2)溶解降黏作用。

CO_2 溶于原油后会显著降低原油黏度,降低原油流动阻力,提高最终采收率。根据 Miller 等的研究,在相同压力和温度下,溶解 CO_2 的原油黏度明显低于未溶解 CO_2 的原油。随着压力的升高,溶解 CO_2 的原油黏度逐渐降低,约在 6 900 kPa 处出现拐点,表明此时 CO_2 从气相转变为液相。

(3)溶剂抽提作用。

CO_2 溶解于原油后会产生溶剂抽提作用,萃取原油中的轻质组分。对于密度较低的原油,胶质及沥青质含量低,萃取原油中的轻质组分后对剩余原油黏度影响较小,可以提高单井产量;对于密度较高的原油,由于其胶质、沥青质含量高,萃取原油中的轻质组分使得剩余原油黏度明显上升,不易被采出,同时残存的高黏度原油也会堵塞孔喉,给后续开采带来困难。

(4)酸化解堵作用。

CO_2 溶解在水中形成的弱酸性环境可以有效溶蚀地层中的胶结物,改善地层渗透率。同时,油井长期开采导致近井地带积存了大量的有机垢和无机垢沉淀,利用 CO_2 的酸化解堵作用可以清理沉淀造成的流动通道堵塞,提高近井地带的流动能力,从而提高单井产量。

2)热复合氮气添加吞吐机理

(1)保持地层能量。

氮气的压缩系数和膨胀系数都较大,且与 CO_2 和天然气相比,氮气在水中的溶解度更低,因此大量氮气进入地层后,由于其密度低于干度相对较高的蒸汽,所以位于蒸汽腔顶部的氮气可以持续补充地层能量,提高油藏泄油能力。

(2)降低油藏热损失。

由于氮气导热系数低,且密度低于干度相对较高的蒸汽,所以位于蒸汽腔顶部的氮气可以形成隔热层,降低蒸汽向上覆岩层的传热效率,起到保持油藏温度的作用。

3)热复合降黏剂添加吞吐机理

(1)水溶性降黏剂。

水溶性降黏剂是基于乳化降黏机理发展而来的表面活性剂。表面活性剂降黏机理通常归结为 3 种:一种是乳化降黏,即在活性剂作用下使油包水(O/W)型乳状液反相成为水包油(O/W)型乳状液而降黏,要求乳状液稳定,可以外加,也可以通过一些化学试剂与石油酸反应生成;第二种是破乳降黏,即活性剂使油包水(O/W)型乳状液破乳而生成游离水,根据游离水量和流速,形成"水套油心""水漂油""悬浮油"而达到降黏的目的;第三种是吸附降黏,即活性剂分子吸附于管壁上或油层间而减少摩擦阻力。这 3 种降黏机理一般同时存在,相互作用,但当条件不同时,起主导作用的降黏机理有所不同。

稠油的水溶性乳化降黏要求储层具有一定的余热,或者说油层具有一定的温度界限,以满足就地乳化所需的最低原油黏度要求。

(2) 油溶性降黏剂。

尽管水溶性降黏剂能够形成 O/W 型乳状液而降低原油黏度,但形成的乳状液有时并不稳定,后续破乳等操作也较为复杂。油溶性降黏剂可在一定程度上克服上述缺点,但也存在降黏效果不明显等不足。热复合化学吞吐中应用的降黏剂多为油溶性降黏剂。

相比于水溶性降黏剂并不改变胶质、沥青质的结构,油溶性降黏剂分子中的高碳烷基主链能够溶解于原油中,极性基团侧链能够与胶质、沥青质的极性基团形成更为稳定的氢键并进入其空间结构,实现拆散、破坏层状堆叠状态,释放轻质组分的目的,同时也会使原油的胶质、沥青质含量降低,从而降低原油黏度。

(3) 稠油-化学剂体系乳化规律。

稠油添加降黏剂的目的是将多孔介质中的高黏连续油相以及生成的 W/O 型乳状液转化成具有低黏度的 O/W 型乳状液。在稠油、蒸汽和化学剂共同流动的多孔介质空间内,所形成的乳状液将受到注入蒸汽温度、运移距离(沿程取样点识别)、化学剂浓度、含油饱和度以及孔隙结构等多种因素的影响。

降黏剂质量分数为 0.5% 和 0.8% 时,相同注入量条件下,随乳状液运移距离的增加,乳状液平均粒径均呈现先增大后减小的趋势;当降黏剂质量分数较小(0.1%)时,乳状液平均粒径随运移距离的增加基本呈增大的趋势,如图 4-3-1 所示。在多孔介质注入端附近,由于蒸汽、降黏剂溶液和稠油混合注入,温度较高,在较小扰动和剪切作用下稠油即可被降黏剂溶液进一步分散并包裹成粒径较小的 O/W 型乳状液滴。随着运移距离的增加,由于存在热损失,乳状液的温度逐渐降低,在不考虑表面活性剂分子吸附的条件下,乳状液滴界面膜强度增加;由于受到多孔介质剪切作用,乳状液滴易发生机械破碎。部分乳状液滴发生聚并从而使粒径增大,部分乳状液滴变为粒径较小的乳状液滴即发生"缩径"。从实验结果可以看出,不同注入量、不同降黏剂质量分数条件下,2 号取样点平均粒径普遍大于注入端(即 1 号取样点)处形成的乳状液滴粒径,而 2 号取样点靠近注入端,温度较高,说明较高温度不利于已生成乳状液滴的稳定,所表现出的聚并程度大于乳状液滴的"缩径"程度。随着运移距离的进一步增加,乳状液体系温度降低,此时乳状液滴界面上表面活性剂分子的排列紧密程度将成为影响乳状液滴稳定性的重要因素。可以看出,降黏剂质量分数较大(0.5% 和 0.8%)时,乳状液滴平均粒径保持在 15 μm 左右,并呈现减小的趋势。因此,降黏剂质量分数越大,初始形成的乳状液滴的粒径越小,在运移过程中越稳定。

在混合液注入量相同的条件下,注汽温度越低,粒径分布曲线越向直径小的方向偏移,如图 4-3-2 所示。随着注汽温度的降低,经过多孔介质就地形成的乳状液滴的粒径呈减小的趋势,但整体上差异不大。这是因为在多孔介质注入端附近,由于运移距离短,热损失小,不同注汽温度下注入端附近取样点的温度差异较大,注汽温度为 300 ℃,200 ℃ 和 140 ℃ 时取样点平均温度分别为 86.0 ℃,71.3 ℃ 和 56.3 ℃。温度越高,乳状液界面膜强度越低,乳状液稳定性越差,越易发生絮凝、聚并。随着乳状液滴在多孔介质中运移距离的增加,热损失逐渐增大。

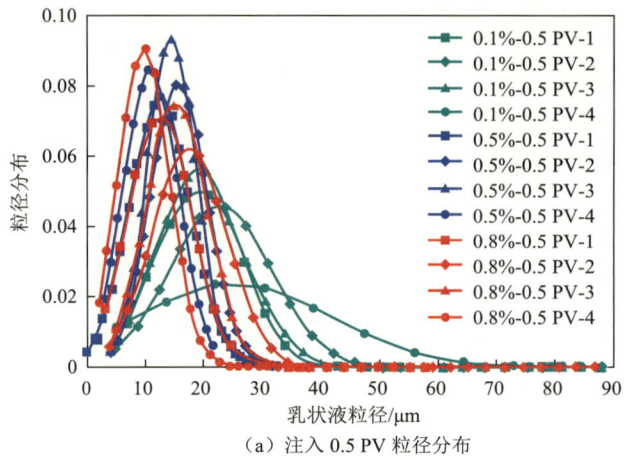

（a）注入 0.5 PV 粒径分布

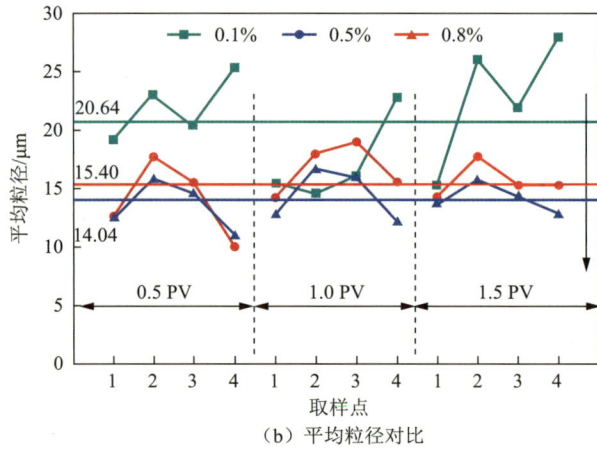

（b）平均粒径对比

图 4-3-1　不同降黏剂浓度沿程乳状液特征对比

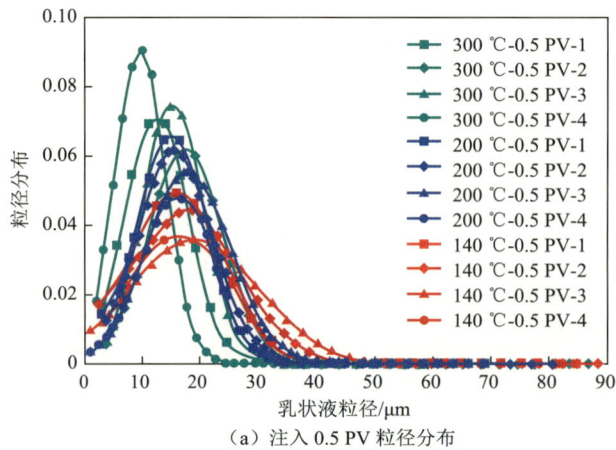

（a）注入 0.5 PV 粒径分布

图 4-3-2　不同注汽温度沿程乳状液特征对比

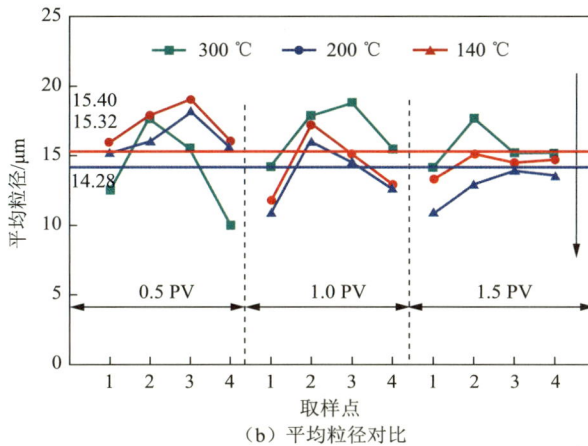

图 4-3-2(续)　不同注汽温度沿程乳状液特征对比

4.3.2　氮气/液多相泡沫体系

1) 氮气泡沫体系增产机理

氮气泡沫具有封堵高渗透出水层、控制水窜、调整吸水(汽)剖面、降低原油黏度、改善原油流变性等作用机理,主要有以下几个方面:

(1) 改善流度比,调整注入剖面,扩大波及体积。泡沫首先进入高渗透通道,随着注入量的增大,逐渐形成堵塞,使高渗透层的渗流阻力增大,迫使后续流体更多地进入中低渗透层,驱动流体便能比较均匀地推进,从而调整层间关系,提高油层的波及体积。

(2) 遇油消泡聚并,遇水稳定。氮气泡沫在含油饱和度较高的油层会发生破裂,但在含水饱和度较高的地层则较稳定。这样在含水较高的地方泡沫大量存在,可降低水相渗透率,从而阻止水的进一步流动,使含水率下降;而原先注入载体不能波及的地方,含油饱和度较高,氮气泡沫破裂,阻力相对减小,从而有效扩大波及体积,提高采收率。

(3) 气体的上浮作用,可提高顶部油层的动用程度。

(4) 提高洗油效率。起泡剂是一种活性很强的表面活性剂,能大幅度降低油水界面张力,使原来呈束缚状态的原油通过油水乳化、液膜置换等方式成为可动油。

(5) 增加弹性能量。大量氮气注入后,可增加地层的弹性能量,有利于提高采收率。

在上述机理中,稳定泡沫改善流度比作用和氮气增能是主要的。

2) 氮气泡沫体系性能和优选

(1) 静态性能评价。

起泡剂静态性能评价主要包括起泡剂的发泡性能、稳定性能、抗油性能以及与地层流体的配伍性能等评价。其中,泡沫的发泡性是指泡沫生成的难易程度和生成泡沫量的多少;泡沫的稳定性是指生成泡沫的持久性,即消泡的难易程度。稳定性是泡沫的主要性能,好的发泡性能是稳定性的前提。发泡性和稳定性是衡量起泡剂性能好坏的两个重要性能。由于针对的是稠油油藏注蒸汽过程中氮气泡沫调驱问题,所以温度对起泡剂性能的影响是必须考虑的,尤其是起泡剂的耐高温性能。考虑到地层水、矿化度、原油对泡沫的影响,对起泡剂与地层水的配伍性能、耐盐性能和抗油性能也要进行测试。

为了准确评价起泡剂的静态性能,采用泡沫综合指数,综合考虑最大发泡体积和泡沫半衰期对泡沫性能的影响。实验条件下得到的发泡和消泡时间 τ 与泡沫高度 h 之间的关系曲线如图 4-3-3 所示。图中阴影部分的面积可以综合反映体系的发泡能力。假定发泡体积随时间的变化采用曲线方程 $h = f_1(\tau)$ 描述,泡沫综合指数为 S,则 S 越大,起泡剂的发泡性和稳泡性越好。

$$S = \int_0^{\tau_{\frac{1}{2}}} h \mathrm{d}\tau \tag{4-3-1}$$

图 4-3-3 中,将梯形的面积近似为 $S = \dfrac{3}{4} h_{\max} \tau_{\frac{1}{2}}$,采用 S 值直观考察并评价起泡剂的发泡性能和稳泡性能。对于稠油热采,需要评价不同温度下的泡沫性能,即泡沫综合指数 S 随温度的变化。经过上述计算可以得到泡沫综合指数 S 随温度变化的曲线,如图 4-3-4 所示。

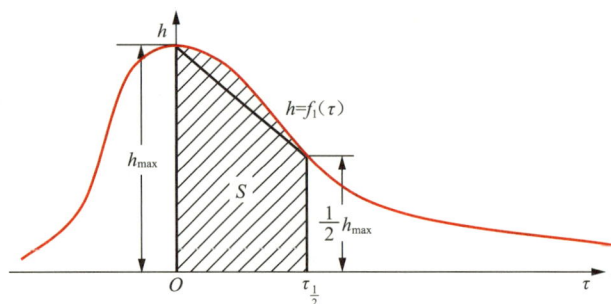

图 4-3-3　泡沫综合指数　　　　图 4-3-4　泡沫综合指数随温度变化

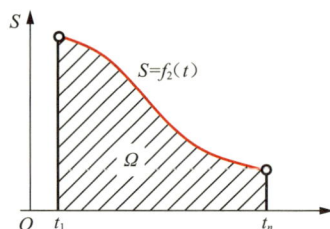

图中阴影部分的面积 Ω 可以综合反映泡沫体系 S 值的温度效应。由于泡沫群在实际热采过程中处于变温体系中,所以需要根据温度变化进行加权平均:

$$\overline{S} = \frac{1}{t_n - t_1} \int_{t_1}^{t_n} S \mathrm{d}t \tag{4-3-2}$$

(2)动态性能评价。

分别测定起泡剂在不同温度、质量分数、气液比、渗透率和含油饱和度条件下的泡沫阻力因子。

① 温度对封堵能力的影响。对比起泡剂阻力因子从低温到高温与从高温到低温的变化情况,旨在测试起泡剂在高温降解后对泡沫阻力因子的影响。在各个实验温度点,起泡剂的阻力因子均表现出从低温到高温比从高温到低温大,说明起泡剂溶液在高温热处理后泡沫封堵能力变差。结合注蒸汽过程中油藏温度的变化情况可知,从注蒸汽井口到原始油藏,温度经历了从蒸汽温度到原始油藏温度的变化过程,在该过程中起泡剂随蒸汽伴注必然会发生降解,泡沫封堵能力必然变差。

② 质量分数和气液比的影响。测试的目的是优选起泡剂用量和气液比。

③ 渗透率和含油饱和度的影响。测试主要评价起泡剂的封堵适应性。随着填砂管渗透率的增大,基础压差减小,阻力因子增大,说明起泡剂生成的泡沫在高渗透率的大孔道中阻力较大,而在渗透率较小的小孔道中阻力较小。实验证明,氮气泡沫对高渗透层有更好的封堵能力,可起到防止蒸汽过早沿高渗透层窜流及黏性指进的作用。

氮气泡沫阻力因子随岩芯含油饱和度的增加先迅速降低后缓慢降低。由于泡沫具有"遇油消泡,遇水生泡"的特点,所以油相的存在会降低起泡剂的稳定性,加速泡沫的破灭。因此,需要确定泡沫在地层内的阻力因子随含油饱和度的变化趋势拐点,进一步确定泡沫使用时机。

3）泡沫发泡方式

（1）地面起泡方式。

地面起泡方式是直接将配制好的泡沫基液（水＋起泡剂等）和氮气增压后注入泡沫发生器,使基液与氮气在泡沫发生器中混合并形成均匀泡沫液,然后经管柱注入地层。

（2）地下起泡方式。

施工时一般采用段塞注入方式,先将一定量的起泡剂溶液注入地层,然后注入氮气,通过氮气在地层多孔介质孔隙结构中的气液渗流产生泡沫。

泡沫液为不稳定体系,地面产生的泡沫液流经管路、井管柱到达井底,受剪切、稳定等因素影响。理论上讲,地下起泡方式应该优于地面起泡方式,因为多孔介质孔隙结构特别是砂岩储层为理想的泡沫发生器。但事实上,由于气液分离效应,气液在进入地层之前或进入地层浅部即发生分离,即使是气液混注的地下起泡方式,地层中也无法形成充分的气液混合态,难以产生泡沫,且储层越厚气液分离效应越强,特别是气液段塞注入方式（与气水交替 WAG 相同）,先期注入的液体在重力作用下趋于向油层底部流动,而后续注入的气体在超覆效应作用下上浮于油层顶部,交替注入的气液接触程度和效率很低,因此在厚油层中地下起泡方式的适应性较差。

相反,地面起泡方式为预制泡沫,注入地层的即泡沫液,无论油层厚薄均可以泡沫液状态注入地层。实际应用中,为克服地面泡沫发生器的节流效应,一般在井口管汇处增加简易混合发泡装置。

4.3.3　非凝析气/汽多元复合体系

1）非凝析气与稠油混合特性

气体与原油混合通常会出现 3 种情况:气体溶解于原油中,混合后流体呈现液相;气体以微气泡的形式分散于原油中,气体为分散相,原油为连续相,两者以特殊的混合相流动,如泡沫油、油泡沫;气体几乎不溶于原油,气体和原油都呈连续相,混合后呈两相流。

（1）不同气体组成混合特性。

注入气体分别为 CO_2，N_2，CO_2+N_2 的混合气[$V(CO_2):V(N_2)=1:4$]。图 4-3-5～图 4-3-7 为不同注入气体在稠油中的流动特性。可以看出，3 组实验分别出现了气体分散在原油中形成油泡沫的稳定单相流动，在高清显微镜下可以观察气泡尺寸及对应气泡半径分布规律。CO_2 与原油一起流向生产井的过程会出现气体分散在原油中的情况，导致气泡分布不密集，分布密度小，有大量的纯油区（图 4-3-5），这是由于 CO_2 在原油中的溶解度比较大，在气体流动过程中一部分 CO_2 会溶解在原油中，而另一部分多余的或者是来不及溶解的 CO_2 会以稳定的微气泡形式分散于原油中。图 4-3-6 反映了 N_2 在稠油中的流动特性，由于 N_2 几乎不溶于原油，所以大部分 N_2 以分散的小气泡形式存在于原油中，气泡分布密集。图 4-3-7 反映了混合气体在稠油中的流动特性，同时含有溶解气 CO_2 及惰性气体 N_2，气泡密集程度介于前两者之间，有少量的纯油区。

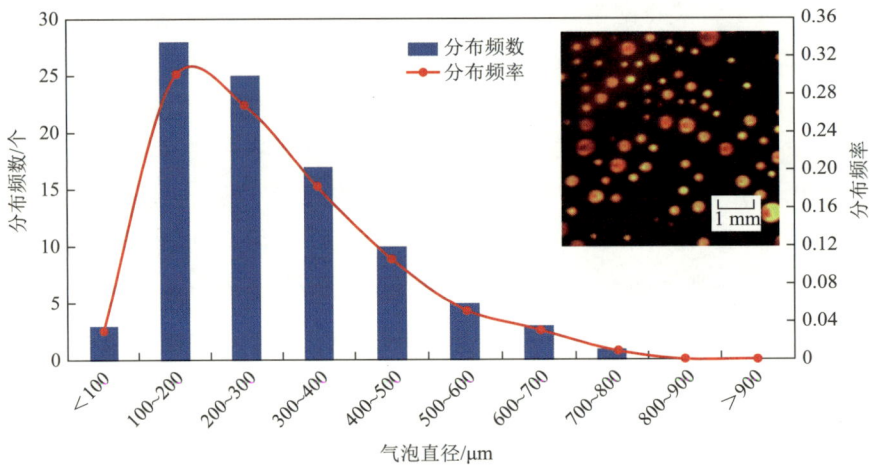

图 4-3-5　CO_2 与原油混合气泡尺寸分布频率图

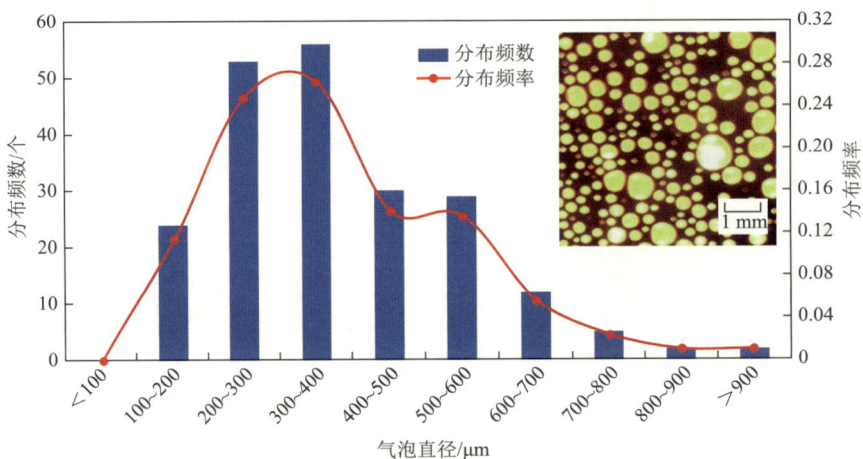

图 4-3-6　N_2 与原油混合气泡尺寸分布频率图

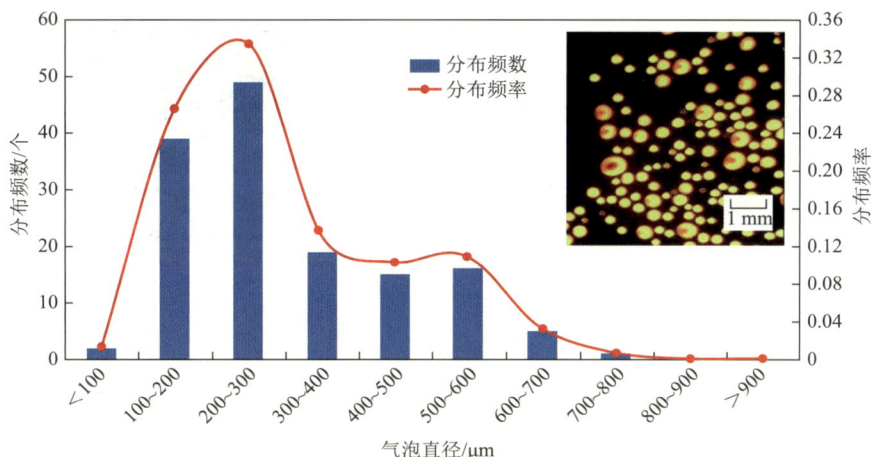

图 4-3-7　CO_2+N_2 与原油混合气泡尺寸分布频率图

上述 3 组实验的区别是：由于 CO_2 在原油中的溶解度高，所以流动过程中部分溶解于原油中，导致生成的气泡个数明显小于 N_2；由于分散在原油中的溶解气量少，CO_2 形成的气泡直径也相对较小；混合气得到的气泡个数以及平均直径均介于 CO_2 和 N_2 之间，如图 4-3-8 所示。注入 N_2 和/或 CO_2，CO_2 不仅可以溶解于原油中，降低原油黏度，而且在特定条件下可以和 N_2 以微气泡的形式分散于原油中，以单相流向生产井推进，形成一种特殊的携油效应——泡沫携油效应。

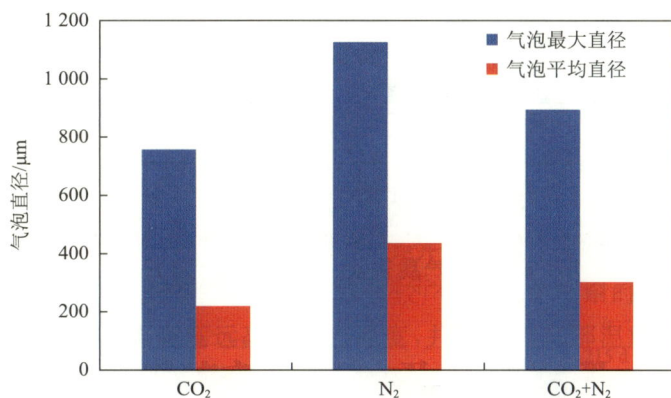

图 4-3-8　不同注入气体气泡特性比较

（2）不同压力对混合特性的影响。

图 4-3-9 和图 4-3-10 为不同压力（1 MPa 和 9 MPa）下气体在稠油中的混合特性。实验中分别出现了气体分散在原油中形成油泡沫的稳定单相流动，在高清显微镜下可以观察气泡尺寸及对应气泡半径分布规律。

如图 4-3-11 所示，不同压力条件下油泡沫的微观结构是不同的，随着压力的增加，平均气泡直径逐渐减小。其原因是随着压力的增加，气体被压缩，气体在原油中的溶解度增大，导致分散在原油中的气量减小，而且气体密度变大，导致气泡体积减小。

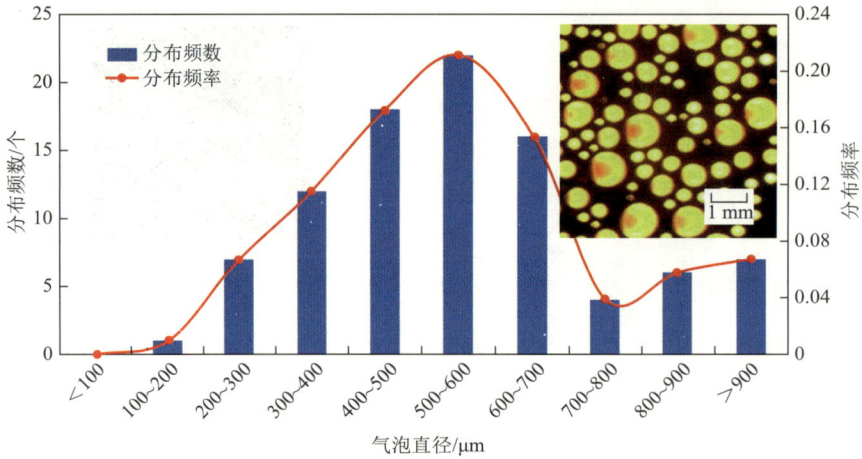

图 4-3-9 1 MPa 时 N₂ 与原油混合气泡尺寸分布频率图

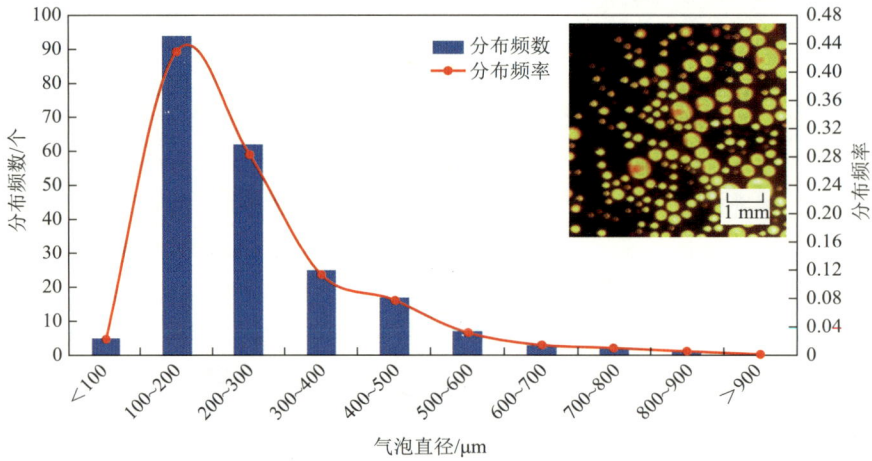

图 4-3-10 9 MPa 时 N₂ 与原油混合气泡尺寸分布频率图

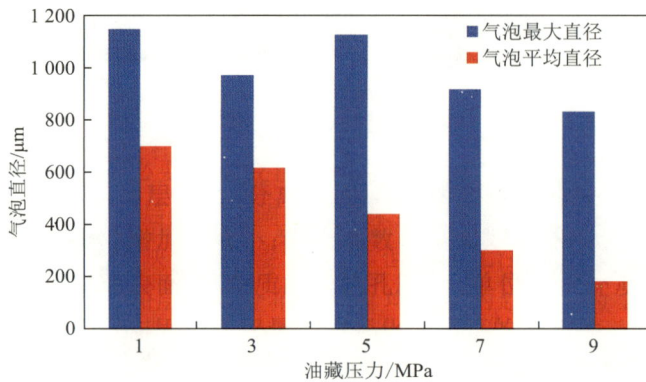

图 4-3-11 不同压力对气泡特性的影响

（3）不同温度对混合特性的影响。

图 4-3-12 和图 4-3-13 为不同温度（50 ℃和 200 ℃）下气体在稠油中的混合特性。实验中分别出现了气体分散在原油中形成油泡沫的稳定单相流动，在高清显微镜下可以观察气泡尺寸及对应气泡半径分布规律。

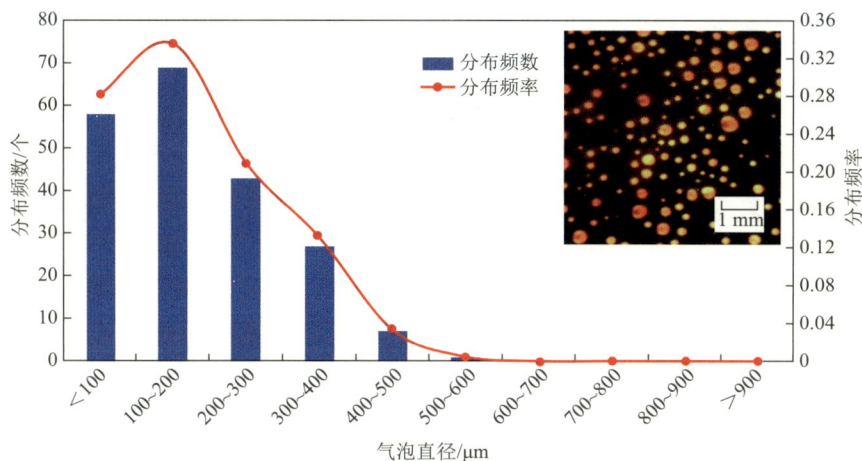

图 4-3-12　50 ℃时 N_2 与原油混合气泡尺寸分布频率图

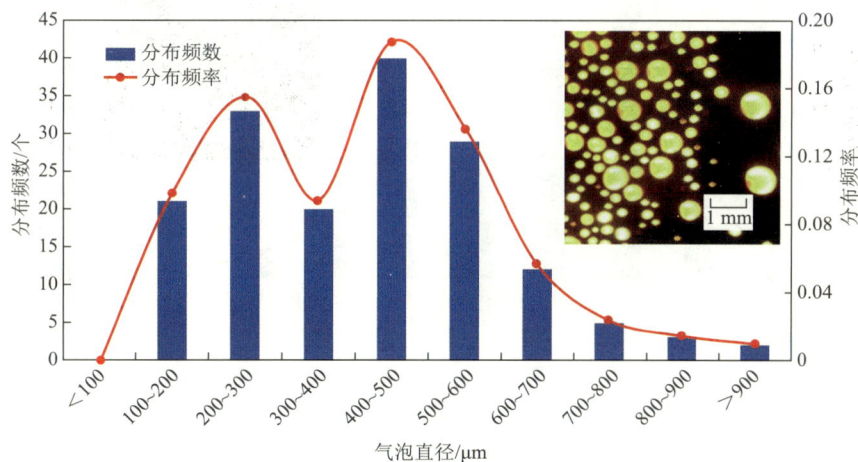

图 4-3-13　200 ℃时 N_2 与原油混合气泡尺寸分布频率图

如图 4-3-14 所示，不同温度条件下油泡沫的微观结构是不同的，随着温度的升高，气泡平均直径增大，气泡最大直径先增加后减小。其原因是随着温度的升高，气体受热膨胀，气泡稳定性变差，当直径增大到一定程度后大气泡就会破灭；随着温度的升高，分子间作用力变小，油相黏度急剧降低，气液界面松弛，使得表面黏度下降，导致气泡稳定性变差。

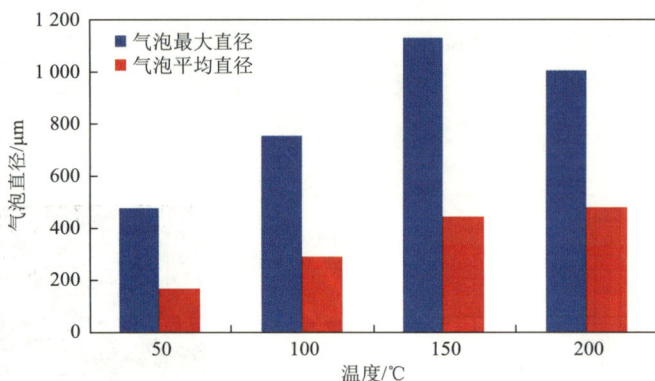

图 4-3-14 不同温度对气泡特性的影响

（4）黏度对混合特性的影响。

图 4-3-15 为气体在黏度为 7 907 mPa·s（50 ℃）的稠油中的混合特性。实验中出现了气体分散在原油中形成油泡沫的稳定单相流动，在高清显微镜下可以观察气泡尺寸及对应气泡半径分布规律。

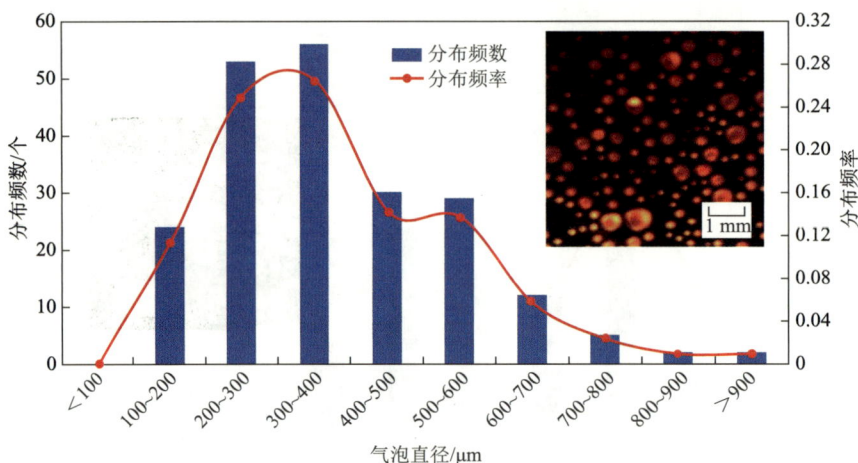

图 4-3-15 黏度 7 907 mPa·s 原油混气实验气泡尺寸分布频率图

对比图 4-3-6 可知，不同原油黏度（7 907 mPa·s 和 1 034 mPa·s）下油泡沫的微观结构是不同的，随着黏度的增加，气泡平均直径减小，气泡最大直径也减小。其原因是黏度越大，气液界面张力越大，气泡变大所克服的力就越大，所以气泡体积越小。

（5）油泡沫/泡沫油的增油能力。

由实验可知，非凝析气分散在原油中形成稳定的单相体系（油泡沫/泡沫油），并不断向生产井移动，构成了泡沫携油原理，且不同条件（T、p、μ 和气体组成）下，泡沫直径及直径分布密度不同，造成携油能力的差别，与连续气体驱油相比，体现了一定的增油能力。通常利用携油指数 η 来表征这种特殊的增油能力。定义携油指数为单位体积气泡所携带原油的体积：

$$\eta = \frac{V_o}{V_g} \tag{4-3-3}$$

式中　V_o——原油体积，m^3；

　　　V_g——气泡体积，m^3。

由表 4-3-1 可知，不同压力条件下，气体携油指数不同，且随着压力的增加，携油指数增加。这是因为在能够形成稳定单相体系的条件下，气泡在高压下较稳定，所以单相体系较稳定，携油能力也较强。

表 4-3-1　不同压力条件下气体携油指数

压力 /MPa	气泡平均直径 /μm	气泡个数 /个	气泡体积 /cm³	区域体积 /cm³	原油体积 /cm³	携油指数 /(cm³·cm⁻³)
1	698	93	0.132 41	4.225	4.092 59	30.91
3	613	104	0.100 30	4.225	4.124 70	41.13
5	437	213	0.074 42	4.225	4.150 58	55.77
7	297	219	0.024 02	4.225	4.200 98	174.89
9	178	216	0.005 10	4.225	4.219 90	827.41

由表 4-3-2 可知，不同温度条件下，气体携油指数不同，且随着温度的升高，携油指数降低。这是因为在能够形成稳定单相体系的条件下，气泡在高温下不稳定，容易膨胀而形成连续相，形成油气两相流，携油能力急剧降低。

表 4-3-2　不同温度条件下气体携油指数

温度 /℃	气泡平均直径 /μm	气泡个数 /个	气泡体积 /cm³	区域体积 /cm³	原油体积 /cm³	携油指数 /(cm³·cm⁻³)
50	162	205	0.003 65	4.225	4.221 35	1 156.87
100	283	204	0.019 36	4.225	4.205 64	217.26
150	437	213	0.074 42	4.225	4.150 58	55.77
200	475	165	0.074 03	4.225	4.150 97	56.07

由表 4-3-3 可知，不同黏度条件下，气体携油指数不同，黏度越大，携油指数越大。这是因为在能够形成稳定单相体系的条件下，高黏度下气泡较稳定，携油效果较好。

表 4-3-3　不同黏度条件下气体携油指数

黏度 /(mPa·s)	气泡平均直径 /μm	气泡个数 /个	气泡体积 /cm³	区域体积 /cm³	原油体积 /cm³	携油指数 /(cm³·cm⁻³)
1 000	437	213	0.074 42	4.225	4.150 58	55.77
7 907	265	214	0.016 67	4.225	4.208 33	252.40

由表 4-3-4 可知,不同气体的携油指数不同,其中 CO_2 的携油能力最强。这是因为在能够形成稳定单相体系的条件下,CO_2 的溶解度最高,分散在原油中的体积较小,所以单位体积 CO_2 的携油效果就好。

表 4-3-4 不同气体的携油指数

气体 组成	气泡平均直径 /μm	气泡个数 /个	气泡体积 /cm^3	区域体积 /cm^3	原油体积 /cm^3	携油指数 /($cm^3 \cdot cm^{-3}$)
N_2	437	213	0.074 42	4.225	4.150 58	55.77
CO_2	218	152	0.006 59	4.225	4.218 41	639.83
$N_2 + CO_2$	301	146	0.016 67	4.225	4.208 33	252.46

2)稠油-非凝析气体系 PVT 特性

(1)不同气体组成对溶解性的影响。

图 4-3-16 和图 4-3-17 分别是 CO_2 和 $CO_2 + N_2$ 混合气在不同温度和压力条件下的溶解度测定结果。对于同一油样,在相同温度下,压力越大,CO_2 在稠油中的溶解能力越强;在 20 ℃ 时,单位体积的稠油最多能溶解 95 倍的 CO_2。随着温度的升高,分子运动加剧,影响气体在原油中的溶解。通过对比两种气体的溶解度可以发现,同等条件下,实验中配制的混合气 $V(N_2) : V(CO_2) = 4 : 1$ 的溶解度比 CO_2 在稠油中的溶解度小。

黏度对气体的溶解也有较大影响,随着黏度的逐渐增加,气体的溶解度急剧下降,这主要是因为稠油黏度越大,原油中所含的重质组分特别是胶质、沥青质越多,而原油中能溶解气体的主要成分是烃类物质,气体几乎不溶于胶质、沥青质,所以随原油中沥青质和胶质含量的增加,气体的溶解度降低。

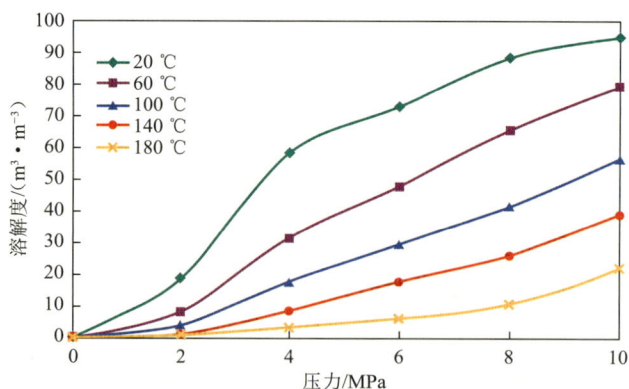

图 4-3-16 CO_2 在稠油中的溶解度

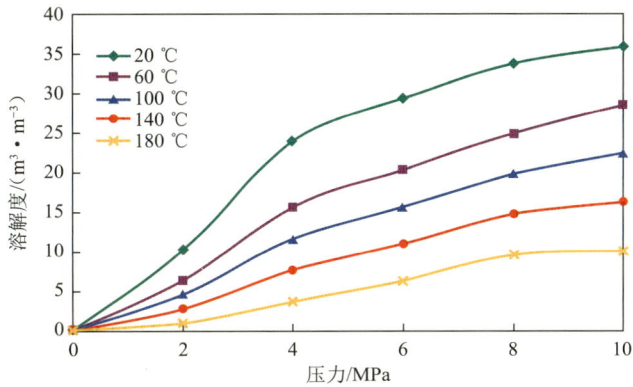

图 4-3-17　混合气在稠油中的溶解度

（2）不同气体组成对体积膨胀系数的影响。

图 4-3-18 和图 4-3-19 分别是 CO_2 和 $CO_2 + N_2$ 混合气在不同温度和压力条件下的体积膨胀系数测定结果。体积膨胀系数表征了气体溶解使稠油-气体体系体积增大的效果，体积膨胀系数越大，由气体溶解产生的弹性能就越大，驱油能力也就越强。

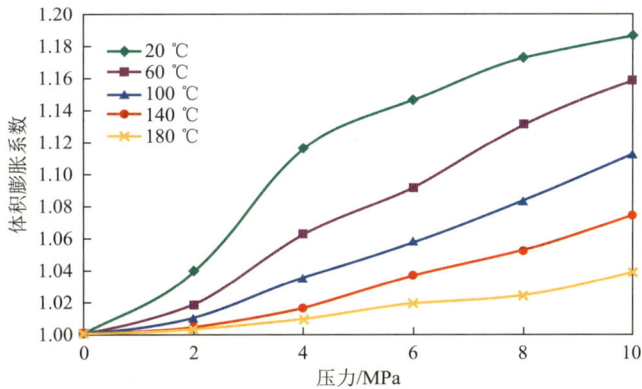

图 4-3-18　稠油-CO_2 体系体积膨胀系数

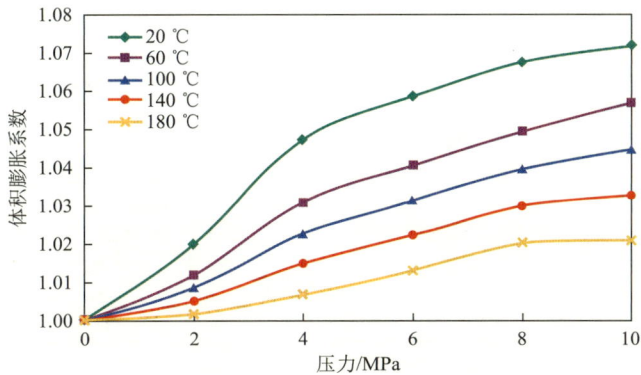

图 4-3-19　稠油-混合气体系体积膨胀系数

在同一温度下,随着压力的增大,稠油-CO_2体系的体积膨胀系数逐渐变大。虽然随着压力的增大,稠油体积被压缩,但是溶解的气体带来的体积增量大于稠油本身的体积压缩量,由于混合气溶解的气体量较少,所以体积膨胀系数较稠油-CO_2体系的体积膨胀系数低。

黏度也呈现同样的规律,如图 4-3-20 和图 4-3-21 所示。

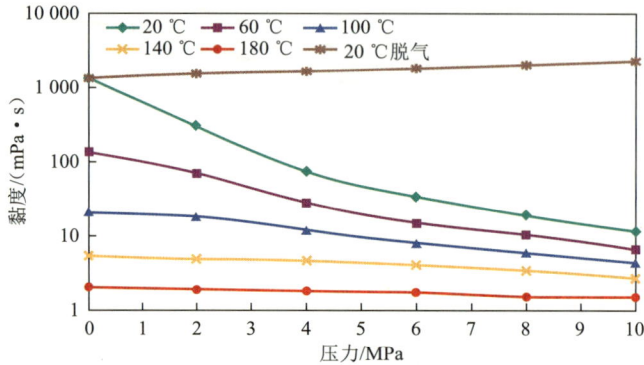

图 4-3-20　稠油-CO_2体系黏度

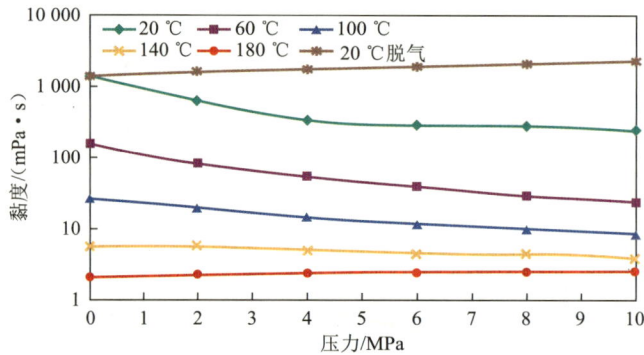

图 4-3-21　稠油-混合气体系黏度

3）稠油-非凝析气体系驱油性能

利用一维填砂模型,分别开展稠油蒸汽驱、蒸汽＋CO_2复合驱、蒸汽＋N_2复合驱以及蒸汽＋烟道气复合驱实验,研究多元热流体中非凝析气的存在对稠油油藏热采驱油性能的影响。稠油油样基础物性参数见表 4-3-5。

表 4-3-5　稠油油样基础物性参数表

地面原油密度 /(g·cm^{-3})	地面脱气原油黏度 /(mPa·s)	油藏温度 /℃	饱和烃质量分数/%	芳香烃质量分数/%	胶质质量分数/%	沥青质质量分数/%
0.962 5	1 074	29	52.56	23.01	23.07	1.36

单管驱替实验填砂模型物性参数见表 4-3-6。

表 4-3-6　单管驱替实验填砂模型物性参数表

方　案	石英砂尺寸 /目	孔隙度 /%	水测渗透率 /($10^{-3} \mu m^2$)	含油饱和度 /%	束缚水饱和度 /%
1	70～100	34.76	8 721	87.54	12.46
2	70～100	36.76	9 622	88.02	11.98
3	70～100	36.82	9 184	86.77	13.23
4	70～100	36.54	9 355	87.49	12.51
5	80～120	28.38	4 410	90.14	9.86
6	80～120	28.67	4 901	88.55	11.45
7	80～120	28.52	3 711	89.72	10.28

采用 70～100 目和 80～120 目石英砂,进行不同渗透率条件、不同驱替方式下的单管驱替实验,结果见表 4-3-7。

表 4-3-7　不同方式下的单管驱替实验结果

方　案	驱替方式	蒸汽注入速率/(mL·min^{-1})	汽/气比	驱油效率/%
1	纯蒸汽驱	3	3:1	69.40
2	蒸汽＋CO_2驱	3	3:1	77.50
3	蒸汽＋烟道气驱	3	3:1	72.41
4	蒸汽＋N_2驱	3	3:1	56.30
5	纯蒸汽驱	3	3:1	51.37
6	蒸汽＋CO_2驱	3	3:1	59.33
7	蒸汽＋烟道气驱	3	3:1	54.24

注:表中方案 1～7 与表 4-3-6 中方案 1～7 对应。

CO_2 与烟道气的注入均可以有效地提高蒸汽驱的驱油效率,其中 CO_2 可以提高稠油油藏蒸汽驱的驱油效率约 10%,而烟道气可以提高蒸汽驱的驱油效率约 3%,并且随着烟道气中 CO_2 气体组分的增大,烟道气对蒸汽驱驱油效率的改善效果变明显。4 种驱替方式的驱油效率排序为:蒸汽＋CO_2驱＞蒸汽＋烟道气驱＞纯蒸汽驱＞蒸汽＋N_2 驱,其中蒸汽＋N_2驱的驱油效率相比纯蒸汽驱降低了约 13.1%。这主要是由于 N_2 在原油中的溶解性能较差,并且黏度越大的稠油,N_2 在原油中的溶解性能越差,而 N_2 的加入对原油物性特征的影响也不够明显。

如图 4-3-22(a)和(d)所示,高、低渗透率下的蒸汽驱驱油效率分别为 69.40% 和 51.37%,低渗条件(方案 5)的驱油效率较高渗条件(方案 1)降低了约 18%。同样对于采用蒸汽＋CO_2复合驱替方式的方案 2 和方案 6,高渗条件下的驱油效率较低渗条件下高出了 18.17%。由图 4-3-22(b)和(e)可知,低渗条件下的驱替含水率上升速度较高渗条件下更快。例如对于蒸汽＋CO_2复合驱替方式,在低渗条件下注入约 1.4 PV 时,出口出现汽窜,而在高渗条件下,出现汽窜的注入量约为 2.0 PV。另外,根据图 4-3-22(c)和(f),对比同种驱替方式不同渗透率条件下的驱替压差发现,渗透率越低,驱替压差越高,低渗条件(方案 5,6,7)下的驱替压差约为高渗条件(方案 1,2,3)下的两倍。随着渗透率的增大,同种驱替方式下的稠油热流体驱油效率逐渐增大,驱替压差逐渐减小。

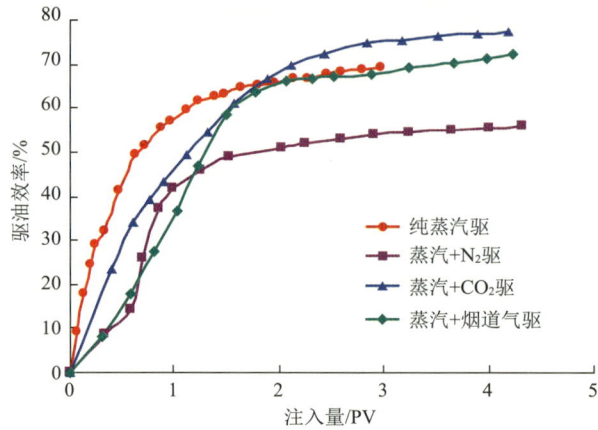

（a）方案 1~4 驱油效率随注入量的变化

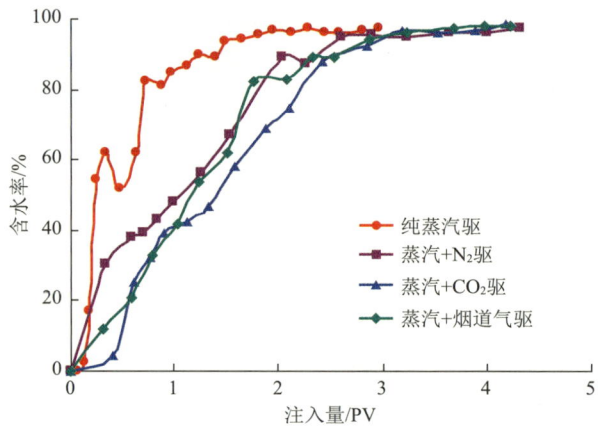

（b）方案 1~4 含水率随注入量的变化

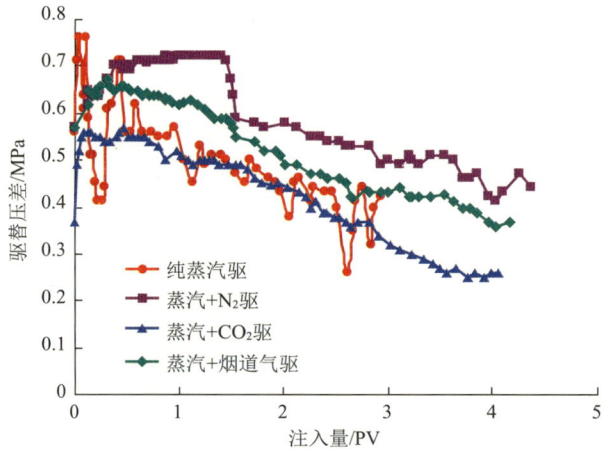

（c）方案 1~4 驱替压差随注入量的变化

图 4-3-22　不同方式下的单管驱替实验结果

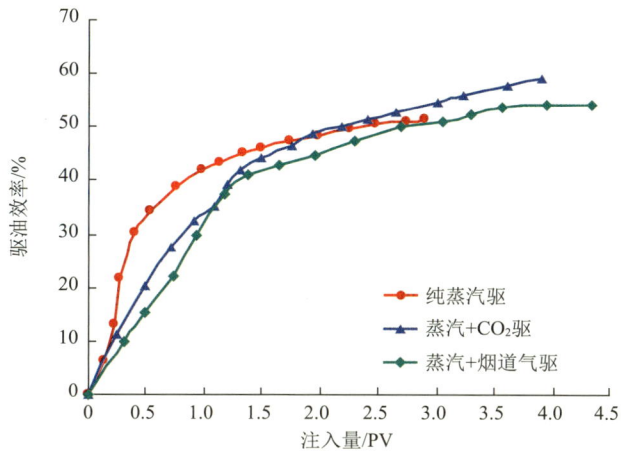

（d）方案 5~7 驱油效率随注入量的变化

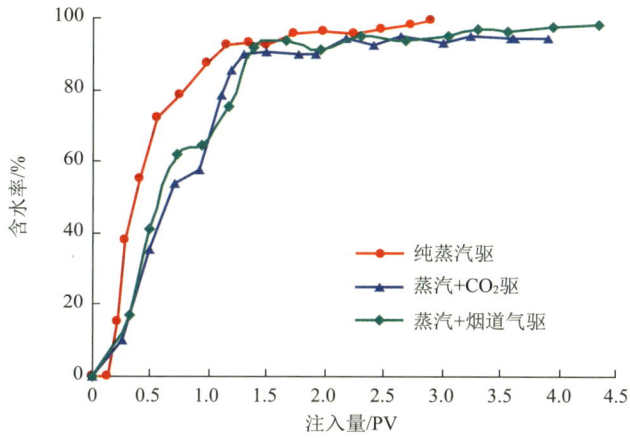

（e）方案 5~7 含水率随注入量的变化

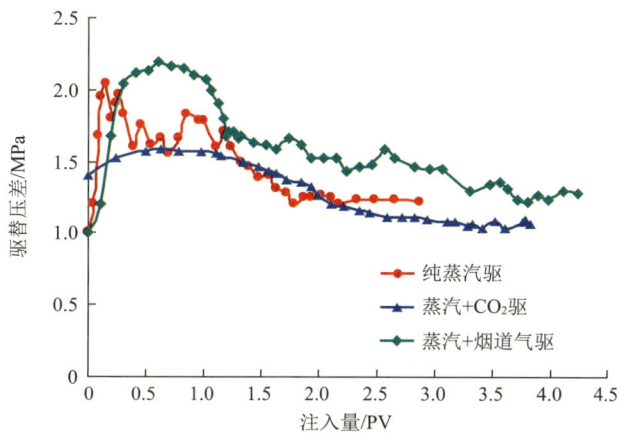

（f）方案 5~7 驱替压差随注入量的变化

图 4-3-22(续) 不同方式下的单管驱替实验结果

第 5 章
高吞吐周期后期提高采收率技术应用

经过长时间的蒸汽吞吐开发,稠油油藏内部窜流通道发育,蒸汽的热能利用率很低,而应用非均相调驱体系可以有效地对窜流通道进行封堵,起到改善油藏开发效果的作用。本章在非均相调驱体系的研制及机理研究的基础上,将非均相调驱体系应用于高吞吐周期后期稠油油藏的开发中,分别对粉煤灰、污泥等颗粒体系,热复合化学降黏剂体系,泡沫体系及耐温凝胶体系等的现场应用情况进行分析,为高吞吐周期后稠油油藏的提高采收率工作提供指导。

5.1 氮气辅助蒸汽吞吐技术应用

5.1.1 氮气增能辅助蒸汽吞吐技术应用

HJL3 区油藏含油目的层埋藏深度 130～200 m,厚度小于 6 m,孔隙度为 30%,渗透率在 1.0～5.0 μm^2 之间,油藏渗流能力较好,无边底水,属于典型的浅薄层封闭型特稠油油藏。油藏内有直井 2 053 口,以蒸汽吞吐开发为主,目前多数井处于高周期开采状况,高于6 周期的井占比超过 79.6%,已处于开发后期,油藏平均压力保持为原始压力的 30%～50%,出现明显的压力衰竭特征,油汽比大幅度降低。该区生产过程中实施了氮气辅助蒸汽吞吐技术,仅 2018 年氮气辅助工艺技术实施 1 263 井次。下面以 AA 典型井为例,介绍氮气辅助蒸汽吞吐单井设计。

1) 典型井基本概况

AA 井完钻井深为 971 m,套管完井,生产井段为 861～867 m,实射厚度为 6 m,见表 5-1-1。

表 5-1-1　AA 井投产数据表

层　位	井段 /m	砂层厚度 /m	孔隙度 /%	泥质含量 /%	渗透率 /(10^{-3} μm^2)	测井解释	实射井段 /m
S1 Ⅱ 3	859.5～860.2	0.7	21.67	12.28	180.261	油　层	861～867
	860.2～861.2	1.0	21.35	7.56	156.654	差油层	

层　位	井段 /m	砂层厚度 /m	孔隙度 /%	泥质含量 /%	渗透率 /(10⁻³ μm²)	测井 解释	实射井段 /m
	865.2～865.9	0.7	22.59	8.16	248.804	差油层	
S1Ⅱ3	865.9～867.2	1.3	30.03	12.23	820.759	油　层	861～867
	861.2～865.2	4.0	34.27	3.24	1 519.270	油　层	

该井累计吞吐 11 个周期，累计注汽 13 077.5 t，生产 1 435.6 d，产液 20 754.2 t，产油 11 754.2 t，综合含水率 43.3%，油汽比 0.9，回采水率 68.8%，采注比 1.6，平均日产液量 14.5 t/d、日产油量 8.19 t/d。目前该井日产液量为 21 t/d，日产油量为 1.2 t/d，出液温度 为 54 ℃，沉没度为 333 m，见表 5-1-2。经系统分析认为，该井适于采用氮气增能辅助蒸汽 吞吐措施。

表 5-1-2　AA 井周期生产效果数据表

周　期	注汽量/t	注汽压力/MPa	生产天数/d	产液量/t	产油量/t	综合含水率/%	油汽比	采注比
预	320	16.7	102.0	363.0	224.0	38	0.70	1.13
1	1 001	16.8	73.2	655.0	396.0	40	0.40	0.65
2	1 158	15.8	85.5	940.0	547.0	42	0.47	0.81
3	1 302	16.0	76.5	990.3	605.0	39	0.46	0.76
4	1 100	16.1	128.9	1 732.2	995.9	43	0.91	1.57
5	1 173.5	16.2	163.4	2 209.9	1 393.8	37	1.19	1.88
6	1 100	16.8	164.3	2 500.0	1 598.3	36	1.45	2.27
7	1 200	17.0	307.9	4 701.6	2 664.8	43	2.22	3.92
8	1 300	14.2	35.8	601.2	342.1	43	0.26	0.46
9	1 023	15.7	101.0	2 288.0	1 03.09	54	1.02	2.20
10	1 200	16.2	113.0	2 111.0	1 114.0	47.2	0.93	1.80
11	1 200	15.2	77.0	1 653.0	834.0	49.5	0.70	1.40
合　计	13 077.5	—	1 435.6	20 745.2	11 754.2	43.3	0.90	1.60

2）参数设计

由于该井整体回采水率和采注比都比较低，所以考虑注氮气增加地下存水返排。按 照地层压力 9.8 MPa、地层温度 60 ℃测算，氮气用量参数设计见表 5-1-3。

表 5-1-3　AA 井氮气用量参数设计表

处理半径/m	油层厚度/m	油层孔隙度/%	波及系数	氮气地下体积/m³	氮气地面体积/m³
13	6	32	0.3	315	31 500

考虑到目前已经是第 12 周期，段塞设计为氮气段塞＋蒸汽。氮气注入压力的确定： 油层中深 864 m，破裂压力梯度 0.02 MPa/m，取安全系数 0.8，设计结果见表 5-1-4。

表 5-1-4　AA 井氮气注入量

不同注入方式氮气注入量/m³		限压 /MPa
正　注	反　注	
22 000	9 500	13.8

3）氮气增能辅助蒸汽吞吐注入方式

氮气增能辅助蒸汽吞吐的注入方式包括蒸汽和氮气混注、蒸汽和氮气段塞式注入。

（1）蒸汽和氮气混注。

矿场实践表明，蒸汽和氮气混注并不是最好的注入方式。这是由于在开始时氮气未与蒸汽完全混合，不能渗入地层深部，回采气率较高，氮气的利用率较低。

（2）蒸汽和氮气段塞式注入。

① 先注蒸汽后注氮气：后段注入的氮气推动前段的蒸汽进入油藏深部，在高压作用下氮气与蒸汽充分混合并带动热量进入油层更深部。

② 先注氮气后注蒸汽：在注入蒸汽前先注入一段氮气段塞，相当于为后续的蒸汽注入打开了通道。由于注入相当大体积的氮气，地层压力得到提高。同时在重力分离作用下，氮气会从油层底部向顶部运移，最终聚集在构造的较高部位，形成次生气顶，增加原油附加的弹性气驱能量，驱动原油流动，增大驱油面积。油井注汽结束后投入生产时，随着地层压力降低，被压缩存储在地层中的氮气会迅速膨胀，产生较大的附加能量，驱动地层中的原油及冷凝水迅速排出。

HJL3 区油藏部分氮气增能措施效果统计见表 5-1-5。

表 5-1-5　HJL3 区油藏部分氮气增能措施效果统计

措施 阶段时间	效果评价	井　次	注氮量 /(10⁴ m³)	注汽量 /(10⁴ t)	目前周期 产油量/t	措施增油量 /t	措施有效率 /%
2016 年 1—9 月	有　效	53	88.86	3.157 1	10 612.0	7 783.0	63.1
	无　效	31	65.22	2.526 3	1 891.3	1 121.6	
	待　评	29	61.45	2.139 5	771.3	669.9	
	合　计	113	215.53	7.822 9	13 274.6	9 574.5	
2017 年 1—9 月	有　效	45	91.63	2.862 7	10 040.0	7 812.2	59.2
	无　效	31	70.66	2.189 0	1 810.0	1 292.3	
	待　评	33	81.45	2.675 4	1 030.0	716.3	
	合　计	109	243.74	7.727 1	12 880.0	9 820.8	

氮气辅助蒸汽吞吐井无效的原因：一是高周期吞吐井，多轮次氮气辅助挖潜措施不再适用；二是油层条件差，注汽效果差，配套氮气助排、优化参数再认识存在局限性；三是参数优化不合适、措施类型不合理；四是井下管柱故障等的影响。

5.1.2　氮气压水辅助蒸汽吞吐技术应用

对于底水油藏，由于水体距离井底较近，生产压差大，单纯的氮气压水措施有效期有限，应该采用氮气泡沫体系进行压水。HBQ67 区油藏含油目的层埋藏深度为 370～500 m,厚度为 5 m 左右,平均孔隙度为 26.3%～31.8%,渗透率在 0.5～5.34 μm^2 之间,油藏的渗流能力在不同区域的变化较大,地层内油的黏度为 16 486.95 mPa·s。HBQ67 区发育有活跃边水,总共投产了 44 口蒸汽吞吐井,开发周期大于 7 周期的吞吐井 86.6%,综合含水已高于 87%,水体侵入作用效果显著,吞吐效果较差。该区生产过程中实施了氮气压水辅助蒸汽吞吐技术,下面以典型井 BB 井为例,介绍氮气压水辅助蒸汽吞吐单井设计。

1) 典型井基本概况

BB 井是一口水平井,投产井段 1 146.32～1 201.48 m 和 1 208.74～1 263.87 m,投产井段长度 110.29 m。该井投产后累计吞吐 3 个周期,累计注汽 4 269 t,累计产液 9 430.6 t,累计产油 1 483.7 t,综合含水率 84%,阶段油汽比 0.35,回采水率 186.1%。周期平均日产液 22.9 t,平均日产油 3.6 t。单井控制储量 4.4×10⁴ t,采出程度 2.52%。

2) 参数设计

按油层厚度 7 m、波及系数 0.4 计算,地下体积为 880 m³。按照设计地下气液比 3∶1 计算,需高温起泡剂 2.6 t,再按质量分数 1.2% 计,需要配制起泡液 220 m³,氮气地下体积 660 m³,折合地面体积 59 300 m³。典型井参数设计见表 5-1-6 和表 5-1-7。

表 5-1-6　典型井参数设计表

厚度 /m	孔隙度 /%	波及 系数	起泡剂质量分数 /%	起泡剂用量 /t	氮气地下体积 /m³	氮气地面体积 /m³
7	30.0	0.4	1.2	2.6	660	59 300

表 5-1-7　氮气泡沫调剖段塞设计表

段塞级数	注入方式	起泡液/m³	氮气量/m³	注入压力/MPa
前置氮气	反　注		10 000	16.0
主体段塞	正　注	100	21 000	7.6～16.0
	正　注	100	21 000	7.6～16.0
	正　注	20	7 300	7.6～16.0
合　计		220	59 300	

氮气压水辅助蒸汽吞吐注入方式主要为氮气和蒸汽段塞式注入,且先注氮气后注蒸汽。氮气有较强的穿透能力,当高速注入氮气时,一部分氮气沿高渗透层指进,首先进入渗流阻力较小的水锥锥体内,沿地层构造或向油层下部运移,从而使水锥逐渐消失,然后通过贾敏效应阻断水窜通道,延缓油水界面的再次锥进,提高油藏开发效果。

BB 井实施氮气压水措施后吞吐周期内平均日产液由 22.9 t 增加到 23.2 t,平均日产油由 3.6 t 增加到 8.1 t,周期措施增油 378 t,措施有效期 84 d。

3) 氮气压水辅助注蒸汽效果

2015 年,HBQ67 区油藏累计实施氮气压水措施 52 井次,可评价 45 井次,措施平均日产油增加了 2.9 t,含水率下降了 7.9%,部分井效果见表 5-1-8。

表 5-1-8   10 口典型油井氮气压水措施效果统计表

序号	井　号	措施前			施工参数		措施后					
		日产液量 /(t·d⁻¹)	日产油量 /(t·d⁻¹)	含水率 /%	氮气 /m³	蒸汽 /t	日产液量 /(t·d⁻¹)	日产油量 /(t·d⁻¹)	含水率 /%	有效期 /d	产油量 /d	增油量 /t
1	CG1	60.1	1.8	97.0	20 000	38.8	50.9	4.5	91.2	98	449.6	264.6
2	CG2	10.0	0.1	99.0	25 000	1 285.0	17.3	2.7	84.4	93	247.8	241.8
3	CG3	8.0	0.7	91.0	20 000	1 309.2	56.1	5.4	90.4	114	612.2	535.8
4	CG4	7.8	0.8	90.0	22 000	1 925.0	16.2	6.4	60.5	120	763.4	672.0
5	CG5	6.0	1.2	80.0	20 000	1 116.5	15.5	5.3	65.8	37	196.8	151.7
6	CG6	27.0	0.3	99.0	22 000	291.6	48.1	3.3	93.1	171	561.6	513.0
7	CG7	42.4	0.4	99.0	20 000	0.0	10.7	7.0	34.6	40	280.9	264.0
8	CG8	18.4	1.3	93.0	15 000	903.3	48.0	4.4	90.8	44	210.8	136.4
9	CG9	40.8	2.4	94.0	15 000	455.3	25.8	5.3	79.5	127	697.5	368.3
10	CG10	40.9	0.4	99.0	20 000	890.6	51.6	4.2	91.9	67	281.2	254.6

事实上,对于具有边水侵入的常规稀油开采井,氮气压水措施也具有较好的增产效果。

5.1.3　氮气泡沫辅助蒸汽吞吐技术应用

氮气泡沫调剖是调整热采吸汽剖面、抑制边底水水侵的重要技术手段。对于传统的氮气泡沫调剖体系,在中低轮次阶段措施效果显著,但随着吞吐轮次的增加,储层非均质程度加剧,流场更加复杂,使得氮气泡沫措施降水增油的效果和效益变差。根据蒸汽吞吐开发过程中热采温度场"近高远低"的特点,提出了高-低温泡沫组合调剖技术,也称分级泡沫调剖技术。该技术可以充分发挥高、低温泡沫阻力因子大,封堵能力强,价格便宜的优势,从而大幅度提高措施效果。

HLJL 区油藏埋深 263.9～428.5 m,油层原始地层压力 2.68～4.19 MPa,原始地层温度 26.9～34 ℃,平均有效厚度 5 m,平均纯总厚比 0.4,孔隙度 32%,渗透率 2.1 μm²,油层温度下脱气原油黏度 16 111～21 445 mPa·s,属特稠油油藏。区块共有吞吐采油井 171 口,当前综合含水率为 78.6%,累计油汽比 0.25,采注比 1.18,采出程度 35.0%。当前平均单井吞吐 12.3 个周期,进入高周期吞吐;低效井占比 72.4%,经过多轮次蒸汽吞吐的稠油油藏容易出现汽窜现象,已经形成面积汽窜,影响开发效果。下面以其中的 CC 单元为例,介绍氮气泡沫辅助蒸汽吞吐设计。

1) CC 单元典型井组状况

CC 单元典型井组资料见表 5-1-9。

表 5-1-9　CC 单元井组资料

井　号	生产层位	有效厚度/m	采出程度/%
CC-1	Ⅲ6	7.8	9.4
CC-2	Ⅲ6	4.8	40.0
CC-3	Ⅲ6	8.3	34.3
CC-4	Ⅲ6	4.8	34.9
CC-5	Ⅲ6	3.2	51.8
CC-6	Ⅲ6	6.2	52.5
CC-7	Ⅲ6	5.2	93.0
CC-8	Ⅲ6	7.2	46.1
平　均		5.9	37.4

该单元共 8 口井,平均有效厚度 5.9 m,吞吐 16 个周期,平均采出程度 37.4%。对该单元 8 条汽窜通道实施氮气泡沫辅助单元蒸汽吞吐。

2) 矿场实施与效果分析

CC 单元井组氮气泡沫辅助蒸汽吞吐实施情况和生产效果分别见表 5-1-10 和表 5-1-11。

表 5-1-10　井组措施前后用量

井　号	措施前			措施后第一轮单元注汽		
	注汽量/t	注氮量/m³	药剂/t	注汽量/t	注氮量/m³	药剂/t
CC-1	488	16 000	3.3	480	25 000	3.3
CC-2	23	0		555	20 000	18.3+2.9
CC-3	23	0		291	7 400	
CC-4	380	16 000		256	11 000	
CC-5	44	0		318	5 000	
CC-6	254	15 000		218	13 400	
CC-7	574	15 000	3.5	385	9 200	
CC-8	710	25 000	3.5	0	0	
合　计	2 496	87 000	10.3	2 503	91 000	18.3+6.2

表 5-1-11　井组措施前后生产情况

井　号	措施前						措施后第一轮单元注汽					
	时间/d	周期产液量/t	周期产油量/t	平均日产油量/(t·d⁻¹)	油汽比	当量油汽比	时间/d	周期产液量/t	周期产油量/t	平均日产油量/t	油汽比	当量油汽比
CC-1	120	747	199	1.7	0.41	0.32	88	691	99	1.1	0.21	0.14
CC-2	122	471	93	0.8	4.04	4.04	96	644	141	1.5	0.25	0.19

井 号	措施前						措施后第一轮单元注汽					
	时间 /d	周期产液量/t	周期产油量/t	平均日产油量 /(t·d⁻¹)	油汽比	当量油汽比	时间 /d	周期产液量/t	周期产油量/t	平均日产油量 /t	油汽比	当量油汽比
CC-3	121	405	9	0.1	0.39	0.39	79	312	66	0.8	0.23	0.18
CC-4	123	649	45	0.4	0.12	0.09	96	433	119	1.2	0.46	0.34
CC-5	120	248	25	0.2	0.57	0.57	95	455	83	0.9	0.26	0.23
CC-6	116	758	65	0.6	0.26	0.17	92	507	142	1.5	0.65	0.42
CC-7	124	1032	62	0.5	0.11	0.09	95	831	214	2.3	0.56	0.46
CC-8	119	556	50	0.4	0.07	0.05	76	695	75	1.0		
合 计		4 866	548	4.5	0.22	0.17	90	4 568	939	10.5	0.38	0.28

实施 5 轮次氮气泡沫辅助单元蒸汽吞吐,区域采出程度由 37.4% 提高到 47.3%,实现增油 4 661 t,取得了较好的效果。随着蒸汽吞吐轮次的增加,通过优选工艺及优化参数能较好地改善单元整体效果,减缓单元周期递减。

5.2 悬浮颗粒堵剂调剖技术应用

水泥、粉煤灰和黏性土等非水溶性材料具有耐温、耐盐、高强度和较好的泵注工艺性能,这些无机调剖剂作为主体材料已广泛应用于油田调剖堵水工程中,包括热采调剖堵水措施。当无机调剖剂注入油层后,伴随着调剖剂中固体颗粒的沉淀,油层的孔隙性质发生变化,油层渗透率也随之变化,同时油层渗透率的变化反过来又影响调剖剂的运动状态。因此,如果能够定量地预测固相颗粒沉淀作用下注入液的渗流动态,就可以很好地控制调剖过程,使注入的调剖剂既能够有效地封堵高渗透层又不污染中低渗透层,以较低的能耗和材料消耗代价取得良好的调剖堵水效果。

5.2.1 颗粒堵剂调剖参数优化

1)措施选井

稠油油藏受热后的增产效应取决于油层受热范围和原油受热强度(黏度降低程度),因此所有有利于增加受热范围的措施都将对提高增产效果产生积极的影响。显然,加热范围 r_h 越大,选井决策权重越小;纵向可动用厚度 h_t 越大,选井决策权重越大;汽窜通道数 n_c 越大,选井决策权重越大。根据上述原则确定调堵蒸汽吞吐选井决策指数为:

$$A_{di} = \frac{h_t n_c}{r_h}$$

(5-2-1)

式中　A_{di}——选井决策指数。

选井决策指数 A_{di} 越大，则选井优先级越高，依此类推，形成颗粒封堵选井顺序。事实上，上述措施选井决策指数也适用于其他注蒸汽调剖措施。

2）段塞位置优选

给定一定的段塞体积（5％窜流通道孔隙体积），设置不同的段塞位置，并计算蒸汽驱的波及效率，如图 5-2-1 所示。

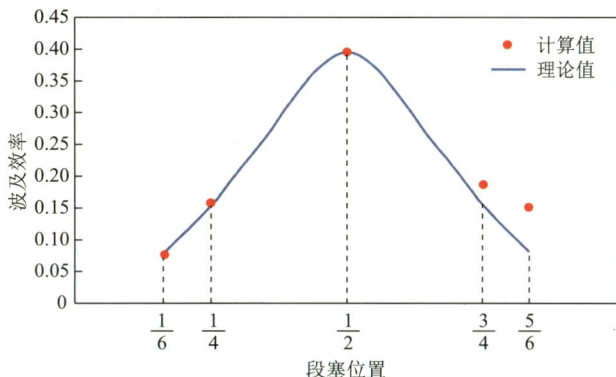

图 5-2-1　调剖段塞在不同位置时的蒸汽波及效率

由图可以看出，当调剖段塞处于井间一半位置时，后续转蒸汽驱的波及效率最大，因此实际应用中应尽可能将段塞推进油层深部。

3）段塞尺寸优选

不同调剖段塞尺寸时的蒸汽波及系数如图 5-2-2 所示。

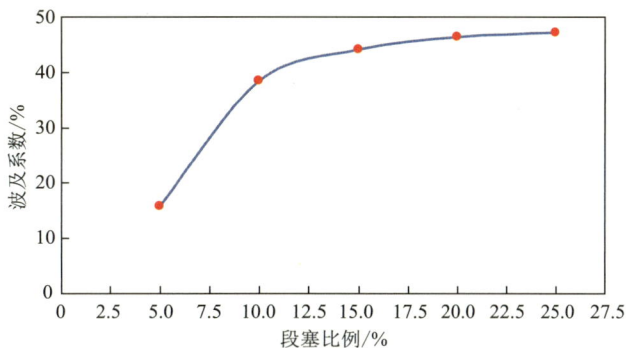

图 5-2-2　不同调剖段塞尺寸时的蒸汽波及系数

由图可以看出，调剖段塞尺寸为 10％～15％时的蒸汽波及效率基本达到最大，此后增大调剖剂用量，蒸汽的波及系数增加较小。

4）颗粒堵剂粒径优选

堵剂的粒径分布与地层岩石孔道的匹配对封堵效果影响很大。由于地层的非均质性和长期注汽、注水开采，地层的渗透率变化较大，孔隙大小分布不均匀，完全弄清颗粒堵剂的粒径分布与地层岩石孔道的匹配关系非常困难,只能借助原始渗透率、大孔道描述资料和开发动静态资料来推算。通常颗粒堵剂用于蒸汽吞吐井时,根据 $1/3\sim2/3$ 架桥理论,推算出地层渗透率与颗粒粒径的关系;颗粒堵剂用于蒸汽驱井时,根据 $1/9\sim1/3$ 理论,推算出地层渗透率与颗粒粒径的关系。

由于颗粒堵剂粒径是根据地层岩石平均孔隙直径计算出的平均值,实际选用时要考虑到最大孔径和最大粒径,且颗粒分布要有一个合适的范围,所以可依据有关测井资料、大孔道描述资料和岩芯实验来确定。根据有关资料介绍和实际经验,高温颗粒堵剂的最大粒径可选为平均粒径的 $3\sim5$ 倍,并控制在总量的 $0.1\%\sim0.2\%$ 范围内。

5)最佳封堵段塞体积

颗粒堵剂从注入井注入后应该沿着阻力最小的区域即水(汽)淹区域向汽窜井推进,其最佳封堵体积计算模型为:

$$Q_{opt} = \beta V_{pbrt}(1 - S_{lr})$$ (5-2-2)

式中 Q_{opt}——最佳堵剂用量,m^3;

  β——段塞系数,一般为 $1/4\sim1/3$;

  V_{pbrt}——汽窜孔隙体积,m^3;

  S_{lr}——不可动流体饱和度,$S_{lr} = S_o + S_{wc}$;

  S_o——窜通区当前含油饱和度;

  S_{wc}——束缚水饱和度。

拟调剖半径 r_p 为:

$$r_p = \sqrt{\frac{Q_{opt}}{\pi f_h h_t \phi (1 - S_{lr})}}$$ (5-2-3)

式中 f_h——堵剂利用系数,小数。

5.2.2 粉煤灰体系调剖技术应用

1)粉煤灰堵剂体系

粉煤灰堵剂体系以粉煤灰为主要原料,通过与相应添加剂复配组合,形成耐温性、封堵性、施工安全性好,成本低廉的堵剂。粉煤灰堵剂性能要求包括:耐温大于或等于 300 ℃,封堵率大于或等于 95%,初凝时间大于或等于 8 h。

实验分别配制 30% 的粉煤灰堵剂悬浮液,放入 70 ℃恒温水浴锅内开始计时,到该样品失去流动性为止的这段时间为初凝时间。

(1)体系配方。

预配 8 组配方,见表 5-2-1。其中,粉煤灰含量 $25\%\sim60\%$(质量分数),助剂 A 含量 $10\%\sim45\%$,助剂 B+C 含量 30%。助剂 A 主要起稠化作用,助剂 B 主要起增稠作用,助剂 C 主要起悬浮稳定作用。分别配制不同比例的配方体系,并测试其初凝时间,进行配方初选,结果见表 5-2-2。由表可以看出,配方 3 的初凝时间最长。

表 5-2-1　不同配方的药剂比例

配方编号	粉煤灰/%	助剂 A 含量/%	助剂 B 含量＋C 含量/%
1	60	10	30
2	55	15	30
3	50	20	30
4	45	25	30
5	40	30	30
6	35	35	30
7	30	40	30
8	25	45	30

表 5-2-2　不同配方的初凝时间

配方编号	1	2	3	4	5	6	7	8
初凝时间/h	不初凝	不初凝	72	60	36	12	6	4

（2）悬浮剂用量优选。

选用 3 号配方作为粉煤灰堵剂的基本配方,在此基础上对粉煤灰堵剂的悬浮性、流动性、耐温性、配液浓度及密度、封堵率等指标进行测定,优选后确定粉煤灰堵剂的构成。从表 5-2-3 中可以看出,当悬浮剂质量分数为 0.2％时,调剖液析水率基本稳定。

表 5-2-3　不同悬浮剂质量分数下的调剖液析水率

悬浮剂质量分数/%	0.2	0.4	0.6	0.8	1
0.5 h 析水率/%	30	28	24	16	14
1 h 析水率/%	32	30	26	23	22
2 h 析水率/%	32	31	28	26	27
3 h 析水率/%	32	31	28	27	27
4 h 析水率/%	32	31	28	27	27
粉煤灰堵剂质量分数30％,温度 35 ℃					

（3）粉煤灰体系性能评价。

① 流动性。调剖剂的流动性即可泵性,通过利用旋转黏度计测定不同质量分数粉煤灰堵剂溶液的黏度来评价其流动性。可以看出,质量分数在 40％以下时粉煤灰堵剂溶液的黏度较低,流动性可满足调剖施工要求。

② 耐温性。对已确定的粉煤灰堵剂进行耐温实验,根据 PHG 和 BSC-1 等堵剂的实验标准,确定堵剂在 300 ℃条件下的失重率小于或等于 5％。称取 100 g 粉煤灰堵剂并放入恒温箱内,在 300 ℃条件下烘烤至恒重,称重,计算失重率。实验测得该粉煤灰堵剂的失重率为 0.45％。

③ 密度。在室内条件下对粉煤灰堵剂的密度进行测试,粉煤灰堵剂密度随其浓度的增大而增大。

④ 粒度分布。实验最终测得粉煤灰堵剂粒度中值为 33.47 μm。

⑤ 稠化凝固。参照国标规定,稠度达到 30 Bc 为初凝。实验最终测得在 80 ℃,6 MPa下 8 h 稠度为 10 Bc,满足初凝时间大于或等于 8 h 的要求,具有良好的施工安全性。

⑥ 封堵率。由粉煤灰堵剂封堵率测试实验可以得出:粉煤灰堵剂在室内实验中有良好的封堵率,平均封堵率达到 99.957%。

表 5-2-4　粉煤灰堵剂封堵率测试结果

模　型	封堵前渗透率 $K_1/\mu m^2$	封堵后渗透率 $K_2/\mu m^2$	封堵率/%
B1	81	0.004	99.995
B2	97	0.109	99.888
B3	83	0.011	99.987

2）粉煤灰堵剂体系调剖量

典型井 DD-3 井粉煤灰堵剂体系调剖量见表 5-2-5。

表 5-2-5　DD-3 井调剖量设计结果

调剖井	厚度/m	累产油/t	吞吐半径/m	汽窜井	井距/m	段塞系数	纵向利用系数	孔隙度	汽窜孔隙体积/m³	调剖量/m³	拟调剖半径/m
DD-3 井	2.8	144	13.19	XX-1 井	70	0.2	0.5	0.32	1 004.6	105.5	12
				XX-2 井	100						

3）注入压力和排量

根据 DD 井注蒸汽的工艺特点,注入井调剖时采用不动管柱笼统作业。为保证粉煤灰堵剂有效地进入目的层段,防止堵剂过多进入非处理层段而造成地层伤害,需要合理控制注入压力。注入压力的限制因素包括器具的工作条件、油层破裂压力和油层的吸液能力。注入压力过大将超过地层破裂压力,产生非目的性压裂。井口选择性注入压力为:

$$p_{inj} = p_a + \alpha \frac{L}{2} + p_f - bH\rho_1 g \tag{5-2-4}$$

式中　p_{inj}——井口注入压力,MPa;

p_a——地层压力,MPa;

p_f——堵剂在管柱中流动的阻力和经过射孔孔眼的阻力,MPa;

α——堵剂合理注入压力梯度,一般取 0.03~0.04 MPa/m;

L——平均井距,m;

H——油井深度,m;

b——单位换算系数,$b = 10^{-6}$;

ρ_l——管柱内液体密度，kg/m^3。

根据油田调剖施工井况要求，粉煤灰堵剂最高注入压力不超过 6 MPa。注入速度和注入压力是两个相关的参数。粉煤灰堵剂的合理注入速度为：

$$q_l = a \frac{2\pi Kh\Delta p}{\mu_l \left(\ln \dfrac{r_p}{r_w} + S \right)} \tag{5-2-5}$$

式中　a——单位换算系数，$a=3.6$；

$\quad\quad q_l$——堵剂注入速度，m^3/h；

$\quad\quad K$——封堵层渗透率，μm^2；

$\quad\quad h$——封堵段油层有效厚度，m；

$\quad\quad \Delta p$——注入压差，MPa；

$\quad\quad \mu_l$——堵剂黏度，$mPa \cdot s$；

$\quad\quad r_p$——调剖半径，m；

$\quad\quad r_w$——油井半径，m；

$\quad\quad S$——表皮系数。

根据目前调剖施工最高注入压力不超过 6 MPa 的要求，计算得到该井调剖堵水施工注入速度为 7～10 m^3/h。

4）现场应用效果

为了治理高轮次吞吐后期的蒸汽窜流问题，将粉煤灰堵剂用于典型区块的稠油生产现场，取得了较好的效果。2010 年，现场试验了 10 口井，平均封堵有效率为 88.3%，投入产出比为 1∶2.7。截至 2010 年 12 月 31 日，该井组累计增油 1 888.4 t，具体实施效果见表5-2-6。

表 5-2-6　典型区块粉煤灰调剖现场实施情况

井　号	施工目的	汽窜通道/条	组合注汽考虑通道/条	有效封堵通道/条	汽窜减弱/条	未封堵/条	封堵有效率/%	井组增油/t
DD-1	治理汽窜	5	1	2		2	60	409.1
DD-2	治理汽窜	4	4				100	326.3
DD-3	治理汽窜	3		2	1		100	42.3
EE-1	汽窜＋剖面	5		4	1		100	132.1
FF-1	治理汽窜	7		3	1	3	57	99.5
GG-1	治理汽窜	2	1	1			100	16.1
HH-1	治理汽窜	3		2	1		100	85.4
LL-1	治理汽窜	5		3	2		100	716.6
LL-2	治理汽窜	3		2		1	66.7	51.5
LL-3	治理汽窜	3		3			100	9.5

EE-1 井是一口大斜度定向井,生产层为Ⅲ1层,截至 2010 年 6 月 29 日该井累计吞吐 6 周期,生产过程中分别与 5 口井发生汽窜,累计影响汽窜时间 95 d,影响产油 112.1 t。2010 年 7 月 11 日对该井实施了粉煤灰体系调剖,调剖后 5 条汽窜通道得到有效封堵;截至 12 月 31 日井组增油 132.1 t,平均生产温度由调剖前的 43 ℃上升到 50 ℃,取得了良好的堵窜增油效果。

结合表 5-2-7,分析以上 10 口井现场实施效果及油井物性可知:粒径中值为 16.34 μm 的粉煤灰堵剂满足大孔喉汽窜通道封堵的需要,能够较好地封堵汽窜通道,完全满足大孔喉油藏的堵窜需要。粉煤灰堵剂对见窜时间为 1～2 d、汽窜通道小于 5 条的汽窜井的封堵效果较好。粉煤灰堵剂可满足地层亏空较严重的汽窜井的调剖需要。

表 5-2-7　粉煤灰调剖适应性分析

调剖井号	吞吐周期	调剖厚度/m	调剖深度/m	亏空体积/m³	采出程度/%	最大渗透率/μm²	渗透率级差	见窜时间/d	汽窜通道/条	措施后			
										组合注汽通道/条	有效封堵通道/条	汽窜减弱通道/条	未能封堵通道/条
DD-1	5	7.6	20	−1 031	19	1.642	1.91	1	5	1	2	0	2
DD-2	7	7.4	25	1 047.6	29	1.502	5.33	2	4	4			
DD-3	2	8.7	15	−1 279	1	0.613	4.38	2	3	0	2	1	
EE-1	6	9	20	2 186	20.1	1.515	2.82	1	5		4	1	
FF-1	4	6.8	20	672.3	2.8	1.286	5.85	3	7		3	1	3
GG-1	13	7.6	30	10 626	25.4	2.722	17.56	2	2	1	1		
HH-1	13	3.8	30	15 281	78.4	3.892	1.25	1	3		2	1	
LL-1	1	5.4	25	2 138.8	40.9	1.462	3.3	2	5		3	2	
LL-2	7	2.8	25	8 660	55.7	1.923	8.1	1	3		2		1
LL-3	3	1.6	25	2 801.5	42.5	0.708	1	3	3		3		

5.2.3　污泥体系调剖技术应用

1)污泥调剖剂体系

与粉煤灰调剖剂体系类似,污泥堵剂体系是以污泥为主要原料,通过与相应添加剂复配,形成耐温性、封堵性、施工安全性好,成本低廉的调剖剂。污泥悬浮性能良好,含砂粒径小,可替代颗粒堵剂中的悬浮剂。

(1)污泥配比。

配制不同比例的污泥混合液,测试其悬浮性能和流动性能。污水、污泥按照 1∶1(质量比)混合,72 h 后不分层;按照 2∶1 混合,72 h 后轻微分层;按照 3∶1 混合,48 h 后轻微分层。

这说明污泥溶液具有良好的悬浮性。当污泥、污水质量比为 1∶1.2 时，污泥混合液流动性较好，对应黏度为 5 216 mPa·s。污泥混合液的黏度对温度的敏感性较差。污泥混合液密度在不同配比下均在 1.00～1.03 g/cm³ 之间。

（2）配方体系。

由于污泥混合液具有良好的悬浮性能，因此用污泥替代 GCS-1 颗粒堵剂中的悬浮剂。进行固结剂与粉煤灰（填充剂）的比例优选，结果见表 5-2-8。可以看出，固结剂与粉煤灰的最优比例为 3∶7（质量比），使用浓度为 25%（质量分数）。

表 5-2-8　调剖剂比例及浓度筛选

固结剂∶粉煤灰（质量比）	使用浓度（质量分数）/%	失水情况	固结强度
2∶8		多	较　弱
3∶7	20	较　多	弱
4∶6		较　多	弱
2∶8		不失水	较　强
3∶7	25	不失水	强
4∶6		不失水	强
2∶8		不失水	强
3∶7	30	不失水	强
4∶6		不失水	强

之后对污泥溶液的浓度进行筛选。添加浓度为 25%（质量分数）的调剖剂，测试 23 ℃下溶液的表观黏度，最终得到污泥调剖剂配方为干稀比例为 1∶1.5，此时污泥调剖剂的流动性较好，对应黏度为 4 936 mPa·s。

（3）悬浮性。

由表 5-2-9 可知，向污泥溶液中加入不同调剖剂后，悬浮时间均超过 8 h，而清水几乎不具备悬浮性。

表 5-2-9　不同介质加入不同调剖剂悬浮性对比

	污泥溶液			清　水		
干稀比例	加入调剖剂类型	沉降时间/h	稠化时间/h	加入调剖剂类型	沉降时间/min	稠化时间/h
1∶1.5	空白实验	＞8	—	清　水	—	
1∶1.5	NTS-2	＞8	≥24	NTS-2	3	8～24
1∶1.5	ST-2000	＞8	≥24	ST-2000	5	8～24
1∶1.5	固结剂＋粉煤灰	＞8	≥24	固结剂＋粉煤灰	3	8～24

（4）固结性能。

不同配方的固结强度排序为 3＞5＞1＞4＞6＞2。调剖剂在污泥溶液中固结后强度略低于在清水中的强度,但其失水性能较好（表 5-2-10）,且在最优配方下,污泥调剖剂（固结剂＋粉煤灰）固结后失水量最大,固结效果最好。

表 5-2-10 污泥调剖剂与常规调剖剂固结后性能对比

配方编号	悬浮剂	调剖剂类型	失水率/%
1	清 水	ST-2000	40
2	1:1.5 污泥溶液		0
3	清 水	固结剂＋粉煤灰	78
4	1:1.5 污泥溶液		0
5	清 水	NTS-2	63
6	1:1.5 污泥溶液		0

（5）温敏性。

测试不同温度下污泥调剖剂的黏度,结果如图 5-2-3 所示。从图中可以看出,不同污泥调剖剂的黏度对温度均不敏感,因此体系可以用于抑制边水,能较好地改善水油流度比。

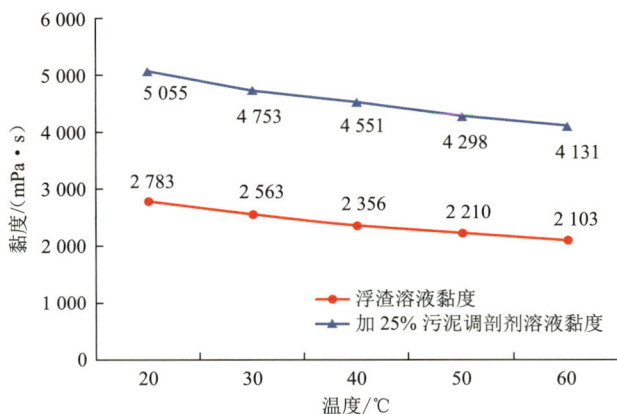

图 5-2-3 污泥调剖剂黏温曲线

另外,测试不同调剖剂浓度下污泥调剖剂的密度可知,污泥调剖剂密度随调剖剂浓度变化较大。

2）污泥调剖剂体系调剖用量

为了有效封堵蒸汽窜流通道、抑制边水窜进等,将污泥调剖技术应用于稠油开发现场,用于抑制汽窜及边水对稠油开发的影响。选择 GX-1 井验证污泥调剖剂体系的注入性能、封堵性能及地层滞留性（表 5-2-11）。

表 5-2-11 GX-1 井调剖剂设计

项 目	使用浓度（质量分数）/%	使用比例（质量比）			失水量/mL	失水率/%
		固结剂	填充剂	悬浮剂		
NTS-2	25	2	4	4	43.9/118.7	37.0
污泥替代悬浮剂	25	3	7	—	2.8/120.3	2.3
	30	3	7		1.5/114.2	1.3

3）现场应用效果

GX-1 井的现场试验表明，污泥调剖剂具有良好的注入性能，在不同浓度（20%～30%，质量分数）下均有良好的注入性，在最优配方浓度下控制注入排量，能够较好地注入。

表 5-2-12 GX-1 井现场实际情况

项 目	使用浓度（质量分数）/%	使用比例（质量比）			失水量/mL	失水率/%
		固结剂	填充剂	悬浮剂		
NTS-2	23	2.4	7.6		77.3/508.2	15.2
污泥替代悬浮剂	27	2.8	7.2	—	22.8/567.1	4.1
	30	3	7		10.7/479.3	2.2

污泥调剖剂注入前后的注汽情况见表 5-2-13。可以看出，污泥调剖剂体系在蒸汽吞吐后油藏内具有良好的封堵性能，注入后可极大地减缓和抑制汽窜的发生，GX-1 井与 GG-3 井的井间汽窜时间由之前的几小时延缓至 2 d，而 GX-1 井与 GG-4 井的井间汽窜时间由之前的 1 d 延缓至 3 d。

表 5-2-13 GX-1 井注汽情况对比表

注汽时间	油层厚度/m	注汽井	注汽量/t	注汽压力/MPa		温度/℃
				油 压	套 压	
2016-05-29	13.5	GX-1	950	7.0	1.5	286
	6.2	GG-0	1 100	7.5	7.0	276
2016-12-07	13.5	GX-1	973	5.2	2.5	260
	15.2	GX-2	1 024	5.0	2.3	268

由试验结果可以看出，污泥调剖剂体系的优点包括：① 注得进。结合现场试验，分别考察了不同药剂配比下污泥调剖剂体系的注入性能，可以看出该体系在最优浓度下依然能较好地注入。② 堵得住。从现场封堵情况来看，油井汽窜通道得到有效封堵，边水得到有效抑制。③ 无污染。井口取样观察发现，产出液未见污泥，不会造成二次污染。

在以上污泥调剖剂体系有效性验证的基础上，分别开展动管柱污泥调剖、不动管柱污泥调剖以及不动管柱污泥悬浮液＋污泥调剖等的调剖试验。实施污泥不动管柱颗粒调剖工艺后,措施费用降幅达 56％,有效拓宽了调剖技术适应性。

经过污泥调剖后,各井的生产效果均明显改善,阶段与日产油有所上升。表 5-2-14 为典型稠油油田污泥调剖措施的效果统计表。可以看到,实施该调剖措施,可以达到显著降本增效的目的,改善高吞吐周期后的油藏开发效果。

表 5-2-14 典型稠油区块污泥调剖措施效果统计表

井 次	有效 /井次	无效 /井次	待评 /井次	消耗污泥 /m³	有效率 /％	增油量 /t	不动管柱 /井次	合计降本 /万元
31	12	3	16	2 430	80.0	512	25	274

此外,该污泥调剖体系也可用于改善注水井的吸水剖面。采用以含油污泥调剖剂为主剂辅助液流转向剂的调剖措施,进而控制大孔道孔喉半径,可以提高注水波及体积,改善注水效果。通过现场实施 2 口注水井,累积处理含油污泥 1 447 m³,工艺成功率 100％,对应油井组增油 326.2 t,投入产出比 1:2.02,取得了较好的经济效益。

5.3 化学剂降黏辅助蒸汽吞吐技术应用

5.3.1 典型区块油藏蒸汽吞吐生产状况

HL8 区主要层位为Ⅱ6层和Ⅲ3层。由于目的油层的有效厚度较小,原油黏度较大,为超稠油,所以该区块于 2010 年开始除采用常规直井进行蒸汽吞吐外,还采用部分水平井,同时添加化学剂进行辅助开采。具体油藏物性参数见表 5-3-1。

表 5-3-1 HL8 区Ⅱ6层和Ⅲ3油层基本参数

层 位	油藏埋深 /m	原始压力 /MPa	原始温度 /℃	砂体厚度 /m	有效厚度 /m	孔隙度 /％	原油密度 /(g·cm⁻³)
Ⅱ6	273.6～494.0	2.0～4.3	25.2～36.0	3～9	1.0～6.6	27	0.979 4
Ⅲ3	368.6～585.2	3.0～5.3	30.5～40.0	3～5	0.6～2.6	25	0.871 8

该区以蒸汽吞吐方式进行开采,自 2007 年 9 月至 2013 年 10 月共有生产井 29 口,累计注汽 19.43×10^4 t,累计产液 21.08×10^4 m³,累计产油 4.37×10^4 t,累计产水 16.71×10^4 m³。

5.3.2 辅助吞吐降黏气剂用量及注入方式设计

依据 HL8 区直井与水平井在 2007—2013 年间的平均注采参数和生产制度,首先确定蒸汽吞吐过程中的注入参数。对于直井,周期注汽量为 600 t,日注汽量为 120 t/d,注汽

5 d,焖井 3 d,4 个月为 1 个吞吐周期;对于水平井,周期注汽量为 1 750 t,日注汽量为 350 t/d,注汽 5 d,焖井 3 d,4 个月为 1 个吞吐周期。

1) 复合体系中降黏剂用量

在上述注汽参数确定的基础上,通过改变降黏剂占周期注汽量的百分比优选降黏剂注入量,模拟结果如图 5-3-1 所示。从图中可以看出,随着降黏剂注入量(图中对应降黏剂质量分数)的增加,增油量呈逐渐上升的趋势;当降黏剂周期注入量超过 2.4 t(对应降黏剂质量分数 0.4%)后,增油量的增加幅度呈现放缓趋势。综合考虑降黏剂注入成本以及开发效果,确定降黏剂最优质量分数为 0.4%,直井降黏剂周期注入量为 2.4 t,水平井降黏剂周期注入量为 7.0 t。

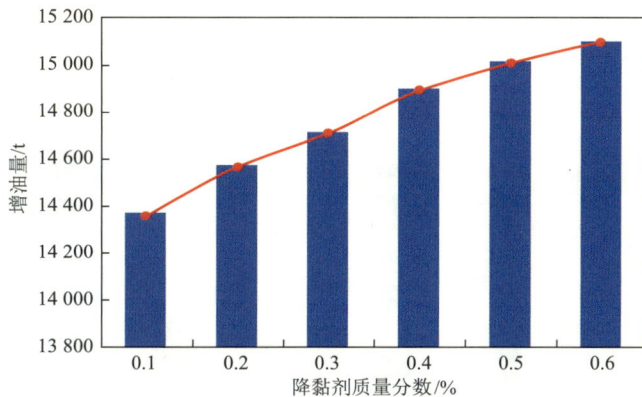

图 5-3-1 降黏剂不同注入量开发效果对比曲线

2) 复合体系中氮气用量

在上述注汽参数和降黏剂注入量确定的基础上,通过改变氮气与蒸汽的注入比例(即气汽比)对氮气注入量进行优化设计,结果如图 5-3-2 所示。由模拟结果可知,随着氮气注入量的增加,增油量呈下降趋势;当气汽比超过 18 后,增油量明显下降。综合考虑氮气注入成本、注入效果、地层压力的保持以及井间窜流,确定最优气汽比为 18,直井周期注气量为 10 800 m³,水平井周期注气量为 31 500 m³。

3) 氮气-降黏剂辅助吞吐注入方式

在确定降黏剂和氮气注入量的基础上,通过模拟复合体系不同的组合方式确定最优热化学体系注入方式。共模拟了 5 种注入方式,分别为氮气—蒸汽—降黏剂(方式一)、降黏剂—蒸汽—氮气(方式二)、氮气—降黏剂—蒸汽(方式三)、降黏剂—氮气—蒸汽(方式四)和氮气-降黏剂-蒸汽混合注入(方式五)。不同注入方式的模拟结果如图 5-3-3 所示。各注入方式按增油量从大到小排列依次为:方式五>方式二>方式一>方式四>方式三。因此,最优注入方式为氮气-降黏剂-蒸汽混合注入。

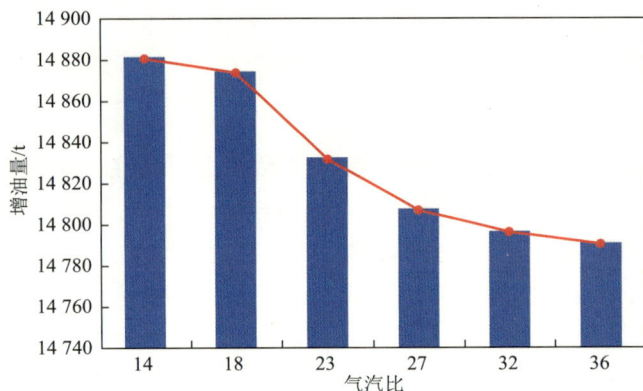

图 5-3-2　氮气不同注入量开发效果对比曲线

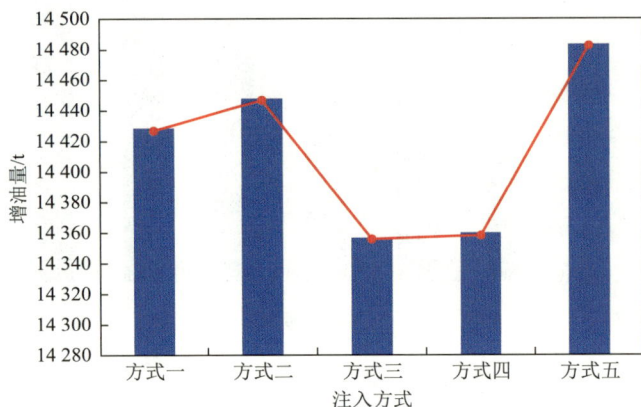

图 5-3-3　不同注入方式开发效果对比曲线

5.3.3　辅助吞吐降黏剂注入参数设计

1) 复合体系注入速度优化

在确定氮气、降黏剂注入方式和注入量的基础上,对具体的注入参数进行优化设计。首先优选热化学复合体系的注入速度(通过混注时间间接得到),模拟结果如图 5-3-4 所示。由模拟结果可知,随着复合体系混注时间的增加(即注入速度降低),增油量呈现先增加后减少的趋势。当混注时间达 4 d 时,增油量显著提高;当混注时间超过 4 d 后,增油量呈下降趋势。分析原因,当复合体系注入速度过高时,油层温度下降明显,注入流体与原油接触时间减少,易形成窜流,热化学复合体系的作用效果变差;但若注入速度过低,则降黏剂降解程度增大,不利于增油量的提高。因此,热化学复合体系的最优混注时间选为 4 d,对应的注入速度分别为:直井,氮气注入速度 2 700 m³/d,降黏剂注入速度 0.60 t/d;水平井,氮气注入速度 7 875 m³/d,降黏剂注入速度 1.75 t/d。

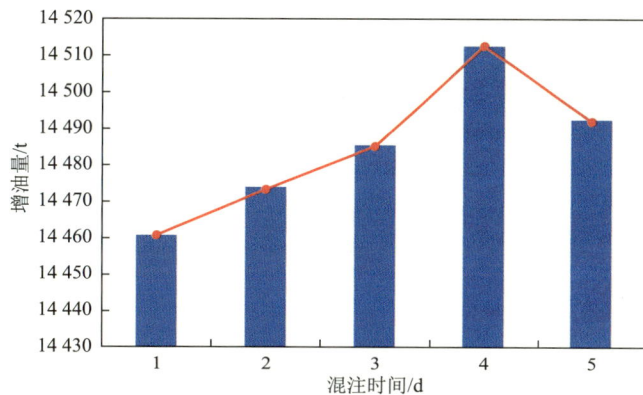

图 5-3-4 不同混注时间开发效果对比曲线

2）日产液量优化

在确定热化学复合体系最优注入速度的基础上，通过改变采注比确定最优生产井日产液量，模拟结果如图 5-3-5 所示。从图中可以看出，随着采注比的增加，增油量不断增加；当采注比超过 1.3:1 后，增油量的上升幅度逐渐趋缓。结合目标区块生产井平均日产液量、矿场操作能力及生产井产液水平，确定最优采注比为 1.3:1，对应的直井日产液量为 4.67 t/d，水平井日产液量为 13.23 t/d。

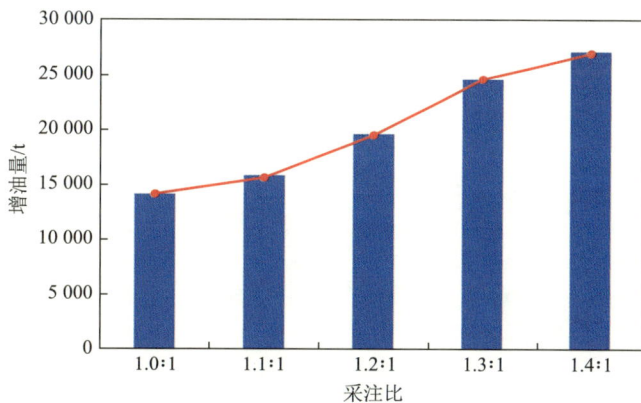

图 5-3-5 不同采注比（日产液量）开发效果对比曲线

3）复合体系注入时机优化

在确定热化学复合体系最优注入速度和生产井最优日产液量的基础上，以区块蒸汽吞吐累积油汽比作为复合体系注入时机的优化界限，确定热化学复合体系的最佳注入时机，模拟结果如图 5-3-6 所示。

从图中可以看出，转为热化学复合体系辅助吞吐时的累积油汽比越低，增油量提升幅度越小。当转注累积油汽比为 0.13 时，增油量较累积油汽比为 0.12 时有较大幅度提高；当转注累积油汽比为 0.15 时，增油量较累积油汽比为 0.13 和 0.14 时又有较大幅度提高；当累积油汽比超过 0.15 后，增油量的提高幅度变缓。综合考虑现场实际以及对提高采出程度的要求，确定在区块蒸汽吞吐累积油汽比低于 0.15 时注入热化学复合体系进行辅助

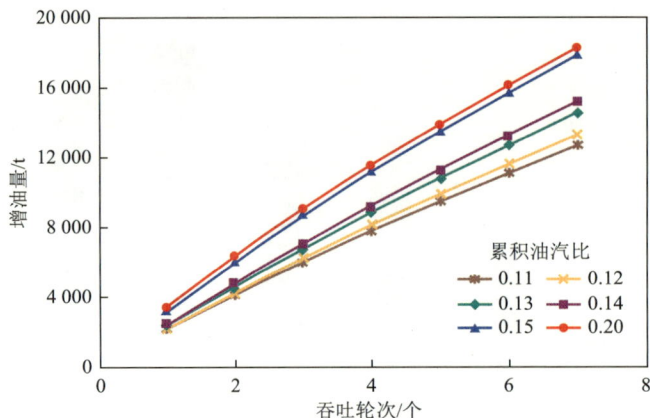

图 5-3-6　不同注入时机(累积油汽比)开发效果对比曲线

蒸汽吞吐措施较为适宜。

综上所述,HL8 区热化学复合体系最优注入方式为蒸汽-氮气-降黏剂混合注入,最优注采参数如下。

(1) 氮气周期注入量:直井 10 800 m³,水平井 31 500 m³。

(2) 降黏剂周期注入量:直井 2.4 t,水平井 7.0 t。

(3) 氮气注入速度:直井 2 700 m³/d,水平井 7 875 m³/d。

(4) 降黏剂注入速度:直井 0.60 t/d,水平井 1.75 t/d。

(5) 日产液量:按照采注比 1.3:1 进行生产,直井 4.67 t/d,水平井 13.23 t/d。

(6) 注入时机:累积油汽比低于 0.15。

5.3.4　化学剂降黏辅助蒸汽吞吐开发效果预测

对 HL8 区块最优注采参数条件下的开发效果与纯蒸汽吞吐开发效果进行预测对比,结果如图 5-3-7 所示。结果表明,最优注采参数方案较纯蒸汽吞吐方案累计增油 5 985.2 t,开发效果较好。

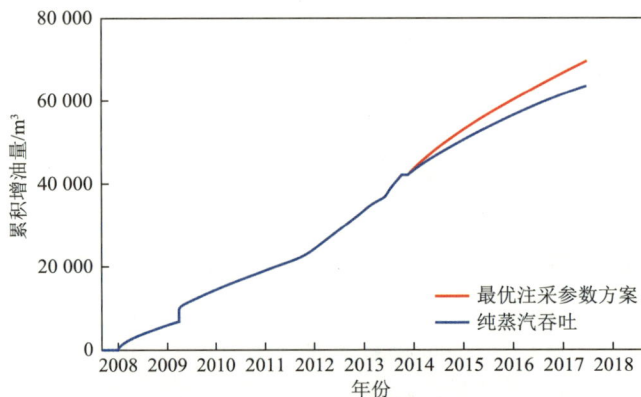

图 5-3-7　最优开发方案效果对比图

第6章
蒸汽驱后期提高采收率技术应用

蒸汽驱方式是高吞吐周期后稠油油藏的一种重要的接替热采方式,通过连续注入的蒸汽释放潜热,加热油层,从而降低原油黏度,将加热原油有效驱替至生产井井底并采出。本章主要在前面研究成果的基础上,对氮气泡沫、高温凝胶和多元复合热流体辅助蒸汽驱技术在典型区块中的应用进行探讨、分析,为蒸汽驱后的稠油油藏提高采收率工作提供指导。

6.1 氮气泡沫辅助蒸汽驱技术应用

泡沫具有独特的结构,可以增加汽相表观黏度,降低蒸汽流度,有效抑制蒸汽黏性指进、重力超覆和窜流,使驱替介质转向流入油层底部以及渗流阻力大的低渗地层,从而有效提高蒸汽驱的波及系数。

6.1.1 典型稠油油藏蒸汽驱生产状况

HLZ 井区油层平面上和纵向上非均质性都比较严重,渗透率级差超过 5.0。2003 年 6 月,该区块进行蒸汽吞吐开采,随着吞吐轮次的增加,热利用率降低,开发效果逐渐变差;2009 年 9 月,在 HLZ 井区选择 L31513,L31713,L31717 和 L31917 四个 100 m×141 m 反九点井网的试验井组进行蒸汽驱。HLZ 井区油藏基本概况见表 6-1-1,全区井位分布如图 6-1-1 所示。

表 6-1-1　HLZ 井区油藏基本情况

参　数	取　值	参　数	取　值
含油面积/km²	0.89	孔隙度/%	34.82
地质储量/(10⁴ t)	21.6	原始地层压力/MPa	2.58
埋藏深度/m	230	地层温度/℃	25.2

参　　数	取　　值	参　　数	取　　值
平均有效厚度/m	4.5	脱气原油密度/(g·cm⁻³)	0.969 8
平均渗透率/(10⁻³ μm²)	2 246	脱气原油黏度/(mPa·s)	12 749

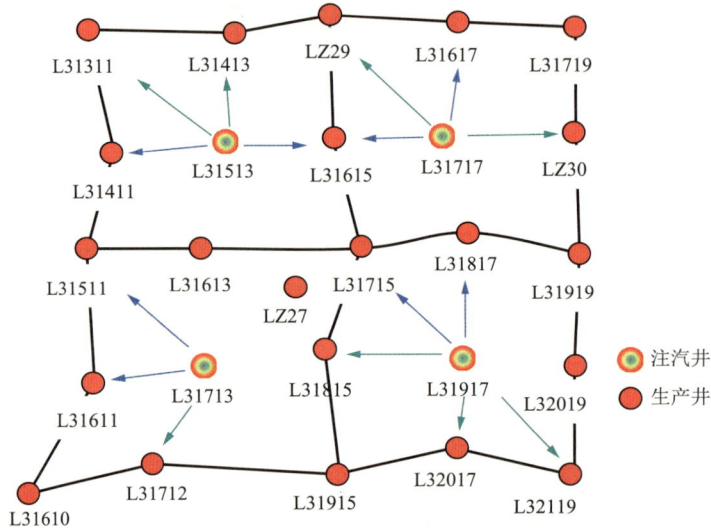

图 6-1-1　HLZ 井区蒸汽驱井组汽窜通道示意图

自 2010 年 1 月 6 日以后,HLZ 井组蒸汽驱产油量由 28.8 t/d 突然下降至 13.1 t/d,总体分析下降的原因主要是汽窜引起井温度和含水率上升。

结合油藏数值模拟结果,对 HLZ 井区地质模型进行反复拟合并修改有关参数,使全区和单井都得到精度很高的动态历史拟合,对该区块地质情况的认识也更加深刻,认为所建立的油藏地质模型基本符合地质的实际情况,模拟结束时形成的油藏参数场也基本符合地下的实际情况。

由小层的剩余油分布场和剩余油丰度分布场分析可知,Ⅲ6¹ 小层只有 3 口井进行射孔生产,生产井附近开始时含油饱和度不高,蒸汽吞吐生产后产出油量有限,所以在模拟注蒸汽开发到 2010 年 5 月 10 日时Ⅲ6¹ 小层的剩余油储量还是有限的;Ⅲ6² 小层初始时 L31511 井、L31513 井、L31613 井、L31617 井、L31715 井附近区域含油饱和度较高,到蒸汽吞吐模拟期结束时,井间大片区域剩余油饱和度基本在 60% 以上,所以在模拟蒸汽吞吐结束时Ⅲ6² 小层的剩余油储量还相当丰富,当进一步进行蒸汽驱开发后,区块中部、东北部、东南部区域剩余油仍然很丰富;Ⅲ6³ 小层初始时 L31411 井、L31610 井、L31611 井、L31715 井、L31815 井、L31917 井、L32019 井附近区域含油饱和度较高,到蒸汽吞吐模拟期结束时,这些井附近的剩余油丰度和剩余油饱和度仍然较高,当进一步蒸汽驱开发后,区块西北部、西南部和东南部区域剩余油仍然很丰富。因此,HLZ 井区蒸汽驱试验井组注蒸汽开发剩余油储量仍然很丰富,尚有较大的挖掘潜力,具备一定的物质基础,有进一步进行开发的价值。

6.1.2　氮气泡沫辅助蒸汽驱参数优化设计

　　HLZ 井区 4 个氮气泡沫辅助蒸汽驱实验井组在进行了 7 年注蒸汽开发之后(前 6 年蒸汽吞吐开发,后 1 年蒸汽驱开发),井间剩余油分布仍然很丰富;蒸汽吞吐期间地层压力下降幅度较大,蒸汽驱阶段地层压力有所回升;地层温度有明显上升,部分井间形成了有效的地热连通,蒸汽驱后汽侵现象越来越严重。在 HLZ 井区 4 个氮气泡沫辅助蒸汽驱实验井组前期注蒸汽开发历史拟合很好的基础上,对模拟区域进行了注蒸汽开发后转换方式的数值模拟对比研究,包括 ① 连续蒸汽驱、② 大段塞蒸汽氮气驱、③ 大段塞蒸汽氮气泡沫驱、④ 分级段塞蒸汽氮气泡沫驱。结果发现,相同生产长时间下,方式 ② 比方式 ① 采收率提高了 1.73%,方式 ③ 比方式 ② 采收率提高了 0.61%,方式 ④ 比方式 ③ 提高了 0.37%,而且各个方式的累积油汽比是依次增加的。这说明后 3 种方式均能在蒸汽驱的基础上有效提高采收率,蒸汽氮气泡沫段塞要比未加起泡剂的蒸汽氮气段塞效果好,蒸汽氮气段塞要比没加氮气的蒸汽驱效果好,而且从开发年限来看,加了起泡剂后开发年限会更长。就蒸汽氮气泡沫注入工艺来说,一个大段塞分多次注入且中间加一个蒸汽段塞比一个大段塞一次注入的效果好。

　　在起泡剂优选的基础上,选用质量分数为 0.5% 的起泡剂溶液,注蒸汽氮气泡沫段塞大小为 0.1 倍汽侵体积,气液比为 1∶1,设计相应的优化方案,见表 6-1-2。

表 6-1-2　优化方案参数设计表

注入参数	L31513 井组	L31713 井组	L31717 井组	L31917 井组
蒸汽总量/t	1 071.84	1 128.97	1 036.54	779.64
注汽速度/(t·d^{-1})	60	60	60	60
注汽天数/d	18	19	17	13
氮气总量/(地下,m³)	1 071.84	1 128.97	1 036.54	779.64
氮气总量/(地上,m³)	40 524.49	42 684.35	39 189.71	29 476.87
注氮速度/(地下,m³/d)	60	60	60	60
注氮速度/(地上,m³/d)	2 400	2 400	2 400	2 400
注氮时间/d	18	19	17	13
起泡剂总量/t	5.36	5.64	5.18	3.90
注起泡剂速度/(t·d^{-1})	0.3	0.3	0.3	0.3
注起泡剂时间/d	18	19	17	13

　　2010 年 5 月 10 日,蒸汽驱转蒸汽氮气泡沫段塞,注一个大段塞后转蒸汽驱到累积油汽比达到 0.15 时结束。为了使方案具有可比性,以连续蒸汽驱方式为基础方案,预测结果见表 6-1-3。

表 6-1-3　优化方案预测结果统计表

参　数	优化方案	基础方案
开始时间	2010-05-10	2010-05-10
开始采收率/%	29.33	29.33
开始累产油/m³	65 667	65 667
1 年时间	2011-05-10	2011-05-10
1 年采收率/%	34.56	33.42
1 年累产油/m³	79 946	77 175
2 年时间	2012-05-10	2012-05-10
2 年采收率/%	40.38	38.56
2 年累产油/m³	93 444	89 108
3 年时间	2013-05-10	2013-05-10
3 年采收率/%	45.19	42.84
3 年累产油/m³	104 439	99 013
结束时间	2014-02-01	2013-07-01
结束采收率/%	47.18	43.35
结束累产油/m³	109 046	100 206

优化方案与基础方案预测结果为：

（1）两种方案均在同一天开始重新计算，开始时采收率为 29.33%，累产油 65 667 m³；

（2）模拟 1 年后，优化方案的含水率由 95% 降到 87%，日产油量由 20 m³/d 增大到 45 m³/d，优化方案的采收率比基础方案提高了 1.14%，累产油增加了 2 771 m³；

（3）模拟 2 年后，优化方案的含水率比基础方案低，日产油量比基础方案高，优化方案的采收率比基础方案提高了 1.82%，累产油增加了 4 336 m³；

（4）模拟 3 年后，优化方案的含水率和日产油量与基础方案相差很少，优化方案的采收率比基础方案提高了 2.35%，累产油增加了 5 426 m³；

（5）模拟结束时，优化方案的生产年限比基础方案多半年左右，最终采收率比基础方案提高了 3.83%，累产油增加了 8 840 m³。

预测结果表明，蒸汽氮气泡沫调驱能够有效地提高该试验井组注蒸汽开发后的最终采收率。

6.1.3　现场应用效果

为了抑制井组汽窜，提高井组蒸汽波及体积，改善汽驱效果，使井组均匀受效，对 L31513 井、L31713 井、L31717 井和 L31917 井实施蒸汽氮气泡沫调驱。

1）现场实施状况

（1）L31513 井组蒸汽氮气泡沫调驱。

自 2010 年 7 月 7 日开始施工，注入顺序为：油管注蒸汽，同时套管注起泡剂和氮气。其中，蒸汽注入速度为 52 t/d，起泡剂注入速度为 1.35 t/d，氮气注入速度为 6 000 m³/d。至 2010 年 7 月 12 日，累计注入蒸汽 260 t，累计注入氮气 30 000 m³，累计注入起泡剂 5.4 t。

（2）L31713 井组蒸汽氮气泡沫调驱。

自 2010 年 7 月 12 日开始施工，注入顺序为：油管注蒸汽，同时套管注起泡剂和氮气。其中，蒸汽注入速度为 54 t/d，起泡剂注入速度为 1.40 t/d，氮气注入速度为 6 000 m³/d。至 2010 年 7 月 17 日，累计注入蒸汽 270 t，累计注入氮气 30 000 m³，累计注入起泡剂 5.64 t。

2）现场实施效果评价

2010 年共进行蒸汽氮气泡沫调驱 2 井组，工艺成功率和措施有效率均为 100%。截至 2010 年 12 月底，措施井状况见表 6-1-4 和表 6-1-5。

表 6-1-4　2010 年蒸汽氮气泡沫调驱施工参数统计表

调驱井号	施工日期	泡沫剂用量/t	氮气量/m³	注入方式
L31513	2010-07-07—2010-07-12	5.4	30 000	地面发泡，伴蒸汽注入
L31713	2010-07-12—2010-07-17	5.6	30 000	地面发泡，伴蒸汽注入

表 6-1-5　2010 年蒸汽氮气泡沫调驱措施效果统计表

调驱井号	施工日期	井组增油量/t	调驱前后注汽压力提高值/MPa
L31513	2010-07-07—2010-07-12	844.1	0.9
L31713	2010-07-12—2010-07-17	930.1	1.9

（1）单井注入压力动态。

① L31513 井蒸汽氮气泡沫调驱注汽压力。

由图 6-1-2 可知，自 2010 年 7 月 4 日开始注氮气泡沫进行调驱后，注汽压力由 4.0 MPa 逐渐升高到 4.9 MPa，然后逐渐降低，表明注入的氮气泡沫有效地封堵了发生汽窜的大孔道。

② L31713 井蒸汽氮气泡沫调驱注汽压力。

由图 6-1-3 可知，自 2010 年 7 月 12 日开始注氮气泡沫进行调驱后，注汽压力由 2.2 MPa 逐渐升高到 4.1 MPa，然后逐渐降低，表明注入的氮气泡沫有效地封堵了发生汽窜的大孔道。

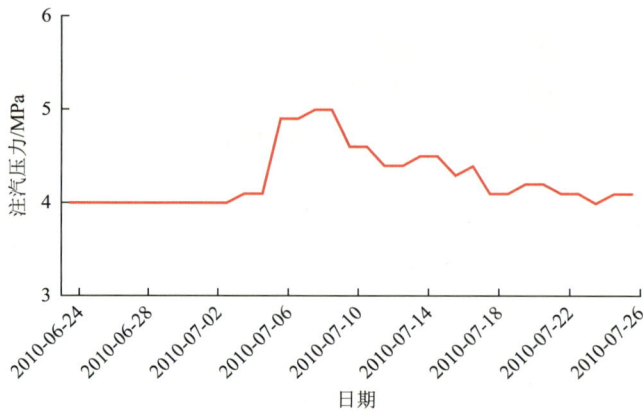

图 6-1-2　L31513 井注汽压力曲线图

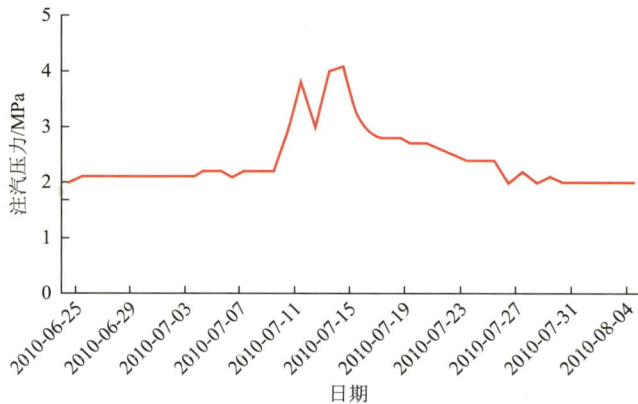

图 6-1-3　L31713 井注汽压力曲线图

（2）典型调驱试验井组评价。

① L31513 井组蒸汽氮气泡沫调驱。

图 6-1-4～图 6-1-7 为 L31513 井组氮气泡沫辅助蒸汽驱生产状况。

自 2010 年 7 月 7—12 日注氮气泡沫调驱之后，7 月和 8 月的产油量较 6 月有较大幅度上升，9 月比 8 月的产油量略有下降，10 月的产油量较 9 月又有所增加。调驱后累计净增油 844.1 t，目前仍继续有效。

② L31713 井组蒸汽氮气泡沫调驱。

图 6-1-8～图 6-1-11 为 L31713 井组氮气泡沫辅助蒸汽驱生产状况。

自 2010 年 7 月 12—17 日对 L31713 井组注氮气泡沫调驱后，实施当月氮气泡沫辅助蒸汽驱即见效，8—10 月的产油量较调驱之前有大幅度上升。

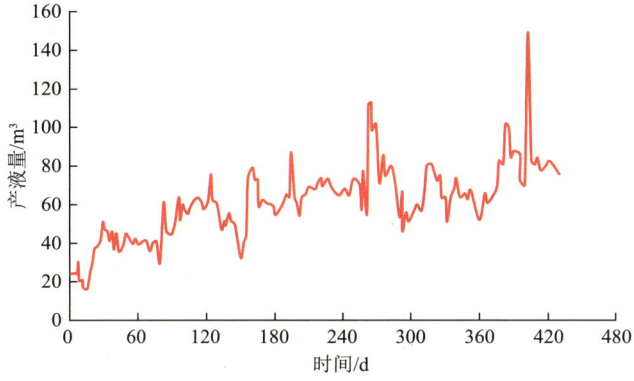

图 6-1-4　L31513 井组产液量曲线

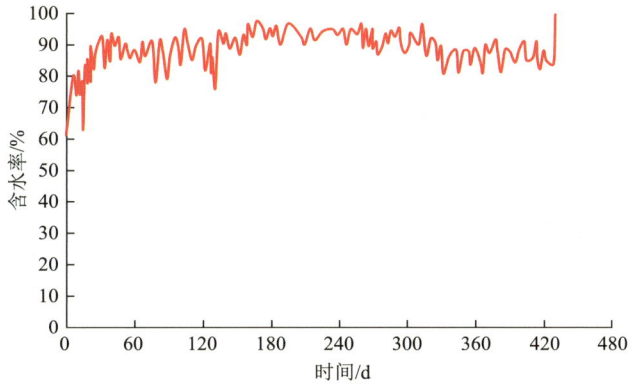

图 6-1-5　L31513 井组含水率曲线

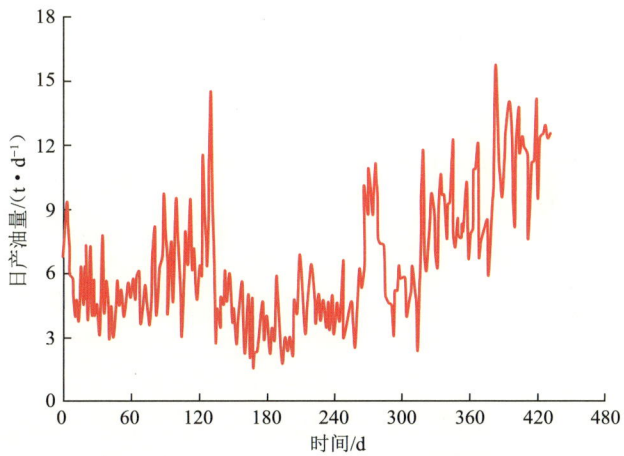

图 6-1-6　L31513 井组日产油量曲线

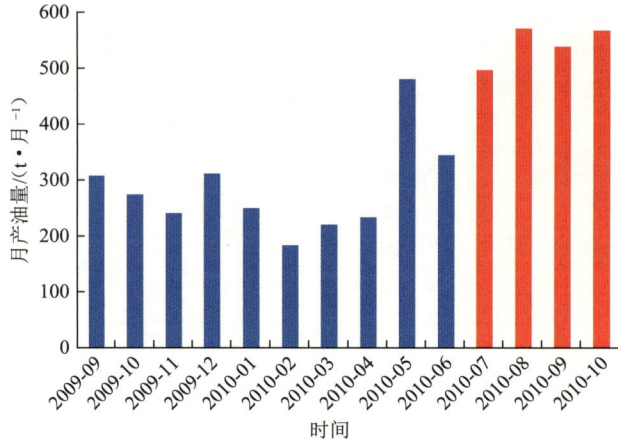

图 6-1-7　L31513 井组月产油量

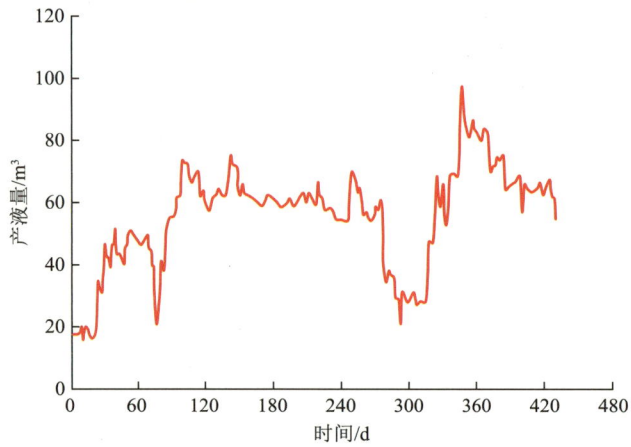

图 6-1-8　L31713 井组产液量曲线

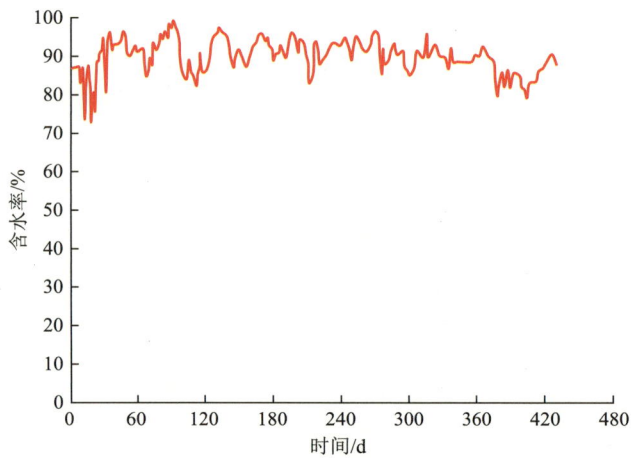

图 6-1-9　L31713 井组含水率曲线

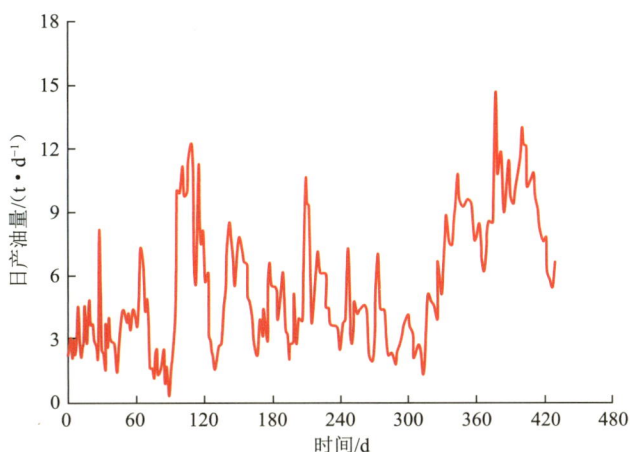

图 6-1-10　L31713 井组日产油量曲线

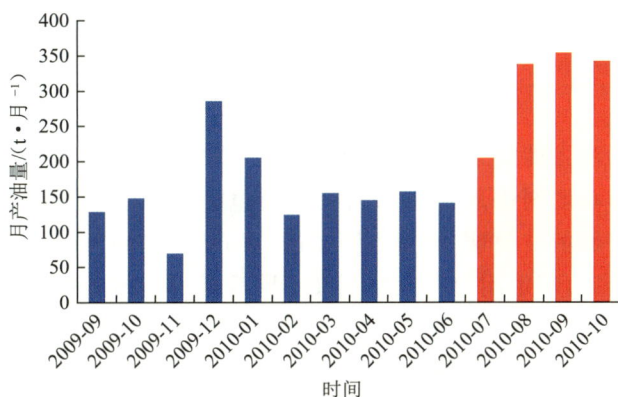

图 6-1-11　L31713 井组月产油量

6.2　高温凝胶调驱技术应用

6.2.1　耐温凝胶堵剂体系

凝胶堵剂体系由非离子填料、不饱和烃、成胶控制剂、保护剂等组成。限于耐温要求、经济因素，以及油田水中的钙、镁离子等影响，选择非离子填料和不饱和烃作为主剂，采用分子内与分子间同时交联方式，形成网络交联的高强度凝胶体系。

1）体系组成

考虑井间地层温度范围（85～95 ℃），高温条件下常规的成胶控制剂已经不能满足安全施工与深部运移的要求，因此必须采用高效成胶控制剂。应根据待作业井的实际温度以及不同注入水的水质，在 85～95 ℃范围内，通过微调高效成胶控制剂用量顺利实现成胶时间和成胶效果的控制。

主剂包括不饱和酰胺和耐温接枝填料。不饱和酰胺与填料接枝聚合后,能够形成大分子链网状结构的骨架,再以交联的方式形成化学键来建立三维网络结构,从而形成具有较高弹性的聚合物强胶材料。

在 90 ℃条件下,室内模拟盐水和地层水按照质量比 3:1,2:1,1:1,1:2 和 1:3 模拟不同的矿化度条件,考察耐温凝胶堵剂的成胶性能,同时对比油田污水的成胶状况。结果均表明,耐温凝胶堵剂体系具有很好的耐盐性能。

考虑段塞注入成胶后,油井将继续注入蒸汽,胶体段塞近端与高温蒸汽接触,于是制作若干个样品,在高温反应釜中模拟不同高温条件并进行 20 h 老化实验,考察不同时间后耐温凝胶的相对强度。

优选的填料体系在 150 ℃条件下耐温 20 h 后外观均能保持较好的胶体状态;在 200 ℃条件下也只出现少量碳化,外观仍保持较好的胶体状态,变形状态基本相同。填料体系由 90 ℃升温至 150 ℃并耐温 20 h 后,体系断裂应力损失 0.5 Pa,损失率为 9.62%,表明耐温后仍保持较好的封堵性。

2)耐温凝胶堵剂体系封堵性能

(1)封堵强度。

凝胶堵剂体系的注入性能是其注入速度和注入端压力的变化关系,是堵剂性能评价的一个重要指标。影响堵剂注入性能的因素主要包括堵剂的初始黏度、注入速度和地层渗透率。选用不同目数的玻璃珠,填制不同渗透率的填砂模型。

选择不同注入速度,测定耐温凝胶堵剂在不同渗透率填砂管中的注入性能,如图 6-2-1 所示。由图可以看出,耐温凝胶堵剂的注入性能良好。这是由于所选择的填料体系的性质更接近纯黏流体的特征,在注入过程中压力基本不在堵剂中储存与释放,所以注入压力不会很大。

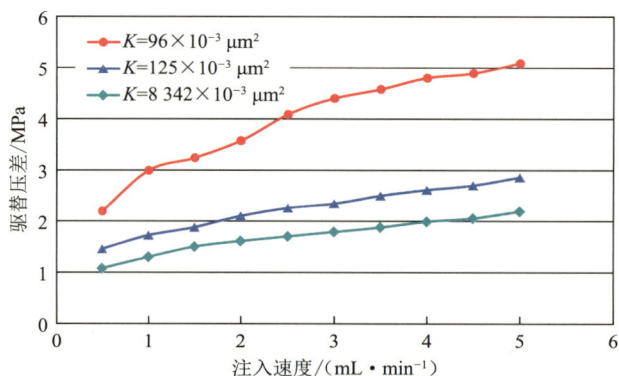

图 6-2-1　不同渗透率条件下耐温凝胶堵剂(G1)注入性能评价

(2)堵剂成胶突破压力。

注入不同长度的段塞,候凝成胶后注水,测定体系的封堵强度,获得封堵强度(即突破压力梯度)随堵剂注入体系量(即段塞长度)的关系。影响耐温凝胶堵剂封堵强度的因素包括堵剂黏度（强度）、堵剂注入量和地层渗透率。

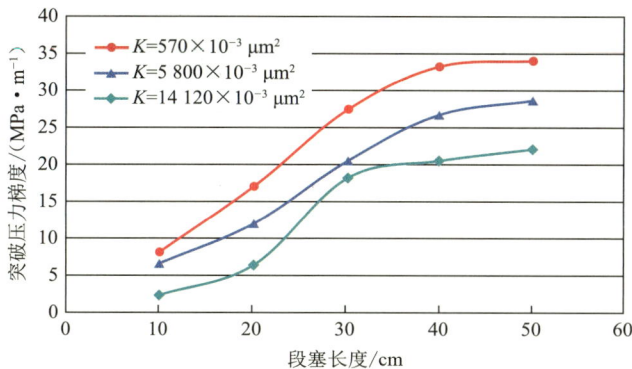

图 6-2-2　不同渗透率条件下耐温凝胶堵剂（G1）的封堵性能评价

由图可以看出，耐温凝胶堵剂体系相对较小的注入量即可达到较高的突破压力梯度，因此该体系对窜流通道具有较好的封堵作用。

6.2.2　典型稠油油藏蒸汽驱生产状况

HXQ 断块自 2011 年 6 月 20 日开始进行蒸汽驱，矿场开发动态资料以及数值模拟结果均反映出蒸汽驱阶段存在以下问题：① 蒸汽驱运行参数与方案设计差别较大，采注比过大，为 1.43；② 注入压力低，平均为 1.8 MPa；③ 注入蒸汽的温度低，饱和蒸汽的注入温度为 200 ℃；④ 蒸汽驱井组采出状况差异较大。

根据生产动态指标的变化，蒸汽驱阶段大致可划分为热连通、蒸汽驱替、蒸汽突破 3 个阶段。不同开发阶段具有不同的技术指标。下面对 HXQ 断块蒸汽驱阶段的见效特征及技术指标进行初步分析。

1）HXQ 断块生产阶段划分

图 6-2-3 显示了 HXQ 断块蒸汽驱井组日产油量和含水率动态及蒸汽驱阶段划分情况。

（1）热连通阶段（2011 年 6—9 月）。

在这一阶段内，总体来看蒸汽驱井组生产井井口温度逐渐上升，井间区域温度逐渐上升；含水率从 85% 逐渐上升至 95% 左右，日产油量出现先降后稳的变化趋势。

（2）蒸汽驱替阶段（2011 年 10 月—2012 年 9 月）。

在 2011 年 10 月—2012 年 9 月期间，日产油量虽然出现波动，但整体保持稳定，含水率先下降后逐渐上升，整体变化平稳。由实际统计数据可知，生产井井口出油温度持续上升，井组间温度上升进一步显现，井间高温区域出现连片现象。

（3）蒸汽突破阶段（2012 年 9 月—）。

在这一阶段，多向及跨井组间汽窜现象进一步加剧。日产油量开始逐渐下降，虽在 2013 年 1 月左右有所上升，但回升幅度已不能达到驱替阶段的平均水平。与此同时，含水率迅速上升。

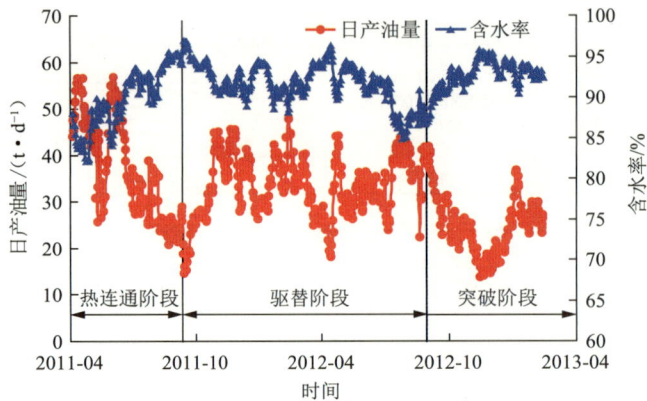

图 6-2-3　HXQ 断块汽驱井组蒸汽驱阶段划分

2) HXQ 断块汽驱见效特征

(1) 见效与温度的关系。

温度变化是汽驱见效的重要表征。由不同汽驱阶段的温度场分布可以看出,热连通阶段、驱替阶段和突破阶段的油藏温度依次递增。由图 6-2-4 也可以看出,在热连通阶段,井口出油温度缓慢上升;进入驱替阶段后,井口出油温度比热连通阶段稍高,并且保持稳定状态;进入突破阶段后,井口温度的平均水平普遍高于驱替阶段。

(2) 见效与日产油量的关系。

HXQ 断块转蒸汽驱后,油井产液能力增强,但由于原油黏度较大,原油流动性在一定时间范围内逐渐增强,在汽驱初期油水流度比依然较大,因此日产液量虽然增加,但可能会出现下降趋势。进入驱替阶段后,蒸汽波及范围趋于稳定,加热范围内油水流度比逐渐降低,原油流动能力提升,因此在驱替阶段产油量比较稳定,并高于热连通阶段。进入突破阶段后,汽窜现象加剧,蒸汽和冷凝水突进至生产井,日产油量出现下降趋势。

(3) 见效与含水率的关系。

转驱后,油井产液能力增加,在转驱初期含水率迅速上升,随后在驱替阶段逐渐趋于稳定,并保持在 92% 左右。当进入驱替阶段后,油井产液量增加,产水量增加,含水率大幅上升。

HXQ 断块在 2011 年 9 月和 2012 年 2 月对部分井组进行了泡沫调驱。从现场结果来看,第一次泡沫调驱(X4101 井组和 X4502 井组)前后汽窜方向未发生明显改变,调驱效果不明显;第二次泡沫调驱(7 个蒸汽驱井组)虽然部分井组的注汽压力有所上升,注入蒸汽在井组内的流动分配方向有所改变,受效井组数较第一次泡沫调驱有较大幅度增加,但总体来看未达到预期效果。因此,单纯泡沫体系对 HXQ 断块蒸汽驱井组开发效果的改善较为有限,可考虑采用封堵强度更高的调剖流体对汽窜井组进行适当封堵。

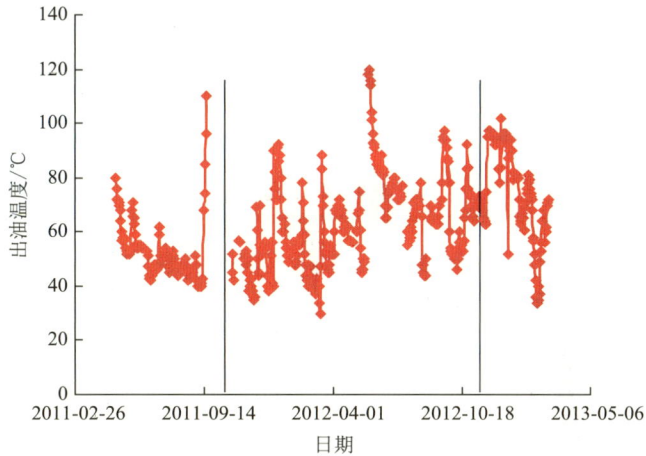

（a）X4001 井

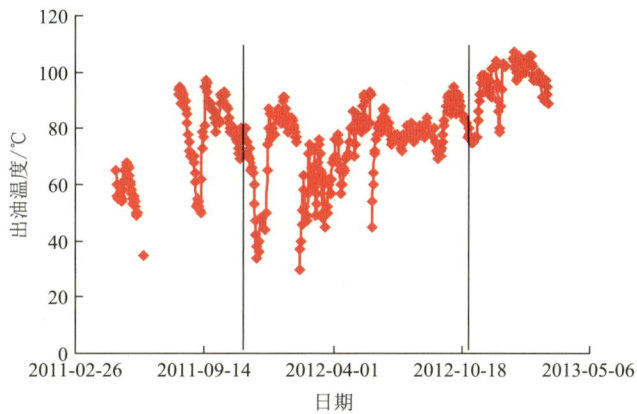

（b）X4401 井

图 6-2-4　汽驱见效与温度关系

6.2.3　耐温凝胶调驱参数优化设计

凝胶调驱技术已逐渐成为改善水驱开发效果、稳油控水的一项重要技术。近年来，很多耐温凝胶体系的出现为凝胶在稠油热采中的应用奠定了基础。凝胶体系具有较强的封堵性能，可以有效地封堵窜流通道，实现注入蒸汽的转向，因此凝胶调驱可以作为改善吸汽剖面、提高注汽压力和封堵窜流通道的有效技术。

在蒸汽驱油藏中，使用具有特殊黏温性质和优良调驱效果的凝胶体系进行调剖，既能有效封堵地层，降低生产井产出水，又能有效调节油藏内部流体流动，这两方面的作用能更大限度地扩大注入蒸汽的波及体积并有效提高驱油效率，对最终的增产增效具有良好的效果。

利用 CMG 数值模拟技术，在 HXQ 断块典型实际地质模型的基础上，通过注入不同剂量的耐温凝胶段塞,研究凝胶调驱对实际区块的作用效果。模拟耐温凝胶段塞大小分别为 0.01 PV,0.02 PV 和 0.04 PV 时调剖封堵作用对含水率及采出程度的影响,结果如图 6-2-5 和图 6-2-6 所示。

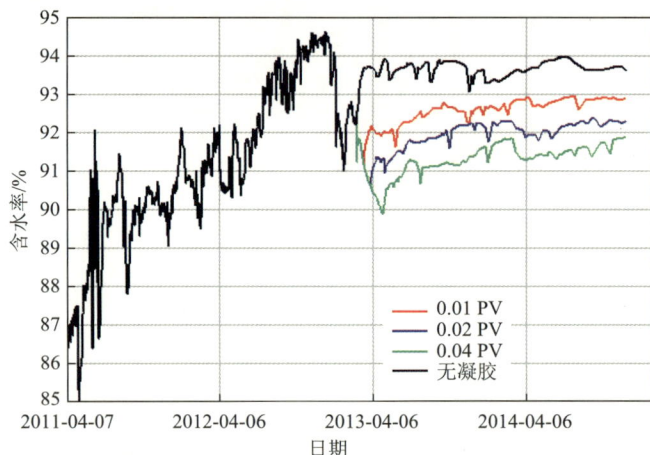

图 6-2-5　不同封堵段塞下蒸汽驱含水率变化曲线

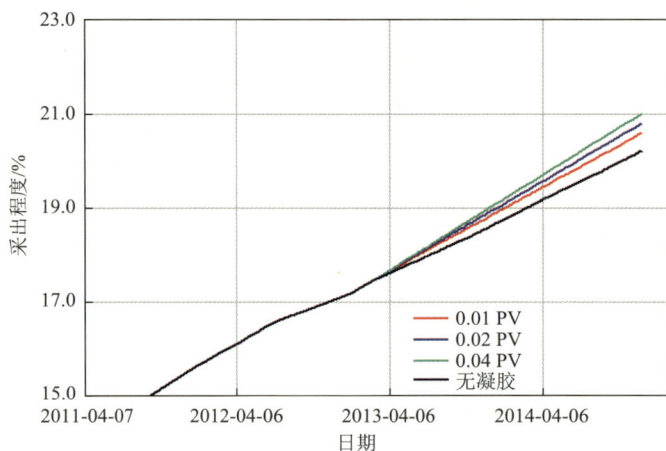

图 6-2-6　不同封堵段塞下蒸汽驱采出程度变化曲线

由图 6-2-5 和图 6-2-6 可以看出,耐温凝胶段塞注入后,含水率出现较大幅度下降,并且随着耐温凝胶段塞的增大,含水率下降幅度增大;注入凝胶后采出程度也随着凝胶段塞的增大而增加。在泡沫体系不能充分满足现场调剖效果要求的条件下,可以考虑选用耐温凝胶体系作为调剖剂封堵窜流通道,以改善汽驱开发效果。

6.3　多元复合热流体驱技术应用

6.3.1　典型稠油油藏热采开发状况

典型稠油油田为具多油组和多油水系统的复杂油藏,孔隙度为 $28\%\sim44\%$,渗透率为 $(60\sim5\,000)\times10^{-3}\,\mu m^2$,储层埋深在 $900\sim1\,300\,m$ 之间,油藏中部深度(1 100 m)对应的原始地层压力为 10.8 MPa,油藏原始温度为 56 ℃。根据现场的实际资料,储层及流体物性参数见表 6-3-1。

表 6-3-1　储层及流体物性参数

物性参数		取　值
储　层	沉积类型	曲流河沉积
	石英含量/%	37.3～40.5
	长石含量/%	32.4～38.8
	岩屑含量/%	20.6～29.6
	杂基含量/%	4
	黏土中蒙脱石含量/%	50
流　体	地面原油密度/(g·cm⁻³)	0.938～0.966
	地面原油黏度/(mPa·s)	1 655～3 893
	凝固点/℃	−5～4
	含蜡量/%	1.17～2.75
	含硫量/%	0.27～0.29
	地层原油黏度/(mPa·s)	449～925

该油田经过 7 年的生产,累积产液量 $166.55\times10^4\,m^3$,累积产油量 $58.22\times10^4\,m^3$,累积产水量 $108.24\times10^4\,m^3$,累积注水量 $4.10\times10^4\,m^3$,累积注气量 $741.22\times10^4\,m^3$。

6.3.2　多元复合热流体驱参数优化设计

为指导油田多元复合热流体驱现场试验的实施,对多元复合热流体驱方案参数进行优化设计,包括注入方式、段塞大小、注入强度、停注时间、采注比、注入温度、蒸汽干度、气汽比和气相中 CO_2 含量等。

1) 注入方式

针对选定的目标区块,设计连续多元复合热流体驱和间歇多元复合热流体驱两种注入方案,其参数见表 6-3-2。

表 6-3-2　先导区多元复合热流体驱不同注入方式注采方案参数

注入方式	日注气量 /(m³·d⁻¹)	日注汽冷水当量 /(m³·d⁻¹)	注入时间 /d	停注时间 /d	日产液量 /(m³·d⁻¹)
连续注入	30 000	150			180
间歇注入	60 000	300	30	30	180

以经济极限折算油汽比 0.12 作为连续多元复合热流体驱开发的结束条件,且结束时的生产时间作为与间歇多元复合热流体驱开发效果对比的时间点。

图 6-3-1 为不同注入方式的多元复合热流体驱阶段累积产油量对比图。由图可知,截至折算油汽比为 0.12 时,连续多元复合热流体驱方案的累积产油量达到 104.59×10^4 m³,此时生产了 15.17 年;继续模拟生产至 20 年,阶段累积产油量可以达到 120.41×10^4 m³。由对比可以看出,间歇多元复合热流体驱生产至 15.17 年和 20 年时的阶段累积产油量分别比连续多元复合热流体驱高出 2.35×10^4 m³ 和 1.60×10^4 m³。因此,鉴于间歇多元复合热流体驱具有更佳的开发效果,选择其作为最优注入方式。

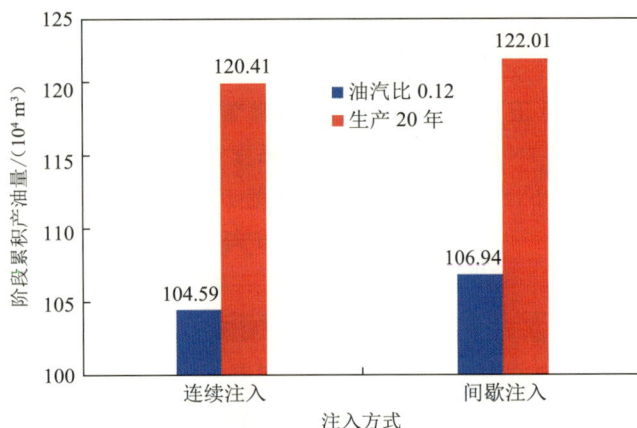

图 6-3-1　不同注入方式下多元复合热流体驱阶段累积产油量对比

2)工艺参数优化

(1)段塞大小。

根据注入方式的优化结果,选择多元复合热流体吞吐后转间歇多元复合热流体驱进行开发,设计注入段塞的大小分别为 0.01 PV,0.02 PV,0.04 PV,0.06 PV 及 0.12 PV,注入时间和停注时间比为 1:1,采注比为 1.2:1。吞吐开发过程的注采参数如前述设计方案。间隙多元复合热流体驱过程中停注时折算油汽比波动较大,故选择生产 10 年和 20 年时的阶段累积产油量作为优化评价指标。通过模拟计算,对比不同注入段塞大小方案生产 10 年和 20 年的阶段累积产油量。图 6-3-2 为不同段塞大小的间歇多元复合热流体驱累积产油量对比图。

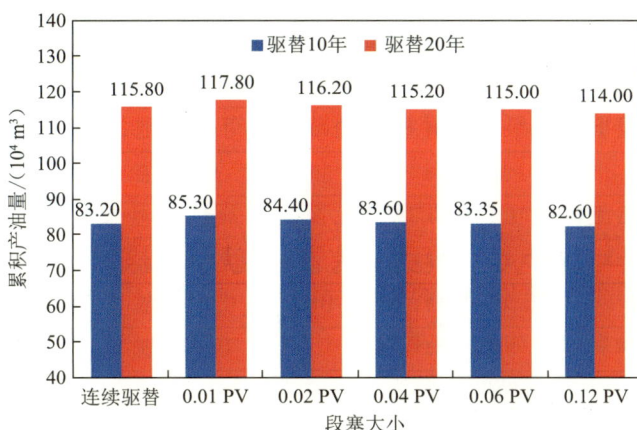

图 6-3-2　不同段塞大小的间歇多元复合热流体驱累积产油量对比

可以看出,当段塞大小为 0.01 PV 时,多元复合热流体驱的阶段累积产油量最大,随着段塞的继续增大,阶段累积产油量有所下降。当段塞大小超过 0.04 PV 后,间隙多元复合热流体驱的开发效果将低于连续多元复合热流体驱。因此,优选间歇多元复合热流体驱开发的注入段塞大小为 0.01 PV。

(2)注入强度。

进行多元复合热流体吞吐后转间歇多元复合热流体驱开发,根据先导区的孔隙体积大小和注入天数,可以计算得到注入水平井单位控制油藏体积的日注入量,即注入强度。设计水平井的注入强度分别为 2.15 $m^3/(d \cdot m \cdot ha)$,2.43 $m^3/(d \cdot m \cdot ha)$,3.23 $m^3/(d \cdot m \cdot ha)$ 和 4.85 $m^3/(d \cdot m \cdot ha)$,注入段塞的大小设为 0.01 PV,注入时间和停注时间之和设为 60 d,采注比设为 1.2∶1。通过模拟计算,对比不同注入强度方案生产 10 年和 20 年的阶段累积产油量。图 6-3-3 为不同注入强度的间歇多元复合热流体驱累积产油量对比图。

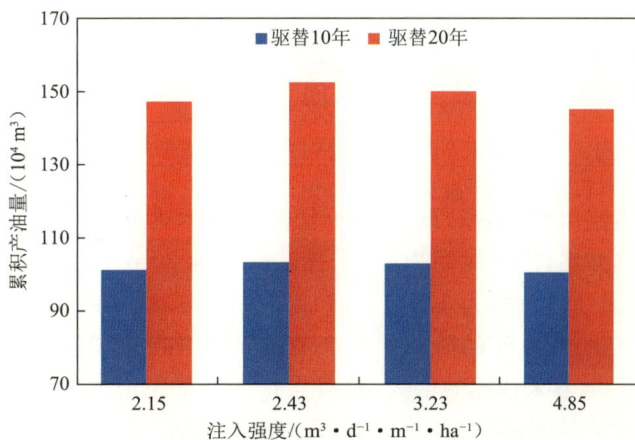

图 6-3-3　不同注入强度的间歇多元复合热流体驱累积产油量对比

从图中可以看出,注入强度增加,阶段累积产油量先增加后降低,当注入强度为 2.43 $m^3/(d \cdot m \cdot ha)$ 时阶段累积产油量达到最高,间歇多元复合热流体驱替 10 年和 20 年的阶段累积产油量分别为 $103.317 \times 10^4 \, m^3$ 和 $152.470 \times 10^4 \, m^3$,故优选最佳注入强度为 2.43 $m^3/(d \cdot m \cdot ha)$。根据此结果和单井控制油藏体积可以确定各水平井的注入量。

(3)停注时间。

进行多元复合热流体吞吐后转间歇多元复合热流体驱开发,注入段塞的大小为 0.01 PV,注入强度为 2.43 $m^3/(d \cdot m \cdot ha)$,采注比为 1.2:1,设计段塞停注周期分别为注 40 d+停 20 d、注 40 d+停 50 d、注 40 d+停 80 d 和注 30 d+停 30 d。通过模拟计算,对比不同停注周期方案的阶段累积产油量,结果如图 6-3-4 所示。

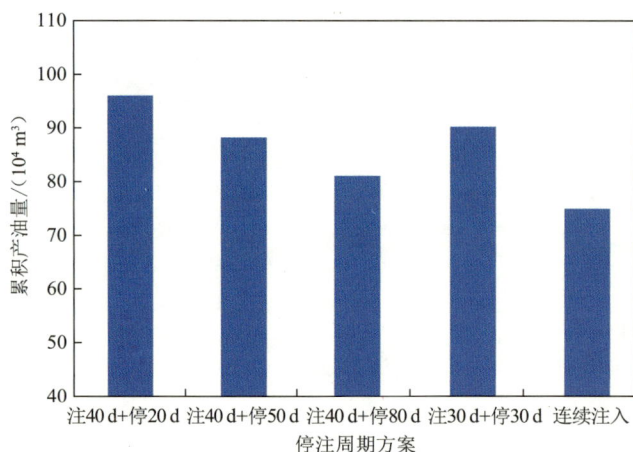

图 6-3-4 不同停注周期的间歇多元复合热流体驱累积产油量对比图

从图中可以看出,当生产时间相同时,注 40 d+停 20 d 方案的阶段累积产油量最高,注 30 d+停 30 d 方案的阶段累积产油量次之。间歇多元复合热流体驱生产截至折算油汽比为 0.155 时,注 40 d+停 20 d 方案生产了 13.6 年,阶段累积产油量达到 $96.262 \times 10^4 \, m^3$;注 30 d+停 30 d 方案生产了 12.3 年,阶段累积产油量达到 $90.037 \times 10^4 \, m^3$,对应生产年限为 12.4 年。考虑到要经济有效地进行油气藏生产,要用尽量少的年限多生产,优选最佳注入时间为 30～40 d,最佳停注时间为 20～30 d,注入与停注时间比为 1:1～2:1。

(4)采注比。

选择多元复合热流体吞吐后转间歇多元复合热流体驱进行开发,注入段塞大小和注入强度的设定如上述方案,注入时间为 40 d,停注时间为 20 d。定义采注比为瞬时产液量与注入量之比,设计采注比分别为 1.0:1、1.1:1、1.2:1、1.3:1 和 1.4:1。通过模拟计算,对比不同采注比方案生产 20 年的阶段累积产油量,结果如图 6-3-5 所示。

从图中可以看出,随着采注比的增大,阶段累积产油量先增加后降低。采注比为 1.3:1 方案的阶段累积产油量最大,但当采注比大于 1.2:1 后,阶段累积产油量增加幅度变缓。考虑到注入成本,优选最佳采注比为 1.2:1。

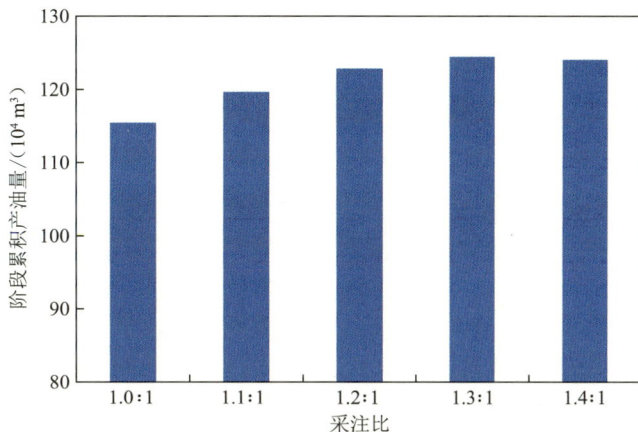

图 6-3-5　不同采注比的间歇多元复合热流体驱阶段累积产油量对比

（5）井底注入温度。

进行多元复合热流体吞吐后转间歇多元复合热流体驱开发，注入段塞大小、注入强度及注入和停注时间的设定如上述方案，采注比为 1.2∶1，设计多元复合热流体的井底注入温度分别为 180 ℃，200 ℃，250 ℃，280 ℃和 300 ℃。通过模拟计算，对比不同井底注入温度方案生产 10 年和 20 年的阶段累积产油量，结果如图 6-3-6 所示。

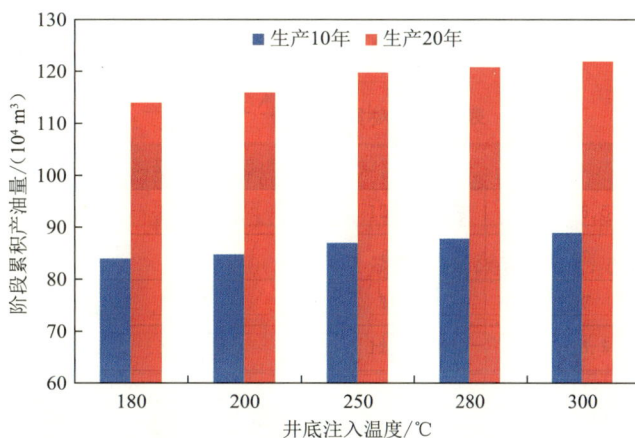

图 6-3-6　不同井底注入温度下间歇多元复合热流体驱阶段累积产油量对比

从图中可以看出，随着多元复合热流体注入温度的增加，阶段累积产油量逐渐增加；当井底注入温度高于 250 ℃后，阶段累积产油量的增加幅度变缓，故优选多元复合热流体的最佳井底注入温度为 250 ℃。

（6）井底蒸汽干度。

多元复合热流体吞吐后转间歇多元复合热流体驱进行开发，注入段塞大小、注入强度、注入和停注时间及采注比的设定如上述方案，多元复合热流体的井底注入温度为 250 ℃，设计井底蒸汽干度分别为 0（热水），0.15，0.25，0.35 和 0.45。通过模拟计算，对比不同井底蒸汽干度方案生产 10 年和 20 年的阶段累积产油量，结果如图 6-3-7 所示。

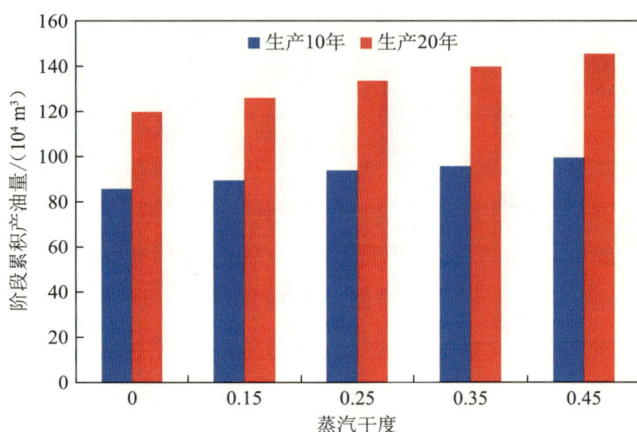

图 6-3-7　不同井底蒸汽干度的间歇多元复合热流体驱阶段累积产油量对比

从图中可以看出,相同生产时间的阶段累积产油量随蒸汽干度的提高呈线性增长趋势,即蒸汽干度越高,阶段累积产油量越大。因此,在现场实际开采过程中应尽量提高蒸汽干度。

(7) 多元复合热流体组成。

可以通过两种方式优化多元复合热流体的组成,一是固定多元复合热流体中的非凝析气(N_2和CO_2)组成,优化气汽比;二是以选定的气汽比为基准,优化气相中的CO_2含量。

① 气汽比。

进行多元复合热流体吞吐后转间歇多元复合热流体驱开发,注入段塞大小、注入强度、注入和停注时间、采注比及多元复合热流体井底注入温度的设定如上述方案,井底蒸汽干度为 0.45。定义气汽比为标况下混合气与蒸汽冷水当量的体积之比。设计气汽比分别为 100:1,150:1,200:1,250:1 和 300:1,通过模拟计算,对比不同气汽比方案生产 10 年和 20 年的阶段累积产油量,结果如图 6-3-8 所示。

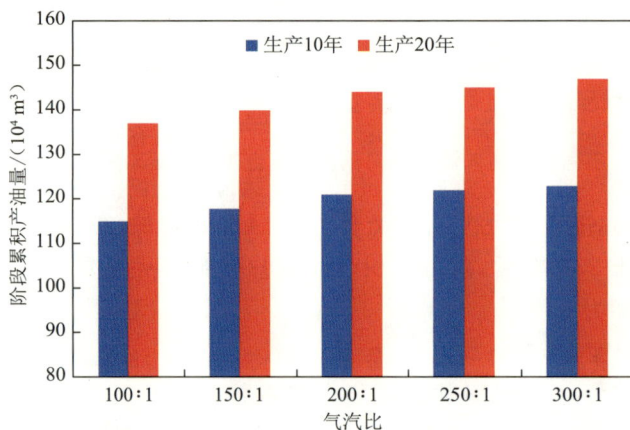

图 6-3-8　不同气汽比下间歇多元复合热流体驱阶段累积产油量对比

从图中可以看出,相同生产时间的阶段累积产油量随气汽比的增大而增加;当气汽比大于 200:1 后,增幅逐渐减缓,故优选最佳气汽比为 200:1～250:1。

② 气相中 CO_2 含量。

进行多元复合热流体吞吐后转间歇多元复合热流体驱开发,注入段塞大小、注入强度、注入和停注时间、采注比、多元复合热流体的井底注入温度及井底蒸汽干度的设定如上述方案,多元复合热流体的气汽比为 250:1,设计气相中的 CO_2 含量分别为 10%,15%,20%,25% 和 30%。通过模拟计算,对比不同 CO_2 含量方案生产 10 年和 20 年的阶段累积产油量,如图 6-3-9 所示。

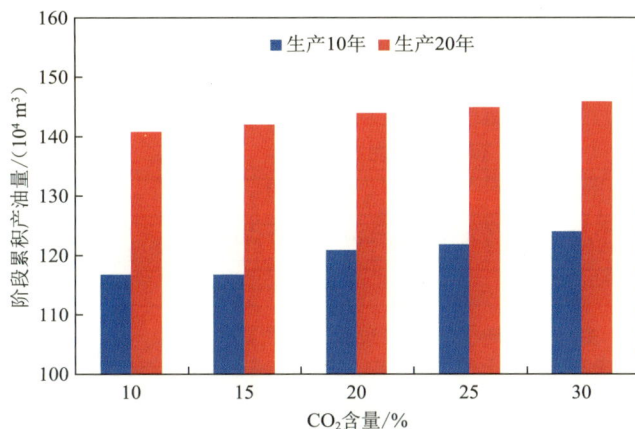

图 6-3-9　不同 CO_2 含量下间歇多元复合热流体驱阶段累积产油量对比

从图中可以看出,相同生产时间的阶段累积产油量随 CO_2 含量的提高而逐渐增加,故在现场实际开采过程中应尽量提高多元复合热流体中的 CO_2 含量。但考虑到 N_2 能够在环空中发挥隔热作用,降低蒸汽的热损失,故多元复合热流体气相中的 CO_2 最佳含量应大于 15%。

综上所述,典型稠油油藏水平井多元复合热流体驱技术方案参数见表 6-3-3。

表 6-3-3　稠油油藏水平井多元复合热流体驱技术方案参数表

工艺参数	参数值/说明	工艺参数	参数值/说明
井　网	相对水平井	注入方式	间歇注入
段塞大小	0.01 PV	注入强度	2.43 m^3/(d·m·ha)
停注时间	注入与停注时间比为 1:1～2:1	采注比	1.2:1
井底注入温度	250 ℃	蒸汽干度	蒸汽干度尽可能高
气汽比	200:1～250:1	气相中 CO_2 含量	>15%

6.3.3　典型稠油油藏多元复合热流体驱先导区开发效果预测

1）先导试验区优选

根据各先导试验筛选区的油藏地质参数,设计 5 种方案的注入和生产参数(表 6-3-4),对各方案的开发效果进行模拟计算,得到各方案生产 20 年时的采出程度,如图 6-3-10 所示。

表 6-3-4　多元复合热流体驱先导试验区注采井设计表

方　案	层　位	注入井	生产井
$Nm0^5$-1	$Nm0^5$	B14m,$Nm0^5$-1h	B30h,B31h,B34h,$Nm0^5$-2h
$Nm0^5$-2	$Nm0^5$	B36m	B33h,B29h,B23h,B44h
$Nm0^5$-3	$Nm0^5$	B36m,B42h	B33h,B29h,B23h,B44h
$NmⅠ^{1+2}$-1	$NmⅠ^{1+2}$	B12m,$NmⅠ^{1+2}$-1h,$NmⅠ^{1+2}$-3h	B40h,B28h,$NmⅠ^{1+2}$-2h
$NmⅠ^{1+2}$-2	$NmⅠ^{1+2}$	B20m,B25hs,B41h	B42h,B43h,$NmⅠ^{1+2}$-4h

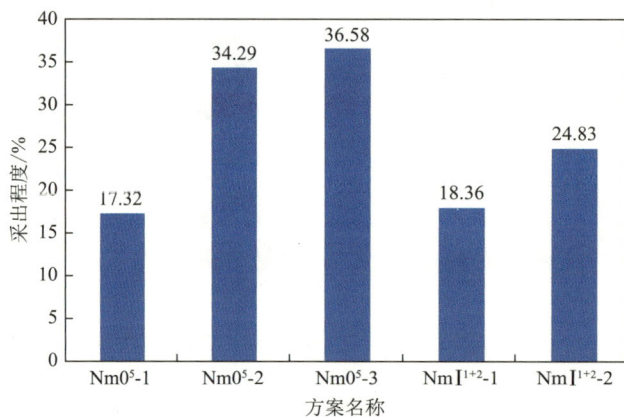

图 6-3-10　不同方案驱替 20 年时采出程度对比

从图中可以看出,以 20 年作为截止条件的采出程度排序为:$Nm0^5$-3＞$Nm0^5$-2＞$NmⅠ^{1+2}$-2＞$NmⅠ^{1+2}$-1＞$Nm0^5$-1。

图 6-3-11 为各方案生产至折算油汽比达到 0.12 时的最终采收率对比图。

从图中可以看出,以单井日产油量 10 m^3/d 及折算油汽比 0.12 得到的最终采收率排序为:$Nm0^5$-3＞$Nm0^5$-2＞$NmⅠ^{1+2}$-2＞$Nm0^5$-1＞$NmⅠ^{1+2}$-1。

综上可知,最终选择 $Nm0^5$ 作为多元复合热流体先导试验区。

2）先导试验方案效果预测

考虑目前井位情况,设计以注入井为水平井,主要生产井为水平井而辅助生产井为直井的 2 注 4 采的组合井网形式。注采井距为 200 m,注入水平井与生产水平井基本正对。

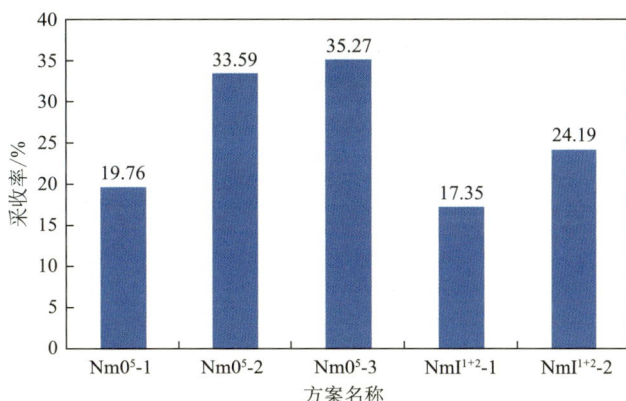

图 6-3-11 不同方案最终采收率对比

从 2012 年 8 月开始对 6 口井进行蒸汽吞吐生产,日注水量为 300 m³/d,气水比为 200:1,焖井时间为 5 d,最大日产液量为 150 m³/d,每周期为 1 年。吞吐至 2014 年 8 月转为间歇多元复合热流体驱,驱替阶段注入时间为 60 d,注入与停注时间比为 2:1。此外,保证井底多元复合热流体温度高于 250 ℃,转驱采注比为 1.2:1,气相中 CO_2 含量为 15%。为对比分析设计方案的开发效果,设计了 2 种对比方案,方案 1 采用连续多元复合热流体驱方式进行开发,保证生产结束时总注入量与设计方案相同;方案 2 采用多元复合热流体吞吐方式进行开发,其注采参数与设计方案吞吐阶段的参数相同。根据方案设计参数,对不同方案的开发效果进行模拟计算分析。图 6-3-12 为该典型油田先导区多元复合热流体驱最优方案和对比方案采出程度对比。

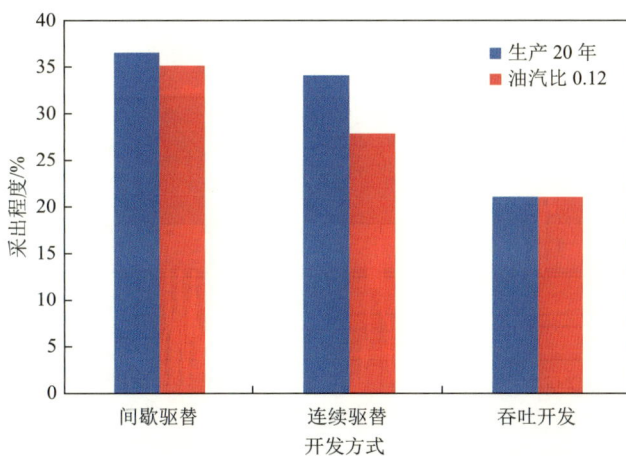

图 6-3-12 先导区多元复合热流体驱最优方案与基础方案采出程度对比图

从图中可以看出,典型油田先导区实施多元复合热流体驱截至折算累积油汽比达到 0.117 时,生产了 20 年,采出程度达到 36.58%;而连续多元复合热流体驱生产至 20 年时,折算累积油汽比达到 0.107,采出程度为 34.16%,比最优方案的采出程度低 2.42%。此外,多元复合热流体吞吐至 20 年时采出程度仅为 21.14%,比最优方案低 15.44%。如果以折算累积油汽比 0.12 为结束条件,则间歇多元复合热流体驱可生产 18.7 年,对应采出程度为 35.27%;连续多元复合热流体驱可生产 13.7 年,对应采出程度为 27.86%,远低于间歇式多元复合热流体驱。由此可见,间歇式多元复合热流体驱有更好的开发效果。

参 考 文 献

［1］ 刘慧卿,范玉平,赵东伟,等.热力采油技术［M］.东营:石油大学出版社,2000.

［2］ 刘慧卿.热力采油原理与设计［M］.北京:石油工业出版社,2013.

［3］ 刘慧卿.高等油藏工程［M］.北京:石油工业出版社,2016.

［4］ 张锐.稠油热采技术［M］.北京:石油工业出版社,1999.

［5］ DONG X,LIU H,CHEN Z. Hybrid enhanced oil recovery processes for heavy oil reservoirs［M］.Amsterdam:Elsevier,2021.

［6］ DONG X,LIU H,CHEN Z,et al. Enhanced oil recovery techniques for heavy oil and oil sands reservoirs after steam injection［J］. Applied Energy,2019,239:1190-1211.

［7］ 王磊.稠油油藏注蒸汽转火驱驱油机理研究及应用［D］.北京:中国石油大学(北京),2018.

［8］ 王丽准.稠油油藏多轮次吞吐后剩余油分布特征研究［D］.北京:中国石油大学(北京),2019.

［9］ 王春磊.注蒸汽油层选择性打开优化设计［D］.北京:中国石油大学(北京),2016.

［10］ 王浩.春光油田热采水平井氮气泡沫调堵技术研究［D］.北京:中国石油大学(北京),2016.

［11］ 东晓虎.海上稠油油藏多元热流体开发机理及方式筛选研究［D］.北京:中国石油大学(北京),2014.

［12］ 郑强.稠油油藏蒸汽驱提高采收率技术适应性研究［D］.北京:中国石油大学(北京),2013.

［13］ 彭国红.稠油热采氮气泡沫调驱工艺参数优化技术研究［D］.北京:中国石油大学(北京),2011.

［14］ WANG Y,LIU H,ZHANG Q,et al. Pore-scale experimental study on EOR mechanisms of combining thermal and chemical flooding in heavy oil reservoirs［J］. Journal of Petroleum Science and Engineering,2020,185:106649.

［15］ LIU H,WANG Y,ZHENG A,et al. Experimental investigation on improving steam sweep efficiency by novel particles in heavy oil reservoirs［J］. Journal of Petroleum

Science and Engineering,2020,193:107429.

[16] WANG C,LIU H,ZHENG Q,et al. A new high-temperature gel for profile control in heavy oil reservoirs[J]. ASME Journal of Energy Resources Technology,2016,138(2):022901.

[17] DONG X,LIU H,WANG Q,et al. Non-Newtonian flow characterization of heavy crude oil in porous media[J]. Journal of Petroleum Exploration and Production Technology,2013,3(1):43-53.

[18] 赵岩.蒸汽吞吐井氮气辅助增产机理与工艺优化研究[D].北京:中国石油大学(北京),2020.

[19] WU Z,LIU H,PANG Z,et al. Pore-scale experiment on blocking characteristics and EOR mechanisms of nitrogen foam for heavy oil:A 2D visualized study[J]. Energy & Fuels,2016,30(11):9106-9113.

[20] 郑强,刘慧卿,李芳,等.蒸汽驱后汽窜通道定量描述[J].中国科学:技术科学,2013,43(6):684-688.

[21] 张兆祥,刘慧卿,杨阳,等.稠油油藏蒸汽驱评价新方法[J].石油学报,2014,35(4):733-738.

[22] 卢川,刘慧卿,卢克勤,等.浅薄层稠油水平井混合气与助排剂辅助蒸汽吞吐研究[J].石油钻采工艺,2013,35(2):106-109.

[23] 郑强,刘慧卿,李芳,等.油藏注水开发后期窜流通道定量识别方法[J].石油钻采工艺,2012,40(4):92-95.

[24] 于会永,刘慧卿,张传新,等.超稠油油藏注氮气辅助蒸汽吞吐数值模拟研究[J].特种油气藏,2012,19(2):76-78.

[25] 王长久,刘慧卿,郑强.稠油油藏蒸汽吞吐后转驱方式优选及注采参数优化[J].特种油气藏,2013,20(3):72-75.

[26] 郑家朋,东晓虎,刘慧卿,等.稠油油藏注蒸汽开发汽窜特征研究[J].特种油气藏,2012,19(6):72-75.

[27] 王长久,刘慧卿,郑强,等.稠油油藏蒸汽泡沫调驱物理模拟实验——以吉林油田扶北3区块为例[J].油气地质与采收率,2013,20(5):76-78.

[28] 杨阳,刘慧卿,庞占喜,等.孤岛油田底水稠油油藏注氮气辅助蒸汽吞吐的选区新方法[J].油气地质与采收率,2014,21(3):58-61.

[29] CHEN F,LIU H,DONG X,et al. A new analytical model to predict oil production for cyclic steam stimulation of horizontal wells[C]. SPE 195291,2019.

[30] DONG X,LIU H,HOU J,et al. The thermal recovery methods and technical limits of Bohai offshore heavy oil reservoirs:A case study[C]. OTC 26080,2015.

[31] DONG X,LIU H,ZHANG H,et al. Flexibility research of hot-water flooding followed steam injection in heavy oil reservoirs[C]. SPE 144012,2011.

[32] WANG C,LIU H,PANG Z,et al. Visualization study on plugging characteristics

of temperature-resistant gel during steam flooding[J]. Energy & Fuels,2016,30 (9):6968-6976.

[33] ZHENG Q,LIU H,ZHANG B,et al. Identification of high permeability channels along horizontal wellbore in heterogeneous reservoir with bottom water[J]. Journal of Petroleum Exploration and Production Technology,2014,4:309-314.

[34] 冯祥. 稠油油藏热采后窜流通道形成机理研究[D]. 北京:中国石油大学(北京),2010.

[35] 于会永. 河南井楼油田氮气泡沫调剖参数优化设计[D]. 北京:中国石油大学(北京),2009.

[36] WU Z,LIU H,WANG X. 3D experimental investigation on enhanced oil recovery by flue gas coupled with steam in thick oil reservoirs[J]. Energy & Fuels,2018, 32:279-286.

[37] GUO M,LIU H,WANG Y,et al. Sand production by hydraulic erosion during multicycle steam stimulation:an analytical study[J]. Journal of Petroleum Science and Engineering,2021,201:108424.

[38] LU C,LIU H,PANG Z,et al. A new profile control design based on quantitative identification of steam breakthrough channel in heavy oil reservoirs[J]. Journal of Petroleum Exploration and Production Technology,2014,4:17-35.

[39] 吴正彬,庞占喜,刘慧卿,等. 稠油油藏高温凝胶改善蒸汽驱开发效果可视化实验[J]. 石油学报,2015,36(11):1421-1426.

[40] 王焱伟. 热采边水稠油油藏水侵规律及化学冷采机理研究[D]. 北京:中国石油大学(北京),2021.